人水关系学

左其亭 著

www.waterpub.com.cn
·北京·

内 容 提 要

本书从基本概念、理论基础、研究方法到应用实践，概要介绍了人水关系学的主要内容，是国内外第一部《人水关系学》专著。全书包括9章，第1章介绍了人水关系学的相关概念和学科体系，第2、3章分别介绍了人水关系学的理论体系和研究方法，第4章介绍了人水关系学的主要研究内容，第5、6章分别介绍了人水关系学与治水思路、水工程建设之间的关联，第7、8章分别介绍了黄河流域和河南省的人水关系分析及调控两个应用实例，第9章对人水关系学发展进行展望。

本书可供水利工程、环境工程、生态工程、土木工程、资源科学、水科学、地理科学、社会学、经济学、管理学以及系统科学等领域的科研工作者、管理者、在校研究生以及企事业单位工作人员参考。

图书在版编目（CIP）数据

人水关系学 / 左其亭著. -- 北京 ：中国水利水电
出版社，2023.9
ISBN 978-7-5226-1795-4

Ⅰ．①人… Ⅱ．①左… Ⅲ．①水资源管理 Ⅳ.
①TV213.4

中国国家版本馆CIP数据核字(2023)第177290号

审图号：GS京（2023）1858号

书　　　名	人水关系学 REN - SHUI GUANXIXUE
作　　　者	左其亭　著
出 版 发 行	中国水利水电出版社 （北京市海淀区玉渊潭南路1号D座　100038） 网址：www.waterpub.com.cn E - mail：sales@mwr.gov.cn 电话：(010) 68545888 （营销中心）
经　　　售	北京科水图书销售有限公司 电话：(010) 68545874、63202643 全国各地新华书店和相关出版物销售网点
排　　　版	中国水利水电出版社微机排版中心
印　　　刷	天津嘉恒印务有限公司
规　　　格	184mm×260mm　16开本　15.25印张　307千字
版　　　次	2023年9月第1版　2023年9月第1次印刷
印　　　数	0001—1000册
定　　　价	**90.00元**

前 言

人类自出现就与水打交道，人类生存和发展从来都离不开水。人水关系是永恒的、不可逾越的一种最基本关系。人类早期主要为了生活用水、躲避洪水。随着社会进步，人类开始生产用水，修建水利工程取水，同时治理水灾害的能力也在不断提升。再后来，人类改造自然的能力越来越大，人水关系越来越密切。可以说，人类发展史，也是一部治水史，同样也是一部探索人水关系的历史。

研究人水关系可以追溯到很久以前，人类从早期认识洪水过程、开发利用水资源就在探索人水关系，寻找如何避开洪水威胁、如何利用水的途径。当然，这一漫长阶段只能算是人水关系研究的萌芽阶段。随着社会进步，人水关系研究越加丰富，越来越广泛，可以粗略地把处理人与水的一切事务都归结为人水关系研究。其研究内容分散且广泛地分布到水文学、水资源学、生态学、环境工程、资源科学、地理科学、社会学、经济学、管理学、系统科学等学科领域中。因此，针对人水关系的论述比较多，但真正作为一个学科进行建设则出现较晚。笔者从 2005 年开始研究人水关系及和谐问题，一直在探索人水关系的理论及实践，经过 16 年的探索和总结，于 2021 年第一次提出人水关系学的概念及学科体系，于 2022 年提出人水关系学的基本原理及理论方法体系，以及基于人水关系学研究复杂水问题的解决途径和应用实例，并第一次向国外期刊介绍人水关系学的相关内容。本书是笔者自 2021 年以来针对人水关系学最新论述的系统总结，也是笔者自 2005 年以来研究人水关系成果的系统总结，是国内外第一部《人水关系学》专著。

本书包含以下 9 章内容。第 1 章介绍了人水关系学的提出背景、发展历程、研究意义、相关概念、学科体系、主要特点，阐述了人水关系学与水科学的关系。第 2 章介绍了人水关系学的基本原理、主要理论及应用分析、主要论点和观点。第 3 章概述了人水关系学的研究方法，介绍了人水关系研究用到的计算方法和技术方法。第 4 章介绍了人水关系学的主要研究内容，包括人水关系作用机理、变化过程、模拟模型、科学调控以及涉及的政策制度。第 5、6 章分别介绍了人水关系学与治水思路、水工程建设之间的关联。第 7、8 章分别介绍了黄河流域、河南省的人水关系分析及调控。第 9 章对人水关系学发展进行展望。

本书的前期研究工作得到了国家重点研发计划课题（2021YFC3200201）、国家自然科学基金（编号：52279027、U1803241、51779230、51279183、51079132、50679075）、国家社会科学基金重大项目（编号：12&ZD215）等多个研究课题前后 18 年的资助和支持，是我所带研究团队的集体成果。特别要感谢 2005 年以来我指导的硕士和博士研究生，他们为本书的很多实例研究和相关研究做出了富有成效的工作，特别是第 7、8 章应用实例内容的研究成果。

感谢出版社工作人员为本书出版付出的辛勤劳动！感谢我的合作者和参与讨论的同行朋友的支持和帮助！因无法一一列出姓名，在此一并致谢。

由于本书作者学识有限，有些观点或说法可能存在局限性甚至是错误的，恳请广大读者海涵和不吝赐教！

左其亭

2023 年 5 月 1 日于郑州

目　录

第1章 人水关系学导论

本章首先介绍人水关系学的提出背景、发展历程和研究意义,其次介绍人水系统、人水关系、人水关系学、人水关系科学的概念,接着介绍人水关系学的学科体系及特点,最后阐述人水关系学与水科学的关系。本章是对本书将要用到的几个基本概念和学科体系总体情况的介绍,是全书后续内容的铺垫。

1.1 提出背景及意义

1.1.1 提出背景

人类自出现就与水打交道,人类生存和发展从来都离不开水。可以说,人水关系是永恒的、不可逾越的一种最基本关系。研究人水关系可以追溯到很久以前,人类从早期认识洪水过程、开发利用水资源就在探索人水关系。当然,这一漫长阶段只能算是人水关系研究的萌芽阶段。为了系统研究人水关系问题,笔者于2021年第一次提出人水关系学的概念及学科体系[1]。提出人水关系学主要基于以下背景。

(1)人水关系的研究内容非常丰富,也非常庞杂,需要形成一个相对稳定的研究方向和学科体系。从人水关系的发展历程来看,人类发展的过程是治水的过程,也是处理人水关系的过程;与水有关的所有工作,几乎都在处理各种各样的人水关系。可以说,人水关系的研究内容丰富而复杂,但目前分散到很多学科,不利于系统研究和科学认识,需要建设一个系统、稳定的研究方向,逐步形成一个学科体系。

(2)人水关系研究具有明确的研究对象,具有丰富的理论基础、方法论和应用实践,具备形成学科体系的基本条件。人水系统是人水关系学的研究对象,既包括宏观层面人文系统与水系统之间的复杂系统,也包括微观层面某一个具体人类活动行为与水系统某一参数变化之间形成的系统。针对人水关系的研究,已具有丰富的理论基础,比如,水文学理论、水资源理论、水环境理论、水安全理论、经济学理论、社会学理论、人水和谐论等;同时具有一系列的研究方法,比如,辨识方法、系统分析方法、评估方法、调控方法、优化方法等;也具有广泛的应用实践,比如,城市化建设、水利工程建设、洪旱灾害防治、水政策制定等。一方面,具备了形成学科体系的基本条件;另一方面,统领这些内容,也急需要形成学科体系。

（3）科学指导人水关系研究和应用实践，选择和制定水管理方案和政策制度，需要形成一套更高层面的理论体系。人水关系十分复杂，很难甚至不可能把其关系完全梳理清楚，因此，需要有一套理论方法来研究。目前，相关理论方法非常多，分散到很多个学科中，难以一一枚举，常常出现学科之间的"壁垒"，带来不同的理解甚至相反的水治理答案，影响水治理实践。因此，急需要形成一套理论体系，来指导人水关系研究和应用实践。

1.1.2　发展历程

基于对人水关系学提出背景分析和发展历程总结，把人水关系学的发展历程分为以下三个阶段。

（1）人水关系学萌芽阶段（2005 年之前）。从人类出现早期就存在人水关系，那时人类改造自然的能力较低，水系统以近乎自然、顺应自然为主。随着生产力水平的提高，到了 20 世纪中下叶，人类改造自然的能力大大提升，甚至开始出现掠夺自然的局面，带来了水资源短缺、洪涝灾害、水环境污染等一系列水问题，又迫使人们开始思考如何协调人水关系。到 20 世纪末，可持续发展模式渐渐被国际社会所接受，对人水关系的认识也从"肆意掠夺"到"被迫限制自己行为"再到"主动走向人水和谐"。到 2001 年，开始使用"人水和谐"或"人与自然和谐相处"等词，2004 年第 17 届中国水周的活动主题为"人水和谐"，2005 年人水和谐成为新时期治水思路的核心内容[2]。随着时代的发展，人水矛盾越来越突出，人水关系越来越复杂，人们对人水关系的认识越来越深入，到此时已经具备了形成人水关系学的前期基础，称其为萌芽阶段。

（2）人水关系学起步阶段（2006—2020 年）。在国家重大需求的驱动下，学术界开始对人水关系特别是人水和谐的理论及应用进行研究，更加关注气候变化和人类活动对水系统和人水关系的影响作用。2006 年，开启了人水关系和谐问题的量化研究工作，一直到 2019 年提出人水和谐论体系框架，2020 年构建完成人水和谐论体系[2]，大量学者致力于人水关系作用机理及定量化研究，取得了丰硕的成果。到此时已经具备了形成人水关系学的前期准备，称其为起步阶段。

（3）人水关系学形成阶段（2021 年之后）。基于对前人研究历程和成果的总结，经过 16 年的探索和总结，笔者于 2021 年首次提出了人水关系学的概念，阐述了人水关系学的构建思路和学科体系[1]；于 2022 年提出了人水关系学的基本原理及理论体系框架[3]，阐述了其学科分支[3] 和主要研究方法[4]，以及基于人水关系学研究复杂水问题的解决途径[5]，阐述了人水关系作用机理[6]；并以黄河流域为例，介绍了从人水关系学的角度解决人水关系难题的可能方案[7]，并第一次向国外期刊介绍了人水关系学的英文定义和相关内容[7]。

由于人水关系学刚刚被提出，目前还处于形成阶段，这一阶段还将持续数年。

尽管人水关系学刚提出,但其具有强劲的国家需求、复杂的研究内容、广泛的应用领域,已表现出快速发展的势头。可以预判,在人水关系学基本形成之后,未来这一学科会得到快速发展,将步入下一个阶段——快速发展阶段。

1.1.3 研究意义

发展人水关系学对保障国家水安全、支撑重大工程决策、战略布局、处理各种水问题、培养专门人才、完善水科学都具有重要的意义,概括主要有以下几方面。

(1) 为国家重大需求提供更系统的科技支撑。随着经济社会发展,世界形势瞬息万变,人类活动和气候变化加剧,水系统不确定性在增加,人水关系越加复杂,处理因人水关系变化带来的国家水安全、粮食安全、能源安全以及生态安全问题面临着更加严峻的挑战。解决这些复杂的人水关系问题,需要开展系统的理论基础研究、关键技术研究。而关于这方面的分散研究难以支撑这一需求。因此,发展人水关系学对科技支撑国家重大需求具有重要意义。这是建立人水关系学的现实需求。

(2) 为处理复杂的人水关系问题提供研究平台。人水关系复杂,很难甚至不可能把其关系完全梳理清楚,解决这些矛盾也因此变得非常困难。随着经济社会发展,人水关系越来越复杂,人水矛盾越来越突出。理顺这些关系、解决这些矛盾,需要建立一个相对完善的理论方法体系。这是建立人水关系学的内在驱动力。

(3) 为科学处理人水关系问题培养专门的人才。通过人水关系学的系统学习,掌握人水关系学的基本原理、基本理论、技术方法和实践经验,培养具有时空观、系统观、和谐观、生态观的专门技术人才和管理人才。

1.2 人水关系学的相关概念

1.2.1 人水系统的概念

自然界中的水是一个不同空间单元相互联系、固-液-气多形态转化、分布特征和循环变化过程十分复杂的系统。人类社会是一个不同空间单元相互联系、每个空间由与发展相关的社会发展、经济活动、科技水平等组成的、人文过程十分复杂的系统。人类生存和发展时刻都离不开水的参与,自然界中的水又越来越多受到人类社会的影响。因此,在分析和解决水问题时不能"就水论水",需要把水与人类社会联系起来,在组成的人水系统中进行研究。

笔者曾于 2007 年提出了人水系统概念的定义[8],在此基础上,略加修改,给出人水系统概念的定义如下:人水系统(human - water system)是以水循环为纽带,将人文系统与水系统联系在一起,组成的耦合系统,如图 1.1 所示。所谓人文系统(human system),指以人类发展为中心,由与发展相关的社会发展、经济活动、科技水平等众多因素所构成的系统；所谓水系统（water system），指以水为中心，由水资源、生态、环境等因素所构成的系统[8]。

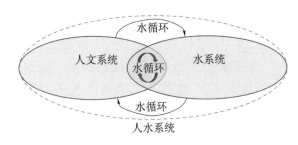

图 1.1　人水系统概念示意图

如图 1.1 所示，人水系统既包含自然水循环过程，又包含受人类活动影响的社会水循环过程，二者交织在一起。现实的人文系统与水系统确实存在密不可分的关系。水系统是人文系统构成和发展的基础，制约着人文系统的具体结构和发展状况。人文系统反作用于水系统，人文系统不同发展模式可以使水系统朝着良性或恶性等不同状况方向发展。在进行水问题研究时，除了要研究水系统本身问题外，还需要把经济社会发展内在规律研究成果带入到水系统研究中，真正实现人水系统的耦合研究。同样，在研究经济社会发展受水资源因素制约和影响时，除了要研究人文系统本身外，还需要把水循环内在规律研究成果带入到人文系统研究中，实现耦合研究。

关于人水系统的研究不是什么新鲜事，可以说，在水科学领域比比皆是，针对与水相关的研究几乎都是以人水系统为研究对象的。只是多数情况没有专门说明，自觉或不自觉地针对人水系统进行研究。当然，有些偏重自然的水系统，有些偏重人文系统的作用；有些针对简单的人水系统，有些针对较复杂的人水系统。比如，研究气候变化，人类活动对河流径流、流域水资源量、水质等的影响，比较明显是针对人水系统的研究；研究闸坝或水库工程的影响作用，是比较单一的人类活动对水系统的影响作用研究；研究国家节水战略、国家水网建设、水生态文明建设等问题，是针对非常复杂的人水系统研究。

1.2.2　人水关系的概念

笔者曾于 2009 年提出人水关系概念的定义[9]，后来又在多个文献中论述过该概念[2]。在前期论述的基础上，略加修改，给出人水关系概念的定义如下：人水关系（human - water relationship）是指"人"（指人文系统）与"水"（指水系统）之间的相互作用关系的统称，如图 1.2 所示。

（1）人水关系是人类与自然界关系中最重要的关系之一。人类一出现就与水打交道，自觉或不自觉地面对多种多样的人水关系[10]。因此，笔者在多次学术报告中提到一句话，"所有的水利工作几乎都是为了改善人水关系，但是不是都朝着改善的方向，有可能事与愿违。"[11] 这种表述可能不太严谨，但反映了人水关系问题广泛存在。实际上，人类在改造自然的过程中，从出发点来讲，应该大多数都是希望"改善"人与自然的关系。既然是"改善"，其出发点就是朝着"好"的方向发展，至少愿望是这样的[2]。

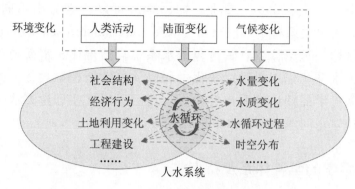

图 1.2 人水关系概念示意图

（2）人水关系极其复杂。人文系统、水系统本身都是十分复杂的大系统，由二者耦合成的人水系统，既涉及经济社会活动，又与水资源、生态、环境密切相关，多数情况下很难理清楚其包含的各种关系。

（3）人水关系不断变化，人类对人水关系的认识也在不断变化。人水关系随时间而变化，具有时间属性和动态性。从人水关系的变化过程来看，人类主宰自然是不可能的，这正是由于自然界伟大力量反扑的结果，人类必须客观认识人水关系，必须主动采取行动与自然和谐相处。

1.2.3 人水关系学的概念

关于人水关系的相关研究很多，但很少文献专门论述人水关系学科体系。基于以上分析，可以看出，非常有必要也已具备条件形成人水关系学。首先，其研究对象是人水系统，该系统是由人文系统与水系统组成的、相互作用关系错综复杂、不同尺度交融的巨系统。其次，其研究方法涉及很多学科，是一个典型的交叉学科。再次，其研究内容丰富，涉及与水有关的方方面面内容，包括机理研究、模型研究、实例研究等，广泛运用水科学理论，比如水文学、水资源、水环境、水安全、水经济、水工程、水法律、水信息等，是一个大学科。正是基于以上分析和判断，笔者于 2021 年首次给出人水关系学概念的定义[1]，并于 2022 年提出其英文定义[7]，本书引用这一定义，介绍如下：

人水关系学（human-water relationship discipline）是指，尊重水系统自然规律与经济社会发展规律，借鉴水科学理论和多学科方法，来研究人水系统的作用机理、变化过程、模拟模型、科学调控、政策制度等理论方法的一门交叉学科，并运用这些理论方法为人类科学认识人水关系、应对水问题、制定水策略服务的知识体系[1]。

1.2.4 人水关系科学的概念

按照一般理解，学科与科学是有区别的，后者是符合客观世界本质规律的理论体系，前者是分门别类认识和研究某一科学，每一类就可以成为一个学科。我国学科体系划分：门类、学科、专业，同一学科可以再细分出不同专业。因此，按照这一思路，人水关系科学（human - water relationship science）就是揭示人水关系客观本质规律的理论体系，具体包括水系统自然规律、水系统影响下人文系统发展规律、人水系统作用机理、变化过程以及科学调控原理等。人水关系学除了揭示人水关系科学的理论体系内容以外，还会运用这些理论方法为人类科学认识人水关系、应对水问题、制定水策略等服务。

1.3　人水关系学的学科体系及特点

1.3.1　人水关系学的研究对象及研究范畴

人水关系学的研究对象非常明确，就是人水系统。但其对象本身内涵丰富、外延范围广、准确描述比较困难，是一个由人文系统与水系统组成的、相互作用关系错综复杂、不同尺度交融的复合系统。该系统一般比较复杂，涉及的内容较多，需要解决的问题也较多，需要多学科共同努力，交叉融合研究。

从人水关系学的研究对象和拟解决的问题来看，其研究范畴可以分为狭义和广义。狭义研究范畴应是针对人水系统中所有处理人水关系的问题，广义研究范畴包括人和水参与的所有内容，均可以纳入到人水关系学的研究范畴。

1.3.2　人水关系学学科体系

一个完善的学科体系至少包括四个要素，即明确的研究对象、相对完善的理论体系、一套方法论和广泛的应用实践。显然，人水关系学具备了以上四个要素，构建的学科体系框架如图 1.3 所示。

人水关系学的理论体系包括两方面（图 1.3）：一是其理论基础，二是其专门构建的基本理论。人水关系学是水文学、水资源、水环境、水安全、水工程、水经济、水法律、水信息以及社会学、经济学、系统科学等的交叉学科，涉及的这些学科的理论方法多数都可以应用于人水关系的研究，因此，这些理论也是人水关系学的理论基础。此外，还有一些专门针对人水关系研究提出的基本理论，比如，人水和谐论、人水博弈论、人水协同论、人水关系辩证论等，有些理论是刚提出来的，还有待进一步发展。关于主要基本理论的详细内容将在第 2 章中介绍。

人水关系学的研究方法可分为计算方法与技术方法（图 1.3）。其中，计算方法针对理论计算层面的人水关系研究，技术方法应用于改善人水关系的具体实践。

人水关系学的研究内容丰富，其分支学科有以下五种划分方案（图 1.4）[3]：

（1）按分区划分，分为：区域人水关系学、流域人水关系学。区域人水关系学是以"区域"为对象，研究不同区域尺度上的人水关系，如全国、省级行政区、城市/城市群以及其他行政区人水关系研究等。流域人水关系学是以"流域"为对象，研究不同流域尺度上的人水关系，如全国七大流域、二级支流流域、三级支

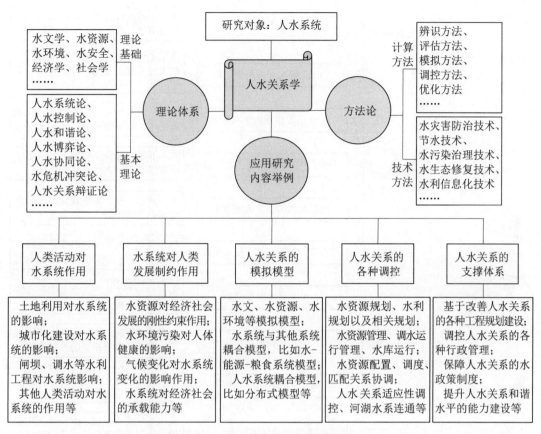

图 1.3 人水关系学学科体系框架[3]

流流域以及其他流域人水关系研究等。

（2）按专题划分，分为：水工程建设人水关系、土地利用/覆被变化人水关系、其他人类活动下人水关系、气候变化/自然灾害人水关系。水工程建设人水关系是针对水库、调水工程、闸坝、水电站、灌溉引水工程等各种水工程建设带来的各种水系统和人水关系变化以及科学调控展开的研究。土地利用/覆被变化人水关系主要是针对农田开发、城镇化建设、退耕还林还草等带来的各种水系统和人水关系变化以及科学调控展开的研究。其他人类活动下人水关系是针对水工程建设、土地利用/覆被变化两大类以外的人类活动影响下人水关系研究，如大型基建工程、矿山建设、工业企业生产等带来的各种水系统和人水关系变化以及科学调控的研究。气候变化/自然灾害人水关系是分别针对气候变化下人水系统演变及应对、洪涝和干旱等自然灾害应对等的研究。

（3）按方法划分，分为：人水关系实验与监测、人水关系模拟与辨识、人水关系评估与调控。人水关系实验与监测的研究内容包括针对各种水系统、人文系统以及二者耦合系统的监测、实验、作用机理分析等的研究。人水关系模拟与辨识的研究内容包括水文、水资源、水环境模拟模型，人水系统耦合模拟模型，以

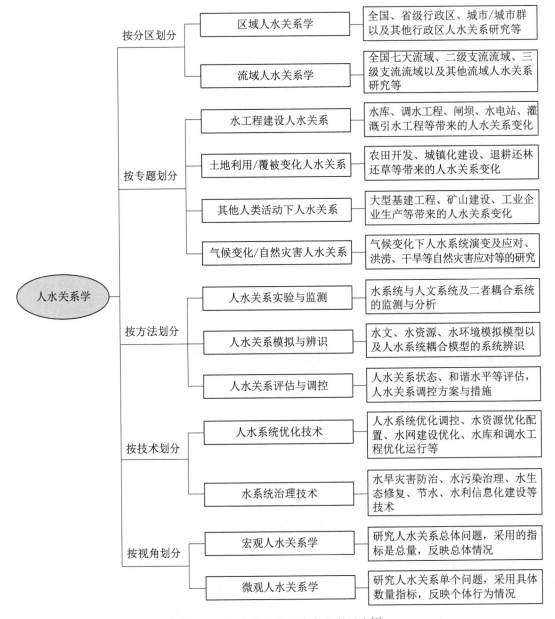

图 1.4　人水关系学的分支学科示意[3]

及影响因素、作用关系等的系统辨识。人水关系评估与调控的研究内容包括人水关系状态、和谐水平等评估，以及水资源分配、水资源保护、水生态修复与治理等各种调控方案与措施等。

（4）按技术划分，分为：人水系统优化技术、水系统治理技术。人水系统优化技术是系统优化技术在人水系统中的应用，研究较多，专门作为一类，如人水系统优化调控、水资源优化配置、水网建设优化、水库和调水工程优化运行等。水系统治理技术是针对水系统中出现的各种问题进行治理的各种技术，如水旱灾害防治、水污染治理、水生态修复、节水、水利信息化建设等技术。

（5）按视角划分，分为：宏观人水关系学、微观人水关系学。宏观人水关系学是研究某一人水关系的总体问题，采用的是总量指标，反映总体情况，如研究某一区域/流域的人口、GDP（国内生产总值）、不同行业产值与水资源总量、供水量、不同行业用水量之间的关系。微观人水关系学是研究某一人水关系的单个问题，采用的是具体数量指标，反映个体行为的情况，如研究某一区域/流域的某一产业投入对用水效率的影响，某一行业供水量对产值的制约作用，用水量对河流、地下水水质的影响。宏观人水关系学和微观人水关系学的根本区别在于研究的视角不同、层次不同。尽管本书第一次提出这样的划分并给出了二者的概念，但实际上，二者涉及的内容已有无穷的研究成果，只是没有把他们归类于宏观人水关系学和微观人水关系学而已。因此，建议通过这一学科的归类，慢慢形成更加完善的体系。

1.3.3 人水关系学的特点

（1）人水关系学是一个非常显著的交叉学科。人水关系学是跨自然科学、社会科学的交叉学科，广泛借鉴水科学理论和多学科方法，来研究人水关系问题。人水关系学需要的知识涉及水文学、水资源学、生态学、环境工程、资源科学、地理科学、社会学、经济学、管理学、系统科学等。

（2）人水关系学是一个内容十分丰富的学科。尽管人水关系学产生不久，但是其包含的内容和相关的学科发展历史悠久，研究内容已经非常丰富，涉及与水有关的方方面面内容，包括人水系统的作用机理、变化过程、模拟模型、科学调控、政策制度等。可以简单地说，它包括有水和人参与的所有内容，包括有人参与的所有水科学问题。人水关系学在宏观上研究全球气候变化、人类活动影响和自然环境变化下的水系统变化及其对人类的影响，在微观上研究水系统变化过程、演变规律以及引起水危害的基础科学问题。

（3）人水关系学是一个实践性很强的应用学科。人水关系学是一门直接服务于人类社会的学科，其产生就是为了系统解决人水关系中遇到的实际问题，其主要工作内容就是解决现实中出现的人水矛盾，如水资源短缺、水旱灾害防治、水环境污染等。并且随着经济社会的发展，人类活动会愈发加剧，人类对水的需求不断增大，对水环境的要求愈来愈高，人水矛盾会愈发突出。因此，人水关系学是一门实践性很强的学科，需要在实践的基础上不断完善和发展，再反过来指导生产实践。

（4）人水关系学是一个伴随着基础学科和政策制度发展而发展的学科。首先，人水关系学是基于一系列基础科学而发展的，比如，数学、化学、地理学、生物学、系统科学、信息学、经济学、社会学等。这些基础科学的发展必将带动人水关系学的进一步发展。其次，人水关系学的发展又与水管理政策、制度密切相关。

比如，在处理水资源分配工作中，是坚持流域统一管理，还是分割管理？是坚持水量与水质、地表水与地下水统一管理，还是分散管理？是"以需定供"，还是"以供定需"？这些因素变化和发展必将带动人水关系学的进一步发展。

1.4　人水关系学与水科学的关系

1.4.1　水科学简介

水科学（water science）这一概念，是最近 20 多年来出现频率很高的一个词，已经渗透到社会、经济、生态、环境、资源利用等许多领域，也派生出许多新的分支学科或研究方向，成为学术研究和科技应用的热点。水科学知识在社会各界应用非常广泛，已经成为一个很普通的词汇，这对水科学的宣传和普及起到非常重要的作用。

目前对水科学的理解多种多样，涉及的研究范畴非常广泛，涉及的学科也很多，对其定义也不统一。笔者于 2011 年定义了水科学的概念及其研究范畴，提出了水科学的学科体系[12]。水科学是研究水的物理、化学、生物等特征，分布、运动、循环等规律，开发、利用、规划、管理与保护等方法的一门学科，具有复杂的知识体系，并把水科学表达为水文学、水资源、水环境、水安全、水工程、水经济、水法律、水文化、水信息、水教育等 10 个方面的集合[12]。从这一界定来看，水科学由 10 个分支学科组成，研究内容可分三个层面：一是水的物理、化学、生物等基础研究，二是水的分布、运动、循环等规律研究，三是水的开发、利用、规划、管理与保护等人水关系研究。自 2011 年提出水科学学科体系以来，水科学 10 个方面组成的学科体系得到广泛应用和普遍认可。

水科学是一个跨多个学科门类的交叉学科。比如，①研究水的物理化学特征、数学物理方程、数值分析、水文地理特征、生物学机理和规律等内容，应该是理学范畴；②研究水资源开发、利用、保护，水资源配置与调度、水资源工程规划等内容属于水利工程学科，是工学范畴；③研究水土资源开发、利用、节水灌溉等内容，属于农学范畴；④研究水环境与人体健康关系与调控等健康医学研究，属于医学范畴；⑤研究水价值、水价、水市场与水交易、水利经济等内容，属于经济学范畴；⑥研究水法规、水政策宣传、水知识普及等内容，属于法学和教育学范畴；⑦研究水利发展史、河流生态环境历史演变、水文化考究等内容，属于历史学范畴；⑧研究水系统的优化分配、可持续管理等内容，属于管理学范畴。

由此可见，水科学是一个跨越多个学科门类的学科，所研究的内容不可能完全隶属于某一个学科，应该根据不同方向隶属多个学科，同时需要多个学科交叉研究，才能解决水科学问题。比如，研究水资源可持续利用问题，不仅仅需要水

利工程学科的知识，还需要经济学、管理学、理学、法学等知识，需要全社会共
同努力。

1.4.2 人水关系研究是水科学的核心与纽带

人水关系学研究贯穿整个水科学，是水科学的核心内容，也是其重要的纽带，
这个纽带把社会科学与自然科学联系起来，把水科学的 10 个分支学科联系起来。
水科学与人水关系学的关联以及人水关系学研究的核心和纽带地位表述如图 1.5
所示。

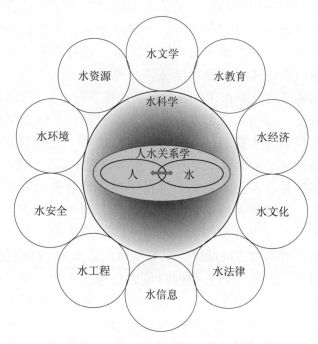

图 1.5 水科学与人水关系学的关联[5]

从水科学与人水关系学的起源来看，都源于对水的利用，重点都是在认识人
水关系，通过一定的行为来改善人水关系。人类从早期开始观察水、认识水的特
性与规律，慢慢开始用于如何开发利用水、防治水害。因此，水科学的研究起源
要比人水关系学早。从二者的研究对象来看，水科学针对一切水以及与水有关的
一切内容开展研究，其中的主要对象是"水与人"，可以看作是人水关系学的广义
研究范畴；人水关系学研究的对象是人水系统，包括"水与人"相关的一切内容。
因此，水科学的研究对象要比人水关系学的狭义研究范畴大些。从二者的研究内
容来看，水科学的 10 个分支学科中广泛存在人水关系研究实例，甚至一个复杂的
人水关系研究实例贯穿多个分支学科。因此，水科学的研究内容与人水关系学的
研究内容是复杂的交叉关系，人水关系学贯穿水科学 10 个分支学科，成为其交叉
融合的纽带[5]。

1.4.3　水科学是人水关系学的重要基础

文献［5］从水科学的 10 个方面阐述水科学是人水关系学的基础，揭示二者具有异曲同工的交叉关系。总体来说，水科学比人水关系学的狭义研究范畴更大，人水关系学的研究内容都应属于水科学的内容。反过来，有部分水科学内容不属于人水关系学内容，但应该是人水关系学的研究基础，可以作为人水关系学的广义研究范畴。

（1）水文学研究。水文学的研究内容按照其研究对象可以分为两大类：一类是自然水循环过程及相关内容，另一类是人类活动参与下的社会水循环过程及相关内容。除一部分纯理论或机理研究外，大部分是研究人类活动参与下的水循环过程及相关内容。可以说，在水文学中涉及人水关系的内容比比皆是，只是没有把人水关系内容专门拿出来，而是自觉或不自觉地涉及人水关系问题，比如，水利工程建设对水文系统的影响作用，城市化建设导致的水文过程的变化研究。

（2）水资源研究。人类生存和发展离不开水资源，水资源研究广泛涉及人类生存和发展的方方面面，水资源的开发、利用、规划、管理等各种行为都有人的参与，都可看作是处理人水关系，是人水关系学研究范畴。比如，修建兴利水库、引水渠、供水工程等开发利用水资源，通过工程建设调整人水关系，为了让人类更好地利用水资源；修建防洪堤、蓄滞洪区建设、疏浚河道等防洪工作，通过调整人水关系，防御洪水对人类的伤害。还有一些更复杂的人类活动行为影响下的水资源研究，比如城市水资源问题研究，都可纳入人水关系研究范围。

（3）水环境研究。水环境研究的内容可以分为三大类：第一类是针对水体环境特征的研究，第二类是针对水污染治理的研究，第三类是针对水环境保护的研究。第一类中部分研究是针对自然水系统的环境特征研究，大部分还是研究有人类活动参与的水系统环境问题。第二类和第三类研究绝大多数都有人的活动或参与，也正是因为人类活动带来水资源的消耗和水系统的污染，才促使人们研究水污染治理和水环境保护。比如，研究调水工程对水环境的影响，是因为人类活动改变了水系统结构和特征，可能是改善水环境也可能是恶化水环境，属于人水关系研究范畴。

（4）水安全研究。水安全是国家安全的重要组成部分，是实现经济社会可持续发展、生态文明建设、人与自然和谐共生的重要基础。从水安全的内涵来看，水安全的主体是水，客体是人类社会及相关活动。水安全实质是自然界水系统对人类社会及其相关活动的安全保障状态，因此水安全的特性反映了人水关系的状态。从这个角度看，水安全研究都可以纳入到人水关系学研究中。

（5）水工程研究。水工程研究的对象是关于水工程建设有关的前期论证、规划设计、施工安装以及建设后的运行管理等，其目标都是通过人类建设工程来改变人水关系，为人类获得更大的综合效益。因此，水工程研究属于人水关系学研究的一部分，只是偏重水工程建设方面。比如，通过水库建设、水库群运行来改善水系统和人水关系。

（6）水经济研究。水经济研究涉及与水有关的所有经济学内容，比如水利活动经济评价、水利产业经济、水价与水市场、工程运行经济管理、水工程投资与概预算、投入产出计算、水电站（群）厂内经济运行、投资与回报等。这些都是在人的参与下开展的经济活动，也可以界定为人水关系的经济学行为。

（7）水法律研究。水法律研究涉及与水有关的所有法律、政策、制度、行政规章等内容，包括河流立法、与水相关的各种法律（《中华人民共和国水法》《中华人民共和国防洪法》《中华人民共和国水污染防治法》《中华人民共和国水土保持法》）、行政法规和法规性文件（《中华人民共和国河道管理条例》《中华人民共和国防汛条例》《中华人民共和国抗旱条例》《城镇排水与污水处理条例》）以及用水权制度、河流分水方案、水法律理论及法律基础研究等，都是针对人水关系或人们对水开发利用的约束性法律问题。

（8）水文化研究。水文化研究涉及与水有关的文化领域，包括河流文化、河流水系变迁、科技文明史、水利史、水工程历史价值、水工程文化表象、生态环境历史变迁与治理文化以及水文化挖掘、诗歌、工具等，都是有人的参与或人们挖掘的文化形态。

（9）水信息研究。水信息研究涉及与水有关的所有信息监测、传输、储存、分析、模拟、预测、评价、管理、决策等内容，是水科学研究的重要信息源和信息分析工具，包括水信息遥感监测和各种观测技术研究、水信息数据挖掘、水信息应用实践、决策支持系统开发、智慧水利建设等，其中包括大量与人水关系有关的信息。

（10）水教育研究。水教育研究涉及与水有关的所有教育、宣传、交流等内容。大学和研究生的水科学教育、水利高校办学的研究、中小学的水科普教育、水情宣传及公众科普读物传播、"世界水日"和"中国水周"宣传、水政策法律宣传等都是水教育范畴，都是人参与的水科学知识普及。

第 2 章　人水关系学的理论体系

本章在对前期工作总结和文献［3］的基础上，介绍人水关系学的基本原理，包括人水关系交互作用原理、人水系统自适应原理、人水系统平衡转移原理、人水关系和谐演变原理；论述人水关系学的主要基本理论，包括人水系统论、人水控制论、人水和谐论、人水博弈论、人水协同论、水危机冲突论、人水关系辩证论、人水系统可持续发展论等，并分析基本理论的应用前景；论述人水关系学的主要论点和观点。本章是人水关系学的理论部分，为人水关系研究提供理论依据和指导。

2.1　人水关系学的基本原理

2.1.1　基本原理构架

基本原理是对具有普遍意义的基本规律的诠释，是在大量观察、实践的基础上，经过归纳、概括而得出的基本规律，既能经受实践的检验，又能进一步指导实践。人水关系学的基本原理是对人水关系相互作用以及系统演变的基本规律的诠释。人水关系复杂，人水关系学需要揭示其复杂关系应该遵循的基本原理，作为人水关系分析、研究、调控以及各种相关工作的科学依据。基于人文系统、水系统以及二者耦合系统的特征分析，主要依据系统内部的基本规律、作用关系以及演变特性，笔者总结了人水关系学的四个最基本的原理，包括人水关系交互作用原理、人水系统自适应原理、人水系统平衡转移原理和人水关系和谐演变原理，其基本原理和关联结构如图 2.1 所示。

2.1.2　人水关系交互作用原理

在人水系统中，人水关系错综复杂，相互联系、相互作用，形成一个交互的系统。这种存在于人水系统中的交互作用关系及其变化规律，被称为人水关系交互作用原理。对该原理进一步说明如下。

（1）人水关系交互作用普遍存在，是人水关系的最基本特征，可以说，所有的人类活动都或多或少影响到水系统，水系统及其变化也会影响或制约着人文系统的发展。例如，闸坝建设、闸坝调度对河流水质、水量以及相关联的水生态系统带来变化，至于这种变化是正面的还是负面的，需要进一步分析；城市化建设，改变了地表径流和地下径流形成相关联的下垫面，影响到水系统的形成结构和特

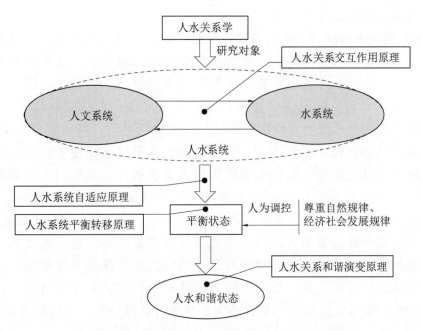

图 2.1 人水关系学的基本原理和关联结构示意图[3]

性，导致水系统变化，如暴雨形成的时间缩短、洪峰增加。再列举一个水系统作用的例子，假如气候变化导致径流量减少，自然就影响到人类用水，使用水矛盾更加突出，水资源承载力下降。因此，基于这一原理，必须承认人类活动或多或少都会对水系统带来影响。

（2）人水关系存在着作用与反作用的辩证关系，人类不能一味地追求"以我为中心"，在改造甚至破坏水系统的同时一定要意识到可能会导致水系统的反作用。比如，在进行大型跨流域调水工程论证时，既要计算调水对调入区的正面影响，也要计算调水对调入区的负面影响以及对调出区带来的负面影响，不能一味强调调水工程的有益作用和必要性，而忽略所带来的负面影响。这一原理符合自然辩证法，也符合系统论思维。因此，基于这一原理，必须承认人类活动的影响作用以及水系统对人类的反作用，有些作用是正面的，有些是负面的，可能是正面大于负面，也可能是正面小于负面。

（3）人水关系交互作用是极其复杂的，很难理清楚有时也不必要理清楚其关系，需要坚持系统的思维和方法来处理人水关系问题。例如，在建立分布式水循环模型时，科学家期望把各种水循环路径搞清楚，实际上几乎不可能，只能基于有限的认知，建立缺资料或少资料的模型；在开展水资源评价、水资源规划工作时，首先尽可能理清水系统结构、人水关系作用路径，其次在此基础上，采用系统分析方法，进一步辨识和分析水资源时空特征，评价水资源数量、质量及其开发利用状况，规划不同水平年水资源开发利用方案。这些都是针对极其复杂的人水关系和人水系统常常采用的研究方法。

［举例］地下水污染与人体健康关系分析。如果地下水水质无法达到相应功能的水质标准，就被认为受到污染。绝大多数情况下，地下水污染是由人类不合理的活动带来的，比如，工业、农业生产和居民生活排污，慢慢渗入地下，造成地下水污染。地下水污染的危害主要包括威胁饮水安全、食品安全和居住安全等。当地下水作为饮用水水源，水质指标超过饮用水质标准时，就威胁到饮用水安全。如果饮用未达到水质标准的地下水，就会影响人体健康。即使不直接饮用，有害物质一旦通过蔬菜、水果、粮食等农作物进入食物链，也会影响人体健康。当利用受污染的地下水灌溉农田时，就会造成农产品污染，威胁食品安全。特别是，使用受重金属污染的地下水灌溉农作物，危害极大，不仅仅引起农产品质量下降，还会因重金属累积效应带来人体健康严重受损。当居住区的地下水受到污染，可能会通过有机物挥发吸入、皮肤接触等暴露途径，危害居民人体健康。当然，以上仅仅是定性的、表象上的分析，实际上，其相互作用关系非常复杂，如果想摸清楚其中的作用关系，需要进一步开展实验观测、数据分析、定量研究等工作。

2.1.3　人水系统自适应原理

人水系统受到任何外界或内部营力的作用，都会按其自身的变化规律而变化，表现出一定的"韧性"，来适应条件的变化。人水系统应对外界或内部营力的作用而自我调整，表现出的自适应能力和应变特征，被称为人水系统自适应原理。对该原理进一步说明如下。

（1）人水系统自适应原理客观存在，且具有重要意义。正是因为人水系统客观存在自适应原理，人类活动对水系统的影响甚至破坏作用，可能会在一定程度上得到恢复，来减小带来的影响，适应条件的变化。当然，人水系统的韧性是有限的，如果超出其适应能力，就得不到恢复。

（2）人们要充分认识到人水系统的自适应特征。在人类活动影响的同时，系统可能会表现出一定的自适应反映。例如：①在河流上游修建大型水库，改变了水系统，特别是对水生态系统产生比较大的影响，很多人也因此否定上游水库建设。除了肯定会带来上游水系统比较大的扰动外，实际上人们也应看到水系统在一定程度上会有自适应特性，不断适应新的环境，产生新的生态系统。当然，是否可以接受这种变化，还要看扰动和自适应的博弈结果。②应对气候变化问题，也应该看到包括水系统在内的自然界本身的适应性特性，既要防止气候灾害带来的影响，同时也要看到自然界具有的自适应能力。

（3）应重视人水关系的"相互制约"博弈与"自适应"协同的辩证关系。从宏观上看，人水关系既存在"相互制约"的博弈关系，即存在作用与反作用关系，也存在"自适应"的协同关系。例如，在水资源可利用总量有限的情况下，生态用水与经济用水是"相互制约"的博弈关系，如果经济用水多了，自然就会导致生态用水减少，可能带来生态系统退化，逐渐转变为新的状态，表现为水系统的自适应作用，当然，可能是负面作用。如果负面作用可以接受即在允许范围内，这种系统自适应特性起到一定作用。根据这一原理，可以揭示水系统的"韧性"特性。

[举例]水资源适应性利用模式。自然界和人类社会处在不断变化之中，也必然带动与之相关联的水系统的变化。特别是受人类活动和气候变化的影响，自然水系统或社会水系统特征会发生或大或小的变化，比如，多年平均气温、降水量的增加或减少，径流量过程和特征参数的变化（包括突变、增加或减少趋势等特征）。水资源的开发利用应适应这些变化，来应对因环境变化带来的水系统的变化。水资源适应性利用模式就是一种适应环境变化且保障水系统良性循环的水资源利用方式。在研究水资源适应性利用时，必须遵循人水关系自适应规律，按照人水关系中蕴藏的自身规律来调控人水关系，制定水资源适应性利用方案。水资源适应性利用方案的制定，是一个螺旋式的上升过程，应经过"确定→适应→评估→反馈→再确定"的循环过程，直到确定符合各个条件的最终方案。这也反映了自适应的逻辑关系。

2.1.4 人水系统平衡转移原理

人水系统在某一条件下处于一种相对平衡状态，如果外界或内部营力发生变化，平衡状态就可能被打破，在一定条件下慢慢又形成一种新的相对平衡状态。在外界或内部营力作用下，人水系统从一种平衡状态转移到另一种平衡状态的现象，被称为人水系统平衡转移原理。对该原理进一步说明如下。

（1）人水系统平衡转移原理客观存在，且具有重要意义。由于存在人水关系交互作用原理、人水系统自适应原理，人水系统在一定时间空间范围内，就可以达到一种相对平衡状态。如果外界或内部营力发生变化，其相对平衡状态就可能会出现失衡，但因为系统本身存在自适应能力，又会慢慢形成一种新的相对平衡状态。这也是人水系统螺旋式发展的基本规律。

（2）要认识到人水系统平衡状态不是不变的，在一定条件下会从一种平衡状态转移到另一种平衡状态。例如：①在河流上游修建拦河大坝，必然改变河流水系统结构，在长期新的运行条件下会慢慢形成新的平衡状态。当然，这种平衡状态的改变可能是正面的、可接受的，也可能是负面的、具有恶化趋势的变化。②因上游用水增加导致下游用水减少，带来下游供需水平衡的变化，长期运行下去就会慢慢形成新的平衡状态。当然，因可利用水量减少，其所形成的平衡状态是用水形势更加紧张的平衡状态。

（3）要充分利用好平衡转移原理，科学调控人水关系，构建新的系统平衡。例如：①应对气候变化带来的水系统变化问题，人们应主动采取行动，调整用水结构、水旱灾害应对措施，以适应水系统变化，慢慢形成新的、可接受的平衡状态。②上文提到的在河流上游修建拦河大型水库问题，可以采取一系列的工程措施，如修建人工鱼道、划定自然保护区、人工制造洪峰、修建生态廊道等，尽量减少对生态系统的扰动或破坏，形成可接受的新的平衡状态。

[**举例**] **变化环境下供需水平衡问题**。人水关系处在不断的变化环境之中，包括气候条件变化和水文结构变化带来的水系统变化、人类活动（比如，人工筑坝、引水、排水等）变化带来的人水系统变化。由于环境的变化，可能会带来可供水资源量的变化，也可能带来需水量的变化，从而导致供需水不平衡。为了保障水系统良性循环和经济社会可持续用水，供水与需求应达到一种相对平衡状态。当环境变化带来供水量发生变化时，则需求量也要适当作出调整。类似，当需水量发生变化，则供水量也要适当作出调整。最终希望，从一种供需水平衡状态转移到另一种供需水平衡状态。

2.1.5　人水关系和谐演变原理

人水和谐状态是人水关系追求的一种良性循环状态。在一定条件下，人水关系总会发生变化并逐步演变到和谐状态。这种在人类理性思维作用下，人水关系不断向良性状态演变并最终走向和谐状态的基本规律和特性，被称为人水关系和谐演变原理。对该原理进一步说明如下。

（1）人水关系和谐演变原理揭示了人水关系演变规律以及人水关系走向和谐状态的基本规律。也就是说，在人水关系发展过程中，在经历了人水关系恶性循环阶段之后，都希望改善人水关系，走人水和谐之路。

（2）要顺应自然规律和经济社会发展规律，坚持辩证唯物主义哲学思想，坚定认为人水系统必须走和谐发展之路。例如，在应对水旱灾害问题时，既要顺应水旱灾害形成的自然规律，又要顺应水旱灾害治理的经济社会发展规律，不能一味地追求"治"，还要学会与洪水和谐相处，干旱与洪水应系统"和谐并举"治理。

（3）应积极采取一系列措施来改变人水关系，使人水关系适应条件变化而得到改善，不能因为条件变化导致人水关系变差或恶化，即人水关系演变总体趋势是提升总体和谐水平，最终实现人水和谐的目标。例如，在进行水资源规划时，应基于人水和谐目标，通过水资源规划方案的实施，不断提升和谐水平，最终实现人水和谐的目标。

[**举例**] **中国南水北调工程规划建设**。南水北调工程是中国最大的战略性调水工程。历经半个世纪的分析论证，2002 年国务院正式批复了《南水北调工程总体规划》。规划的南水北调工程分东、中、西三条线路。通过三条调水线路与长江、黄河、淮河和海河四大江河联系，构成我国"四横三纵"为主体的总体布局，以实现中国水资源南北调配、东西互济的合理配置格局。南水北调东线工程起点位于江苏扬州江都水利枢纽，受水区域为江苏和山东，东线一期工程于 2002 年开工建设，2013 年正式通水运行。南水北调中线工程起点位于汉江中上游丹江口水库，

受水区域为河南、河北、北京和天津，中线一期工程于 2003 年开工建设，2014 年正式通水运行。南水北调西线工程到 2023 年尚处于规划阶段，没有开工建设。因为南水北调工程涉及面广、工程量大、影响因素多，因此，不可能一次建成，规划采用了分线路、分期进行。首先，建设东线一期工程、中线一期工程。其次，规划建设西线一期工程、东线二期工程、中线二期工程。最后，有可能全面建设完成东、中、西三条线路，实现我国"四横三纵"的水网格局目标。这一循序渐进的建设思路符合人水关系和谐演变原理，即人水关系演变总体趋势是提升总体和谐水平，最终实现人水和谐的目标。

2.2 主要理论介绍及应用分析

人水关系学的理论体系包括两方面：一是理论基础。人水关系学是基于水文学、水资源、水环境、水安全、经济学、社会学、系统科学等学科发展起来的一门交叉学科，这些基础学科是人水关系学的理论基础。因为这些学科都是传统的学科，其理论介绍比较多，在此就不再赘述。二是专门构建的基本理论。有些理论已比较成熟（比如，人水系统论、人水和谐论），有些理论是刚提出来的，还有待进一步发展（比如，水危机冲突论、人水关系辩证论）。下面简要介绍人水关系学的主要基本理论，并对其应用前景作初步分析。

2.2.1 人水系统论

1. 提出背景

人水系统是一个复杂的系统，许多问题的解决需要采用系统论方法，也是系统论非常好的"用武之地"。人水系统论就是把系统论理论方法应用于人水系统中，解决人水系统中广泛存在的系统科学问题和技术问题。

系统思想源远流长，但作为一门科学，一般认为，始于 1932 年美籍奥地利人、理论生物学家贝塔朗菲（L. Von. Bertalanffy）发表的《抗体系统论》，他提出了系统论的思想，1937 年又提出了一般系统论原理，从而奠定了系统论的理论基础。直到 1968 年才真正确立"系统论"这门科学的学术地位，其标志性成果是贝塔朗菲于 1968 年发表的专著 *General System Theory*：*Foundations*，*Development*，*Applications*。

伴随着系统论的产生，发现其在水系统中的应用有非常大的优势，就开始把系统论应用于水系统中，形成了人水系统论。有大量文献证实，人水系统论大致兴起于 20 世纪 70—80 年代。当然，对此的叫法有所不同，比如，水资源系统工程、水资源系统优化、水资源系统分析、水系统理论等。

2. 主要内容概述

人水系统论是研究人水系统的结构、功能、行为、规律以及系统间的联系，并对其进行数学描述的知识体系。其主要内容包括：

（1）人水系统分析。是采用系统分析方法，对人水系统的结构、功能、行为、规律以及系统间的联系进行综合分析，得出相关结论并找出解决问题的可行方案。比如，通过输入-输出关系分析，判断影响河流径流量减少的主要因素和变化特征。

（2）人水系统模拟。是采用系统模拟工具和手段（主要是数学模型或计算机软件），模拟人水系统的工作过程和运行状态，以获得有关的动态特性或其他分析结果。主要用于分析问题、寻找解决问题的方法。比如，通过构建分布式水文模型，模拟不同来水和人类用水条件下水循环变化及水资源量大小，从而分析人类活动对水系统的影响。

（3）人水系统评价。是采用系统评价方法，对人水系统实现目标程度和水平所进行的综合评价，以确定最终的综合评价结论。比如，采用综合评价方法，对人水系统和谐程度的评价，对河流系统健康程度的评价。

（4）人水系统预测。是根据人水系统的过去和现在发展规律，采用系统预测方法，对未来的发展进行预测估计，形成科学的假设和判断。比如，对流域或区域水资源量变化、用水量变化的预测。

（5）人水系统优化。是针对人水系统，建立最优化模型。该模型是在满足各种约束条件下，寻求人水系统数学模型中目标函数的最优化。通过最优化模型求解，得到人水系统问题的最优化解决方案。比如，通过构建水资源配置优化模型，确定水资源最优分配方案；通过构建水库优化调度模型，实现水库实时优化调度。

3. 应用前景分析

人水系统论具有广泛的应用，如水资源系统分析、水资源开发利用综合评价、水资源系统优化配置、水库群优化调度、河湖水系连通方案优化、地表水-地下水联合调度、水-能源-粮食耦合分析、水系统模型参数优化、水灾害治理路径优化等。其应用范围也大致分为人水系统分析、模拟、评价、预测、优化五大方面，都有大量的应用实例和广阔的应用前景。

[举例] 区域水资源承载能力综合分析。水资源承载能力是指一定区域、一定时段，维系生态系统良性循环，水资源系统支撑经济社会发展的最大规模。其可以理解为水系统对人文系统的支撑能力，表现出人与水之间的关系，是研究人水关系的一个具体实例。可以采用系统论来综合分析区域水资源承载状态，主要内容包括：分析水资源承载能力的影响因素，构建水资源与经济社会、生态环境耦合系统模型，综合评价水资源承载水平，计算承载能力，判断未来气候变化和人类活动影响下水资源承载能力的变化趋势，以及进行水资源承载能力提升的规划方案优选。

2.2.2 人水控制论

1. 提出背景

控制论是研究各类系统中共同的控制规律的一门科学,始建于 20 世纪 30—40 年代,但直到 20 世纪 70 年代,借助微电子技术的快速发展和计算机的广泛应用,才得到快速发展。控制论是从信息和控制两个方面研究系统,用抽象的方式揭示控制系统的信息传输和信息处理的特性和规律,研究用不同控制方式达到不同控制目的的途径,目前已广泛应用于军事、工程、生物、经济、社会、人口等领域。

人水控制论是控制论在人水系统中的应用,解决人水系统中广泛存在的控制问题。控制论应用到人水系统中,比在军事、工程、人口等的应用较晚,且晚于系统论在人水系统中的应用,资料显示,人水控制论大致兴起于 20 世纪 90 年代。当然,对此的叫法有所不同,2021 年之前没有统一使用"人水控制论"一词,但其相近概念或主要内容基本一致,比如,水资源调控、水资源优化配置、水库调度、水力控制、水电站控制等。

2. 主要内容概述

(1) 人水系统信息和反馈理论研究。控制论的核心问题是研究信息提取、信息传播、信息处理、信息存储和信息利用,从而研究信息和反馈的关系。针对人水系统中的信息和反馈问题开展理论研究,包括人水系统信息提取、信息传输和信息处理,有效控制,适应性调节,经验学习反馈,进化过程控制,自组织控制等。

(2) 人水控制论的方法研究。从信息和控制两方面研究系统,主要方法涉及 4 类:①输入-输出方法,即通过人水系统输入-输出获得信息和反馈,以达到控制的目的。输入变量、输出变量不仅可以表示行为,也可以表示信息。②黑箱方法,即根据人水系统的输入-输出变量找出其存在的函数关系的方法。黑箱方法可用来研究复杂的大系统和巨系统。③模型化方法,即通过建立人水系统模型,用以描述系统的演变规律、系统与外界的作用。④统计方法,即采用统计方法,构建人水系统的相关函数、进行相关分析,获取所需的信息和采取控制的方案。

(3) 人水系统的控制应用研究。在人水系统的实践中,涉及大量的人水关系调控问题,这些问题都可以应用到控制论。比如,人水系统建模、辨识与估计,人水关系演变的数据驱动建模与控制,闸坝调度和水库调度等的智能控制,多水源多目标水资源优化调度,水沙关系工程控制系统,河湖水系自适应调节与远程控制,水循环过程天-地-空一体化自动监测和智慧指挥系统,人工智能包括神经网络技术、模糊控制等应用于水系统控制等。

3. 应用前景分析

因为控制论在人水系统中的应用起步较晚且比较难,目前人水控制论应用还不太广泛,但其具有广阔的应用前景,如多水源联合调度、调水工程自动控制系统、闸坝调度、多级水力发电站联合调度等。目前关于这方面的应用研究还比较弱，但随着智慧化发展，人水控制论应用会快速增长。

[举例]　闸控河流水量-水质-水生态联合调度。河流上的闸坝修建在一定程度上实现了兴水利、除水害的作用，对沿岸地区经济的发展产生了积极的作用。但是，闸坝的存在客观上降低了河流的连通性，改变甚至破坏河流的天然径流状态，削弱河流水体的自净能力，对河流水质产生一定的影响，甚至破坏河流生态系统中原有的各类平衡，使河流水生态系统发生变化。因此，闸坝建设问题逐步引起人们对传统水利工程开发模式的反思，积极探索闸坝的调控问题。其中，可以采用控制论方法，科学处理闸坝与水量-水质-水生态的关系，构建水量-水质-水生态联合调度模型，通过优化闸坝运行方式，合理调整人类活动对河流的影响，在满足人类生存、经济社会发展基本需求的同时，尽可能地维护河流水生态系统的健康，最大化缓解闸坝调控运行造成的负面影响，使河流生态健康发展。

2.2.3　人水和谐论

1. 提出背景

从目前查找到的文献来看，"人水和谐"或"人与自然和谐相处"词汇在我国现代治水实践中最早出现于 2001 年，2004 年第 17 届中国水周的活动主题为"人水和谐"，2005 年人水和谐成为新时期治水思路的核心内容。为了系统总结新理论和指导治水实践，确实需要形成一套理论体系。笔者于 2009 年第一次提出"人水和谐论"一词，2019 年提出人水和谐论体系框架，2020 年出版《人水和谐论及其应用》研究生教材[2]，标志着人水和谐论体系构建初步完成。

2. 主要内容概述

人水和谐论是研究人水和谐问题的理论方法体系，也是一门研究十分复杂的人水系统以实现人水和谐目标的知识体系。其主要内容包括：

（1）人水和谐论的理论研究。①基本原理，包括水循环原理、经济社会学原理、人水关系原理、人水关系和谐演变原理。②人水和谐判别准则。一是水系统"健康"，是要求水系统处于可承载水平；二是人文系统"发展"，是在保证水系统健康的同时还要顾及人文系统的发展水平；三是人水系统"协调"，是要求人文系统与水系统协调发展。对某一个区域或流域，如果能同时满足上面三个准则，就可以认为其达到人水和谐状态。③人水和谐论的数学基础，是采用和谐论五要素（和谐参与者、和谐目标、和谐规则、和谐因素、和谐行为）来描述人水关系的和谐问题，采用和谐度方程来定量表达人水关系的和谐程度。以上内容的详细介绍可参见文献［2］和文献［10］。

（2）人水和谐论的研究方法。①人水和谐辨识方法，是针对人水关系开展的和谐辨识研究。当一个和谐辨识问题转化为一个定量化的辨识计算问题后，就变成一个纯粹的系统辨识问题。因此，一般的系统辨识方法都可以应用于此计算。辨识方法的详细介绍可见第 3 章。②人水和谐评估方法，是针对人水关系开展的和谐评估研究。采用评估方法，对和谐问题进行评估，可以反映出总体和谐程度、所处的状态和水平以及时空变化规律。评估方法的详细介绍可见第 3 章。③人水和谐调控方法，是针对人水关系开展的和谐调控研究。在现实中，人水关系经常会出现不和谐状态，在评估的基础上，可以采取一些措施方法，来调控其和谐状态，使其朝着更和谐的方向变化。调控方法的详细介绍可见第 3 章。

3. 应用前景分析

人水和谐论具有广阔的应用领域和前景，大致可以分为以下四个方面：

（1）人水和谐评估应用实践。包括：流域人水和谐评估、区域大尺度人水和谐评估、区域小尺度人水和谐评估、基于某一方面或其他类型的人水和谐评估。

（2）人水和谐论在水资源短缺、洪涝灾害、水环境污染三大水问题解决中的应用。包括：在应对水资源短缺问题中的应用、在应对洪涝灾害问题中的应用、在应对水环境污染问题中的应用、在应对三大水问题中的综合应用。

（3）人水和谐论在水资源规划、管理以及水战略中的应用。自 21 世纪以来，人水和谐论在我国水资源规划、管理以及水战略中扮演着重要的角色。比如，在水资源规划（水资源配置、和谐分水等）中的应用，在水资源管理中的应用，在水战略中的应用等。

（4）水资源与经济社会和谐发展应用实践。人水和谐论应用于协调开发与保护之间的关系，找到水资源与经济社会和谐发展的"平衡点"，比如，在流域、区域水资源与经济社会和谐发展中的应用。

[举例] **基于人水和谐论的水资源规划。**水资源规划是指，在一定区域内为开发水资源、防治水患、保护生态系统、提高水资源综合利用效益而制定的总体措施计划与安排。水资源规划为水资源开发利用提供规划方案和指导性建议，具有广泛的应用和重要的意义。水资源规划有多种类型，水资源综合规划就是其中一种类型。水资源综合规划是一种以流域或地区水资源综合开发利用和保护为对象的水资源规划。规划成果需要提出水资源合理开发、高效利用、有效节约、优化配置、积极保护和综合治理的总体布局及实施方案，为水资源统一管理和持续利用提供技术指导。水资源综合规划需要坚持人水和谐思想，系统应用人水和谐论的理论方法，一方面，水资源综合规划的目标需要考虑水资源开发利用与经济社会协调发展，走人水和谐之路，需要以人水和谐为目标；另一方面，需要正确处理水资源保护与开发之间的关系，需要用到人水和谐思想及相关理论方法。比如，以人水和谐度最大为目标构建水资源优化配置模型，构建水资源开发与保护和谐平衡模型，基于和谐思想构建流域和谐分水模型。

2.2.4　人水博弈论

1. 提出背景

博弈论是 20 世纪 20 年代创立的一门现代数学分支，是研究具有斗争或竞争性质现象的理论和方法，已广泛应用于经济、军事、谈判、各种比赛等，在水资源、土地资源、工程建设等领域也有广泛应用。

人水博弈论是博弈论在人水系统中的应用，大致兴起于 20 世纪 90 年代，已具有大量的应用，因为人水关系中广泛存在"竞争""矛盾""排斥"等问题，需要借助相关理论方法来解决。当然，以前对此的叫法有所不同，但事实上其研究内容已非常丰富，比如跨界河流分水、水资源分配、水权分配、水市场构建、生态补偿价格制定、调水工程水源区与受水区利益分析、水-风-火电收益分配、水战略制定、水资源规划、水旱灾害应对、水资源开发策略、工程项目监管、水污染治理、水资源冲突与合作等。

2. 主要内容概述

（1）人水关系的博弈理论研究。博弈论的基础是均衡，最著名的定理是纳什均衡。博弈又分为静态博弈与动态博弈、合作博弈与非合作博弈、完全信息博弈与不完全信息博弈。针对人水系统中的博弈问题开展理论研究，包括跨界水资源分配、用水效益分配、工程招投标、政府购买水管理服务拍卖等竞争性博弈，生产用水与生态用水配比、生态补偿机制确定、水价制定等斗争性博弈。

（2）人水博弈论的方法研究。针对人水系统中各类博弈问题，开展静态博弈、动态博弈、合作博弈、非合作博弈、完全信息博弈、不完全信息博弈的方法研究。

（3）博弈论方法应用研究。在人水系统的实践中，涉及大量的人水关系"博弈"相关问题，这些问题的解决都可以应用博弈论。比如，采用博弈论方法，制定跨界河流分水合作方案，确定农户间水权交易价格，分析水环境保护优化方案，制定重大调水工程生态补偿机制，确定水电-火电合作方案等。

3. 应用前景分析

博弈论在人水系统中的应用起步较晚且发展较缓慢，虽然取得了一些成果，但总体来看，目前还在不断扩展之中。相信未来会有比较广阔的应用前景，主要表现在：①分水问题的博弈。因为水资源有限但用水需求不断增加，就会出现争水矛盾，可以用博弈论来研究，比如，跨界河流分水、水资源分配、水权分配等。②水工程效益分配问题的博弈。比如，水工程效益分析、水-风-火电收益分配、水电开发合作、生态补偿价格制定等。③水资源开发与治理策略的博弈。比如，水战略制定、水资源规划、水旱灾害应对策略制定等。④其他方面的应用。比如，工程项目建设招投标、工程运行监管、水污染治理措施、水土资源开发策略制定等。

[举例] **跨界河流分水的博弈。**跨越不同区域的河流称为跨界河流。跨越两个或多个国家的河流称为跨国界河流（又称为国际河流）。一条河流的可利用水资源量是有限的，可以纳污的能力是有限的，承载的经济社会规模也是有限的，为了

保护河流健康，必须共同采取措施控制总引用水量，共同控制排污量，共同保护河流。然而，跨界河流特别是国际河流，由于处在不同位置的地区或国家，可能会具有不同外部条件、不同发展水平、不同思想观念，在对待河流开发方面存在很大差异，往往会带来人与水的矛盾、河流上下游之间的矛盾、不同区域之间的矛盾。如果处理不当，其带来的最终结果可能会导致河流的灾难。因此，需要处理好河流分水问题。当然，由于人水关系的复杂性以及人与人之间关系的复杂性，解决好跨界河流分水问题是非常艰难的。比如，黄河"八七"分水方案，执行了三十多年，都认为应该对此调整，但讨论了十多年也没有定下调整方案。针对跨界河流的特点，可以采用和谐论理念，来解读跨界河流分水问题，建立跨界河流分水的和谐论模型，据此确定分水方案；也可以采用博弈论方法来构建博弈模型，确定分水方案。

2.2.5 人水协同论

1. 提出背景

协同论亦称协同学，是研究不同事物共同特征及其协同机理的一门新兴学科，创立于 20 世纪 70 年代，是系统科学的分支理论，已广泛应用于物理、化学、生物、天文、经济、社会以及管理等许多领域。

人水协同论是协同论在人水系统中的应用，大致产生于 20 世纪 90 年代，只是 2021 年之前没有统一使用"人水协同论"一词，但其相近概念或主要内容基本一致。因为人水关系中存在大量需要协同的实例，因此协同论在人水关系学中具有广泛的应用，如水资源协同配置、水资源协同发展模式，水污染多部门协调治理，水污染治理协同立法、协同治理、协同保护，人水系统协同演化与调控，水-能源-粮食协同安全调控，用水过程协同优化调控等。

2. 主要内容概述

（1）人水协同理论研究。研究人水系统中各子系统在一定条件下，通过子系统间的协同作用，在宏观上呈有序状态，形成具有一定功能的自组织结构，并基于这种作用实现人水系统的协同发展。研究人水系统中的不稳定原理、支配原理、序参量原理和自组织理论，为人水协同论应用研究提供理论支撑。

（2）人水协同论的方法研究。基于协同论的原理和理论，采用统计学、动力学等方法，通过对不同领域的分析，建立数学模型，确定实际问题的解决方案。因为协同论本身还没有统一、公认的方法体系，研究方法还不完善，因此针对人水系统的协同论研究还有待进一步探索。

（3）协同论方法应用研究。在人水系统的实践中，涉及大量的人水关系协同的需求，因此这些工作可以应用到协同论。比如，采用协同论方法，选择人与自然和谐共生途径，制定人水和谐发展方案，确定跨界河流分水方案，水资源多部门协同管理。

3. 应用前景分析

在解决人水关系的协同问题时，可以采用协同论理论和方法，因此，人水协同论具有广阔的应用前景。比如，人与自然和谐共生途径、水问题协同解决、水-能源-粮食协同安全调控、环境污染协同治理、河流健康协同保护等，需要多部门、多行业、多层次、多区域、多学科协同工作，才可能达到目标。

[举例] **黄河下游滩区协同治理体系**。黄河滩区主要是指黄河主河槽与防汛大堤之间的区域，既是黄河行洪、滞洪、沉沙的重要区域，也是百万群众赖以生存的场所。黄河下游滩区面积约为 $3818km^2$，占黄河下游河道总面积的 85％ 以上。黄河下游滩区长期受洪涝威胁，经济发展相对滞后，生态环境脆弱，其治理涉及因素多、部门多、问题多，历来复杂难治，是黄河重大国家战略重点关注的区域。针对黄河下游滩区治理主体存在的多部门、多行业、多层次、多区域、多学科问题，需要构建协同治理体系，包括保护发展协同、工程建设协同、金融投资协同、政策制度协同、行政管理协同、文化旅游协同、技术研发协同。保护发展协同，是要把防洪保安、生态保护、经济发展各项工作协同推进，不可只顾某一方面。工程建设协同，是把防洪工程、供水工程、生态工程、交通工程及其他基础设施建设工程统一考虑，协同推进规划和建设，不可只顾及单一工程建设。金融投资协同，是要把不同渠道的资金、投向内容和对象、资金使用以及收益分配等各项经济活动或经营活动协同推进。政策制度协同，是要把方方面面的法律法规、政策制度、管理条例、技术标准等各种规定性文件协调起来。行政管理协同，是要把不同管理部门、管理体制、行政管理工作流程以及相关事宜协同推进。文化旅游协同，是要把规划或建设各具特色的文化旅游、文化建设项目协同推进。技术研发协同，是把下游滩区综合治理涉及的工程建设、防洪、供水、基础设施建设、农业、林业、生态环境修复和保护等许多技术难题整合起来，进行深度合作和协调。

2.2.6　水危机冲突论

1. 提出背景

冲突论是 20 世纪 50 年代形成的西方社会学的一个分支，主要研究社会冲突的本质、根源、类型和预防等内容，已广泛应用于政治社会学、组织社会学、种族关系、社会分层、集体行为、婚姻家庭等领域。

水危机是指在发生自然灾害或经济社会突发事件时，对正常的水供给或水灾害防御造成威胁的状态。显然，在水危机应对中可以借鉴冲突论的思路和成果，因此，提出水危机冲突论的新思路，应加强这方面的理论方法及应用研究。

2. 主要内容概述

（1）水危机的冲突特征及冲突论理论研究。社会学中冲突论主要有三个流派：辩证冲突论、积极功能冲突论和一般冲突论。冲突论的思想可以应用于水危机的解决，开展水危机的冲突特征分析及冲突解决途径研究。

（2）水危机冲突论的方法研究。冲突论的方法研究还不完善，目前多数是以定性研究为主，定量研究较少。因此，针对水危机，有待进一步加强冲突论方法研究。

（3）冲突论的应用研究。主要包括三方面：一是应用冲突论的思想，探寻水危机应对思路；二是应用冲突论的定性分析方法，分析水危机应对途径；三是应用冲突论的定量研究方法，优化选择水危机应对方案。

3. 应用前景分析

水危机是很常见的一类危机事件，可以是自然灾害或经济社会突发事件带来的，一般来得突然，危害又大，因此开展水危机应对问题研究具有重要的现实意义。虽然，目前关于这方面的研究还不完善，但有比较强烈的需求，其应用前景广阔，至少可以开展以下研究：暴雨、山洪、城市内涝、干旱、台风、地震、泥石流等自然灾害应对，人为水污染、水工程破坏、供水设施破坏等危机应对，疾病、恐怖活动、爆炸等引发水污染、供水危机等应对，国际形势突变带来水危机的应对等。

[举例] **2005 年吉林石化车间爆炸引发松花江水污染事件。** 2005 年 11 月 13 日，吉林石化公司双苯厂一车间发生爆炸，约 100t 苯类物质（主要是苯和硝基苯）流入松花江，导致江水严重污染，共造成 5 人死亡、1 人失踪、近 70 人受伤、沿岸数百万居民的生活受到影响。污染水体流经哈尔滨市，导致该市紧急停水 5 天，引起社会恐慌。俄罗斯对松花江水污染对中俄界河黑龙江（俄方称阿穆尔河）造成的影响表示关注，中方出面向俄方解释并提供援助以应对污染。该事件发生后，相关部门对事故可能产生的严重后果估计不足，对水危机处置不及时，未能及时采取有效措施，有关应急预案有重大缺失。因此，在出现重大水危机事件后，应及时科学研判事故可能带来的影响，及时启动相应的应急预案，及时采取有效应对措施，降低事故带来的影响。

2.2.7　人水关系辩证论

1. 提出背景

自然辩证法是马克思主义的自然观和自然科学观的反映，是马克思主义哲学的一个组成部分，体现马克思主义哲学的世界观、认识论、方法论的统一。

研究人水关系，是认识自然、改造自然、研究自然的一部分。错综复杂的人水关系需要运用自然辩证法的思想来分析和研究，从而寻找解决人水关系问题的途径。因此，提出人水关系辩证论的新思路，就是运用自然辩证法来研究人水关系问题。当然，目前关于这方面的研究是初步的，还有待进一步深入。

2. 主要内容概述

（1）人水系统中的辩证关系及理论研究。是运用马克思主义的自然观和自然科学观、自然辩证法的思想，来分析人水系统中的辩证关系，并发展相关的理论，反过来指导人水系统研究工作。

（2）人水关系辩证论的方法研究。是总结辩证论的方法，针对人水系统，发展或完善其研究方法。目前这方面的研究处于起步阶段。

（3）人水关系辩证论的应用研究。是运用自然辩证法的思想来分析人水关系，采用自然辩证法的方法来研究人水关系的作用机理和变化规律，优化选择人水关系问题解决方案。

3. 应用前景分析

人水系统是比较复杂的系统，认识和研究人水系统和人水关系需要运用自然辩证法的思想，因此开展人水关系辩证论研究具有重要的现实意义。虽然，目前关于这方面的研究还不完善，但有比较好的应用前景，至少可以开展以下研究：水资源短缺分析与应对、洪涝灾害分析与应对、河湖水系连通分析与规划、分水制度分析与制定、水处理路径分析与选择、水资源开发利用途径选择与分析、水污染源与水环境治理辩证关系、水坝建设利弊分析、节水与用水辩证分析、经济用水与水资源保护辩证分析、水-能源-粮食辩证关系分析、治水方略制定等。

[举例] 长江流域"共抓大保护，不搞大开发"的辩证关系。2016 年 1 月，习近平总书记在重庆召开的推动长江经济带发展座谈会上，提出要"共抓大保护、不搞大开发"。这是推动长江经济带发展的战略导向，也是推动长江经济带发展划定的红线。2018 年 4 月，习近平总书记在武汉召开的深入推动长江经济带发展座谈会上，系统阐述了共抓大保护、不搞大开发和生态优先、绿色发展的丰富内涵，指出"共抓大保护和生态优先讲的是生态环境保护问题，是前提；不搞大开发和绿色发展讲的是经济发展问题，是结果；共抓大保护、不搞大开发侧重当前和策略方法；生态优先、绿色发展强调未来和方向路径，彼此是辩证统一的"。强调大保护，是要以大保护、生态优先倒逼产业转型升级，实现高质量发展；不搞大开发，是要刹住无序开发，实现科学、绿色、可持续的发展。因此，要辩证地看待保护与开发的关系，要在开发中寻求保护，在保护中寻求开发，实现保护与开发的辩证统一。

2.2.8　人水系统可持续发展论

1. 提出背景

可持续发展思想的提出源于 20 世纪 70 年代，到 20 世纪 90 年代初，其理念得到国际社会的广泛认可。可持续发展是一种既满足当代人的需求又不对后代人满足其需求产生危害的发展模式。

在可持续发展思想提出之后，水资源学者很快就开始思考可持续发展思想指导下的水资源利用问题，到 20 世纪 90 年代已经涌现出许多与可持续发展相关的水资源研究成果及应用实践。2000 年起，可持续发展思想被应用于我国治水实践，标志性事件是科学指导了第二次全国水资源综合规划工作。2000 年以来，可持续发展思想一直是我国治水的基本指导思想，在水资源规划与管理、水污染治理、水旱灾害防治等工作中发挥了重要作用。人水关系可持续发展论，是运用可持续发展思想和理论来研究人水关系问题，是一个以可持续发展思想为指导、以协调人水关系为核心的理论方法体系。

2. 主要内容概述

（1）人水系统可持续发展理论研究。主要内容包括：可持续发展思想进一步研究，水与发展的作用关系研究、人水关系的可持续发展理论基础研究、水资源-经济社会-生态环境耦合关系与可持续性研究、水系统变化和人类活动对可持续发展的影响作用及程度评价、水系统对发展的支撑作用及能力研究，逐步完善以协调人水关系为核心的人水系统可持续发展理论方法体系。

（2）可持续发展量化方法和技术体系研究。主要内容包括：可持续发展水平度量方法、气候变化和人类活动下水系统的演变趋势及可持续性评价方法、水资源可持续利用评价与调控方法；人水系统可持续发展的监测技术、评价技术、规划技术、管理技术、智慧系统构建技术等。

（3）可持续发展指导实践应用研究。主要内容包括：在可持续发展思想指导下，针对实践中出现的各种问题和研究需求，开展应对环境变化的水资源规划方案与管理制度研究，水资源开发与经济社会发展、生态环境保护耦合发展研究，人与自然和谐共生应用研究，流域或区域水资源综合规划、水利发展规划、水安全保障规划等应用研究。

3. 应用前景分析

可持续发展思想是我国现代治水的基本指导思想，相关的研究是一个老话题，但一直是一个非常重要的方向，在实践中具有广泛的应用，比如，水资源可持续利用评价、规划、管理、战略布局，水资源承载能力与水资源优化配置，水污染治理、水旱灾害防治，水资源利用、保护、开发方略制定，河湖水系连通工程规划，水生态文明建设，最严格水资源管理、河长制实施等。

[举例] 水资源可持续利用。水资源可持续利用是可持续发展思想指导下的一种水资源利用模式，是既考虑当地人公平用水又考虑后代人持续用水的方式。在 2000 年之前，我国以水利工程建设为主，以经济效益最大为目标，对水资源的利用主要是"开发"，"保护"工作做得少。在 2000 年后，随着可持续发展思想传入到中国，水资源开发利用的思想发生了根本性变化，开始更加注重水资源的"资源属性"，不再仅仅以经济效益为主要目标，还充分考虑水资源的社会效益和环境效益；不仅仅要开发，更要保护，开发与保护协调，走人与自然和谐共生的道路。其中的标志性事件是，2002 年始可持续发展思想被确定为第二次全国水资源综合规划工作的重要指导思想，颠覆了传统水资源规划的思路，以促进

区域或流域可持续发展为目标，最终实现水资源可持续利用，以支撑经济社会可持续发展。水资源可持续利用是可持续发展思想在我国水资源领域的具体运用，这一指导思想至今仍在发挥着重要作用。

2.3　人水关系学的理论要义

2.3.1　人水关系学的主要论点

（1）人水关系学坚持辩证唯物主义哲学思想，认为人和水都是自然的一部分，人水系统必然走人水和谐道路。无论是人水系统总体（比如，制定水资源开发利用方略），还是某一具体事件（比如，论证水库的影响），都符合辩证的"对立统一"关系，既相互支持也存在矛盾。总体来说，人是有理性的，而水是自然物质，表面上看"人主宰水"，正因为这一表象认识产生了"人定胜天"的思想，而实际上由于人类开发利用自然的不合理行为导致了自然界的报复（比如，洪涝灾害、水土流失、河流断流、生态萎缩等）。人类对自然规律的任何藐视和粗暴干预，对人和自然协调的任何一种破坏，其结果都不可避免地祸及人类自身。因此，人类必须认识到，人和水都是自然的一部分，尊重水的运动规律和自然属性，确保人与水和谐共处。

（2）人水关系学坚持实事求是的世界观、科学的发展观，来认识和处理人水关系。人水关系复杂，必须坚持一切从实际出发，坚持理论联系实际，实事求是地探索和认识人水关系，才可能解决其问题。这是人水关系学理论应用的重要基础。另外，必须要坚持以人为本、全面、协调、可持续的科学发展观，来认识和处理人水关系，寻求水资源开发与保护的平衡，把握当前发展与长远发展、局部利益与全局利益的关系，促进人与自然和谐共处。

（3）人水关系学坚持系统观点，提倡采用系统论方法来综合分析和研究人水关系。因为人水关系复杂，必须将人和水纳入各自的系统（人文系统与水系统）和人水大系统中进行研究，对人与水关系的研究不能就水论水、就人论人，要系统研究。比如，解决跨界河流分水问题，需要综合考虑不同区域的差异，综合考虑社会发展、经济效益、生态保护甚至文明延续等方方面面的问题，综合考虑不利因素和有利因素。针对如此复杂的人水关系问题的解决，需要坚持系统观点，需要采用系统论方法。

（4）人水关系学坚持和谐思想，提倡用"以和为贵"的理念来处理各种关系，理性地认识人水关系中存在的矛盾和冲突，允许存在"差异"。人水和谐论的基石是和谐思想，主张坚持和谐思想来看待人水关系。比如，对待河流治理，应采取因势利导、人与自然和谐的治理模式，包括限制取水、保护水质、给洪水以出路、生态护坡、近自然环境等措施。提倡"以和为贵"的理念来处理各种不和谐的因素和问题。当然也不是对不和谐因素视而不见,理性地认识人水关系中存在的矛盾和冲突。既要看到"和谐"的主流,又要看到"差异"的存在。例如,在解决跨界河流分水中,允许跨界的各国或各地区存在不同立场和观点,具体考虑其经济发展水平和自然地理条件等差异,总体实现和谐发展。

(5) 人水关系学坚持客观规律性与主观能动性相结合,充分发挥人的主观能动性和人水关系学理论方法的指导作用。规律是客观的,不以人的意志为转移的,它既不能被创造,也不能被消灭。但是,人在规律面前又不是无能为力的,可以充分发挥主观能动性,利用客观规律,改造客观世界,造福于人类。在人水关系研究中,既要遵循客观规律,又要发挥人的主观能动性,揭示人水系统演变规律,更好地寻找解决问题的途径。此外,为了更好地发挥主观能动性、指导人水关系问题的解决,需要有一套人水关系学理论方法,来科学指导如何处理这些关系和问题。

(6) 人水关系学重视协调人与人之间的关系,认为人水关系的调整特别是人水矛盾的解决主要通过调整人类的行为来实现。马克思有一句名言"人和自然的关系说来说去还是人和人之间的关系",要协调好人水关系,首先需要协调好人与人的关系,这是协调人水关系的基础。比如,对一条河流的保护,一般都认为,首先要控制向河流的取水量,保障河流的生态基流,而向河流取水是由不同区域、不同行业、不同部门、不同人群至少是不同人来完成的,为了控制取水量,需要做好取水量的分配,而这一行为归根到底还是协调人与人之间的关系,最终确定各自的取水量。否则,将不可能达成协议,不可能控制住取水量。再比如,对人水和谐的调控,需要调整好社会关系,合理分配不同地区、不同部门、不同用户的用水量和排污量,既共享水资源又共同承担保护水资源的责任,才能实现人水和谐。

2.3.2 人水关系学的时空观

人水关系学的研究对象是自然界和人类社会组成的人水系统,具有鲜明的时间和空间属性,必然会遇到时间尺度和空间尺度问题,因此,明确人水关系学的时空观具有重要意义。这里简要介绍笔者在文献[13]中关于时空观论述的主要内容。

2.3.2.1 提出背景

人水关系的作用过程、演变规律、调控措施等的研究涉及两大要素:一是时间要素。人水关系研究的对象需具体到某一时刻或某一时间段,其变化又是随着时间的变化而变化,其关注的时间尺度大小也不同,比如到年统计值还是到月或日统计值。二是空间要素。同样的道理,人水关系研究的对象需具体到某一空间范围,其变化也可能在空间上是变化的,其关注的空间尺度大小也不同,比如到全国统计值还是到省级行政区或地级行政区统计值。因此,研究人水关系需要明确时间、空间要素的特征。人水关系研究不可回避时间、空间属性问题，人水关系学应该形成一套比较科学的观点，来指导这一问题的解决。

针对人水关系研究，有明显的不同时空研究视角，在学科分类中包括宏观人水关系学、微观人水关系学，其中就包括不同的时间、空间尺度视角。宏观人水关系学是针对宏观空间范围（如全国、省级行政区）、时间范围（年、多年范围），研究其总体问题，采用的是总量指标（比如，水资源总量、人口总数）。微观人水关系学是针对微观空间范围（如某一个单位、行业）、时间范围（日、月范围），研究其单个问题，采用的是单一度量指标（比如，河川径流量、流量、流速）。人水关系学的空间尺度可以是全球、洲、国家、国家下辖行政区、更小行政区、城市区、分单元等；时间尺度可以是地质时代、年代、年、月、日、小时、分钟、秒等。为了进一步说明问题，下面给出几个简单举例。

（1）洪水演进与防洪调度。因洪水演进变化快，时间尺度经常采用小时、分钟甚至秒，空间范围包括洪水影响到的区域，比如河道、水库、防护对象、低洼处等，空间尺度可以是 1m、100m、1000m 等不同尺度。

（2）水利工程建设对水文条件和水生态系统的影响。拦河大坝、水库等工程建设带来水文条件和水生态系统的变化，时间尺度可以是月、年、10 年、50 年等，空间尺度可以是 10m、100m、1000m、10000m 等，空间范围为工程建设和运行的影响范围。

（3）污水排放影响水质及污染控制。需要研究污水排放影响水质作用机理以及污染控制措施，时间尺度可以是小时、日、旬、月、年，空间尺度可以是 1m、10m、100m、1000m 等，其空间范围为污水产生区域和影响水体的区域。

（4）干旱缺水对生产的制约作用。时间尺度可以是日、旬、月、年，空间尺度可以是 10m、100m、1000m 等，其空间范围为干旱缺水波及的区域范围。

（5）饮用水污染对人体健康的影响。时间尺度可以是小时、日、月、年、10年等，空间尺度可以是 1m、10m、100m、1000m 等，其空间范围为饮用水受污染范围及其对人体健康影响的范围。

（6）气候变化带来用水影响。时间尺度可以是月、年、10 年、100 年等，空间尺度可以是 100m、1000m、10000m、100000m 等，其空间范围为全球范围或气候变化的影响范围。

2.3.2.2　人水关系学"时间观"的主要论点

（1）人水关系是动态的，永远处在变化之中，时间是永恒的、无限的。按照辩证唯物主义的观点，运动是绝对的，静止是相对的；绝对运动和相对静止是辩证统一。基于这一论点，在分析人水关系时，需要从长系列进行分析，如果只节选其中一段变化过程进行分析，所得的结果可能存在片面性，甚至是相反的或错误的结论。

（2）人水关系存在相对平衡，可以从一平衡状态转移到另一平衡状态。辩证唯物主义观点承认"相对静止"，具体到人水关系问题，其存在相对平衡状态。由于外界条件或内因发生变化，平衡状态会发生转移，形成新的平衡状态。基于这一论点，在分析人水关系时，可以针对某一时间段的状态进行分析，同时也应适应人水关系的平衡状态变化。比如，对气候变化和人类活动影响带来的水系统变化，人类应主动适应这一条件带来的变化。

（3）人水关系时间范围的选择，以获得唯一解、辨析演变规律为准则。如果达不到这一准则，所得结果的可靠性降低。比如，如果可能有四种结果，目前只是其中一种结果，则该结果的可靠度（μ）=1/4。针对同一个问题，选择的时间范围越小，所得结果的可靠性会越低，反之会越高。因此，应尽可能选择时间长、观测清晰的演变规律，了解比较可靠的变化趋势。但是，往往因为条件限制或研究投入的限制，只能选择有限的时间范围。当观察的时间不够长，需要谨慎下结论。如果下了结论，一定要说明其存在的不确定性，可能会有不同的结果。

（4）人水关系时间尺度的选择，需要综合考虑演变过程、观测数据和参数。在2.3.2.1节中列举了几个研究事件，并给出了可供选择的时间尺度，比如，研究洪水演进与防洪调度，时间尺度可选择小时、分钟甚至秒等；研究水利工程建设对水文条件和水生态系统的影响，时间尺度可选择月、年、10年、50年等；研究气候变化带来用水影响，时间尺度可选择月、年、10年、100年等。

2.3.2.3　人水关系学"空间观"的主要论点

（1）人水关系都处在一定空间上，其所在空间是客观存在的、无限的。按照马克思的时空观点，任一物质运动的时间和空间都是客观存在的，都是无限的、无始无终的。基于这一论点，在分析人水关系时首先要明确其空间范围，不恰当的空间范围必然会得出不科学的结论。

（2）人水系统广泛存在空间变异性，要充分认识和调控空间的不均衡。水系统、人文系统、人水系统以及人水关系特性都广泛存在空间变异性，不可能要求其空间上是完全均衡的。同时也正是因为这种空间变异性，导致人水关系在空间上的复杂性和水资源调控的艰巨性。比如，我国提出的"空间均衡"治水思路和"国家水网"战略，是在一定程度上为了解决水资源空间的不均衡问题。

（3）人水关系空间范围的选择，以反映全空间特性、看到全貌为准则。要避免"管中窥豹"，实现"眼观六路""纵览全局"。站在本区域视角，所得的结论只能代表本区域，代表全区域事件的结果需要站在全区域上。当然，往往因为条件限制、视野局限、立场局限或研究投入的不足，只选择有限的空间范围，这时得到的结论可能会存在不全面、不可靠问题。

（4）人水关系空间尺度的选择，需要综合考虑空间变异、数据单元和参数。在2.3.2.1节中列举了几个研究事件，同样给出了可供选择的空间尺度，比如，研究污水排放影响水质及污染控制，空间尺度可选择 1m、10m、100m、1000m 等，其空间范围为污水产生区域和影响水体的区域；研究干旱缺水对生产的制约作用，空间尺度可选择 10m、100m、1000m 等，其空间范围为干旱缺水波及的区域范围；研究饮用水污染对人体健康的影响，空间尺度可选择 1m、10m、100m、1000m 等，其空间范围为饮用水受污染范围及其对人体健康影响的范围。

2.3.3　人水关系学的系统观

2.3.3.1　提出背景

人水系统是一个复杂系统，大到全球和国家尺度，小到一个区域甚至一个田间系统，其内部结构、影响因素、作用关系等都比较复杂，甚至难以揭示清楚。在这种背景下，处理人水关系问题一般不是一个简单的问题，需要深入研究、系统分析。比如，在研究水资源分配方案时，既要考虑人类的需求又要考虑自然界生态的需求，既要考虑上下游、左右岸的不同地区需求又要考虑不同行业的需求，而研究者和决策者往往又很难全面了解各种需求、各种作用关系以及产生的各种影响，经常出现"顾此失彼"现象，导致研究方案难以执行或执行后效果较差。

正是因为人水系统的复杂性，尽管在处理实际问题时经常提到坚持系统观点，但是因为存在认知的差异、系统思维的差异以及理论体系的不完备，往往还无法满足需求。因此，人水关系学需要提出正确的系统观，来指导人水关系的研究。

2.3.3.2　系统观的主要论点

（1）要坚持"动态性、非加和性、结构性、整体性"原则，来分析系统本质特征。就是运用系统思维来分析人水系统的本质和内在联系、把握人水系统的发展规律、处理人水关系产生的矛盾。①人水系统是一个开放系统，与外界环境有着千丝万缕的联系，始终处于动态平衡过程之中，即具有"动态性"。因此，对人水关系的认识，要遵循动态性原则，把握其内在演变规律，分析研判和科学应对其发展趋势。②人水系统的各要素组成整体，但整体功能特性不是各要素的简单相加，即具有"非加和性"。因此，对人水系统的分析，不能只把眼光限定在单一要素上，不能是单一要素分析的叠加，而要从整体出发、树立大局意识、谋划全局观念。③构成人水系统的各要素不是孤立存在的，而是相互联系、以一定的联结方式即结构存在，并构成一个有机整体。系统的发展是由系统的结构相互联系、相互作用的结果，即具有"结构性"。因此，要系统分析人水系统的结构，善于抓住各要素的关联性、协同性、主要矛盾和次要矛盾，以获得系统的最优效果。④人水系统是一个由各要素组成的结构与功能统一的整体，即具有"整体性"。因此，在研究人水系统的各个部分或具体问题时，一定要把部分或单一问题放在整体中进行研究，部分或单一问题必须服从整体的要求，仅从部分或单一问题来分析可能会得出片面的结论。

（2）要坚持"前瞻性思考，科学性分析，全局性谋划，整体性推进"的思路。

就是运用系统的思路来思考人水关系问题，分析人水系统本质，谋划人水关系发展规划，推进人水系统调控路径。①人水系统是一个复杂系统，可能由无数个随机的、难以预测的要素组成。但无数个要素组成的系统会表现出新的属性或规律。这些属性和规律是客观存在的，不以人的意志为转移的，只要方法得当，是可以预见的。因此，针对人水系统，也需要前瞻性思考、科学性分析。②针对系统的认识，如果没有整体观点，将是零碎的，就不能从整体上把握和解决问题。用系统的观点来看待人水系统，就是要打通从微观到宏观的通路，把宏观和微观统一起来，谋划人水系统全局最优，整体推进人水关系调控策略，超越部门利益和短期行为，实现整体效益最优。

（3）针对复杂问题，需要应用人水系统论方法，定性与定量相结合研究。就是运用人水系统论方法来定性与定量结合分析人水关系问题、研判系统演变趋势、寻找科学调控路径、制定规划管理政策。①要应用人水系统论方法。上文介绍的人水系统论方法可以广泛应用于人水系统中，是处理人水系统的重要方法论。②采用定性与定量相结合的方法。在人水系统中，大量的工作需要通过定性判断，建立系统总体与各子系统的概念模型；同时，又需要通过定量计算，来定量表征系统的状态以及模拟模型。因此，定性研究与定量研究在系统论中都有用武之地，需要结合运用，才能相得益彰。

2.3.4　人水关系学的和谐观

2.3.4.1　提出背景

人水关系自人类一出现就客观存在，这与人类生存和发展离不开水有关。在人类社会早期，人类改造自然的能力较低，以水系统近乎自然、顺应自然为主。随着生产力水平的提高，到了 20 世纪中下叶，人类改造自然的能力大大提升，甚至开始出现掠夺自然的局面，带来了一系列生态和环境问题，又迫使人们开始思考如何协调人与自然的关系，实现可持续发展。到 20 世纪末，可持续发展模式渐渐被国际社会所接受，对人水关系的认识也从"肆意掠夺"到"被迫限制自己行为"再到"主动走向人水和谐"。与此同时，治水思想也发生着演变，从 20 世纪中期的"经济效益最大的开发模式"到 20 世纪 80 年代"综合效益最大的开发模式"，再到 20 世纪末的"可持续水资源利用模式"，以及到 21 世纪初期的"人水和谐治水模式"，治水思想发生很大变化[2]。

随着经济社会发展，人水关系越来越复杂，人水矛盾越来越突出。理顺这些关系、解决这些矛盾，必须贯彻人水和谐思想，走人水和谐之路。因此，在人水关系学中，必须提出正确的和谐观，来指导人水关系发展道路。

2.3.4.2　和谐观的主要论点

（1）提倡用"以和为贵"的理念来处理各种关系，理性地对待存在的矛盾和冲突。首先，在处理人水关系时，应坚持和谐的思想，主张人与自然和谐相处，这是对待问题的主流思想。其次，提倡以和谐的态度来处理各种不和谐的因素和问题，既要看到和谐的主流，又要看到不和谐的存在，允许在人水关系和谐主流中存在"差异"。

（2）提倡人与自然和谐相处的观念，主张人水矛盾的解决主要通过调整人的行为。坚持辩证唯物主义哲学思想，关注人与自然界的辩证唯物关系，认为人与自然协调发展是必要的、可能的；主张人类应主动协调好人与人的关系，这是协调人与自然关系的基础。人水关系的调整特别是人水矛盾的解决主要是通过调整人类的行为来实现的，需要调整好社会关系，合理分配不同地区、不同部门、不同用户的用水量和排污量，既共享水资源又共同承担保护水资源的责任[2]。

（3）在处理人水关系时，需要坚持人水和谐思想，应用人水和谐论方法进行研究。人水和谐是人文系统与水系统相互协调的良性循环状态，即在不断改善水系统自我维持和更新能力的前提下，使水资源能为人类生存和经济社会可持续发展提供久远的支撑和保障[14]。人水和谐思想是我国现代治水的主要指导思想。人水和谐论是研究人水和谐问题的理论方法体系，为揭示自然界水系统和人类社会的和谐关系奠定了理论基础，具有广阔的应用领域和前景，对指导和研究人水关系问题具有重要的理论意义和实践价值。

2.3.5　人水关系学的生态观

2.3.5.1　提出背景

生态观是人类对生态问题的总的认识或观点。"水是生态之基"，水是一切生命之源，是生态系统的控制性要素，任何生命体都不可能离开水，任何良性循环的生态系统都必须有水的参与。反过来，生态系统又是一切生命系统的基础，人类社会不可能脱离生态系统而存在，人类也只有生活在健康的生态系统中才得以可持续发展。人类的经济社会活动必须遵从生态演变规律，不能以破坏生态系统来换取经济社会发展。因此，在处理人水关系时，不可避免会触及到生态问题，必须要形成正确的生态观，能够用以指导人们科学认识和处理人类活动与生态保护之间的关系。

2.3.5.2　生态观的主要论点

（1）人和水都是自然界的一部分，要站在大自然的角度看待人水关系。人是有理性思维的，自然界是被动接受人类活动的作用。因此，人类为了满足日益增加的发展欲望，就肆意掠夺自然、开发自然，导致自然界的资源加速消耗和生态系统不断破坏。但是，从人类发展历史和自然界演变过程来看，人类主宰自然是不可能的，而被迫与自然和谐相处，这正是由于自然界伟大力量反扑的结果。正如恩格斯所说，"我们不要过分陶醉于我们对自然界的胜利。对于每一次这样的胜利，自然界都对我们进行报复"[2]。因此，人类既要理性地思考发展，又要理性地对待水系统的变化，要站在大自然的角度看待人水关系，走人水和谐之路。

（2）坚持人与自然和谐共生思想，善待自然界，来处理任何人水关系。人与自然和谐共生是正确处理人类与自然界相互关系的一种先进理念，实现人水和谐是人与自然和谐共生理念的具体体现。水系统为人类生存和发展提供保障，人类应主动采取有效措施来改善水系统的健康状态，协调好人与水的关系。具体表现在：在人与自然和谐共生思想的指导下，坚持生态优先、节水优先，强化水资源利用刚性约束，筑牢水生态治理体系，提升水安全保障能力。

（3）坚持生态文明思想，提高水资源利用效率，走绿色低碳发展道路。生态文明是继原始文明、农业文明和工业文明之后逐渐兴起的社会文明形态，水生态文明是生态文明的重要组成部分，是保障工业文明向生态文明转变的重要支撑。生态文明思想是人类遵循人与自然和谐发展这一客观规律而取得的物质、精神和制度成果的总和，以人与自然和谐共生理念为核心，以尊重自然、顺应自然、保护自然为基本遵循，提高水资源利用效率，推进绿色低碳发展理念。

2.3.6　人水关系学的判别准则

准则是指所遵循的标准或原则。判别准则是指对被评判对象作出归属哪个总体判断的规则。从一般的科学意义和社会实践需求来看，科学准则是一个范例，它浓缩了与科学基准有关的所有导则与规范。可以说，它是在共识的基础上从理论到实践应遵循的行为准则。在人水关系学中，经常遇到评估或作出判断的问题，比如，评估人水和谐状态、河流健康、水安全状态等，这就要求建立合适的科学判别准则。

因为人水关系学研究内容丰富，需要的判别准则多种多样，可能是区域或流域整体的人水关系判别准则（比如，人水和谐程度），也可能是某一具体问题（比如，水利工程建设影响评价）的判别准则。有时候同一问题随时间变迁还不断变化。因此，这里不可能把所有判别准则都列举出来，下面只介绍几个代表性判别准则供参考。

2.3.6.1　人水和谐的判别准则

尽管对人水和谐概念和内涵的理解有差异，但都需要有一个比较明确的判别准则来判断一个区域或流域是不是符合人水和谐以及人水和谐水平如何。这个判别准则最好能定量化表达，便于应用。根据对前期研究成果的总结和分析，从便于量化的角度，笔者提出了人水和谐的三个判别准则[2]，即水系统“健康”、人文系统“发展”、人水系统“协调”。对某一个区域或流域，如果能同时满足上面三个准则，就可以认为其达到人水和谐状态。判别准则至少有三方面应用：一是可以通过这三个准则来定性分析人水和谐影响因素和总体和谐水平；二是基于这三个准则构建指标体系，用于定量评估人水和谐状态；三是在前两方面的基础上可以从三个准则表达的因素提出人水和谐调控方案[2]。

（1）水系统“健康”准则。是要求水系统不能受到太大的破坏，保持在良性循环的范围内，即水系统永远处于"健康"状态。

该准则考虑的因素包括：水资源利用量不能大于水资源可利用量，取用水量不能大于水资源量可再生能力、水质达到水功能区水质目标要求、水生态系统健康、河流健康、水灾害在可控范围内、水循环系统突变可控等因素。基于这些因素可以选择表征该准则的评价指标。

（2）人文系统"发展"准则。是在保证水系统健康的同时还要顾及人文系统的发展水平，至少应满足人类社会发展阶段的最低需求，处于可持续"发展"状态。

该准则考虑的因素包括：社会发展水平满足人们对社会发展的需求、经济发展水平满足人们对经济收入的需求、技术发展水平能支撑人水系统协调发展、发展安全保障能力处于一定水平。基于这些因素可以选择表征该准则的评价指标。

（3）人水系统"协调"准则。是要求人文系统与水系统协调发展，人水关系处于良性的循环状态，水系统必须为人文系统发展提供源源不断的水资源，同时人文系统又必须为水系统健康提供保障。

该准则考虑的因素包括：水对人文系统的服务功能满足人们的最低需求、人对水系统的开发不能超过底线和保护不能低于最低需求、水资源管理水平及公众意识达到水资源保护的要求。基于这些因素可以选择表征该准则的评价指标。

2.3.6.2 匹配、协调、和谐的判别准则

"匹配"（matching）是指两种或两种以上系统或系统要素之间正相关或负相关的配合关系，是描述事物之间对称关系的概念。"协调"（coordination）是指两种或两种以上系统或系统要素之间相互协作、步调一致、配合得当的关系，是描述事物之间协作关系的概念。"和谐"（harmony）是指两种或两种以上系统或系统要素之间协调、一致、平衡、完整、适应的关系，是描述事物之间整体处于良好状态的概念。

根据以上对概念的界定可以得出如下结论：①匹配是"两种或两种以上系统或系统要素之间"的对称关系、配合关系。匹配并不一定是一种好的关系，匹配并不一定就是协调的。②协调是相互协作、步调一致、配合得当的关系。协调是一种步调一致的相互关系，但不一定是一种好的、和谐的状态。③和谐是协调、一致、平衡、完整、适应的关系。和谐不仅仅是一种协调关系，而且强调整体和谐状态。④三个概念是有区别的，一般从低到高的层次关系是：匹配→协调→和谐。可以这样定性表述："匹配的"不一定是"协调的"，"协调的"不一定是"和谐的"；"和谐的"一定是"协调的"，"协调的"一定是"匹配的"。

［举例］两个单位在治水方面的关系。假设有两个单位，单位 A 是开发水行业，单位 B 是保护水行业，则单位 A 大力开发水资源，和他的行业是匹配的；单位 B 大力保护水资源，和他的行业是匹配的。相反，如果单位 A 大力保护水资源，

单位 B 大力开发水资源，好像就与他们的行业不匹配。如果单位 A 和单位 B 协作大力开发水资源或者大力保护水资源，这时二者是协调的，但显然有可能协作去大力开发水资源，不是和谐举措，也可能协作去大力保护水资源，是和谐举措。

基于以上分析，可以把匹配、协调、和谐的判别准则简单说明如下：

匹配的判别准则：①各系统或系统要素之间正相关或负相关的关系；②事物之间处于对称关系。比如，水电公司与水电开发"匹配"状态的判别标准：水电公司与水电开发正相关关系；水电公司与水电开发处于对称关系。

协调的判别准则：①各系统或系统要素之间协作配合；②描述事物之间处于较好协作关系。比如，水资源开发与保护"协调"状态的判别标准：水资源开发与水资源保护协作配合；水资源开发与水资源保护处于较好协作关系。

和谐的判别准则：①各系统或系统要素至少满足最基本的要求；②各系统或系统要素之间协调一致；③描述事物之间总体处于良性状态。比如，水资源开发利用"和谐"状态的判别标准：水资源利用量小于水资源可利用量、水质达标等基本要求；水资源开发与保护协调一致；水资源开发利用总体处于良性状态。

2.3.6.3 其他几个具体问题的判别准则介绍

为了进一步说明判别准则的具体实例，下面简单介绍笔者曾经提出的几个具体问题的判别准则，详细内容或应用说明可查阅相关文献，这里只作简单介绍，供参考。

1. 幸福河的判别准则

2019 年 9 月 18 日，黄河流域生态保护和高质量发展上升为重大国家战略，并提出"让黄河成为造福人民的幸福河"。在此之后，大量学者开始研究幸福河的概念、内涵、判别准则、评估与调控等内容。

从字面上理解，幸福河就是造福于人民的河流。进一步阐释，幸福河是指，河流安全流畅、水资源供需相对平衡、河流生态系统健康，在维持河流生态系统自然结构和功能稳定的基础上，能够持续满足人类社会合理需求，人与河流和谐相处的造福人民的河流。任何系统在自然界都不是孤立存在的，河流也是如此，不仅仅是自然的河流，而且是与人类社会紧密联系在一起的河流，幸福河的定义既具有河流的自然属性，也包含其社会属性。

根据对幸福河的理解，给出幸福河的四个判别准则：

（1）安全运行准则。主要包括河流自身结构安全和功能安全两个方面，应保证河流具有安全流畅的水沙通道，具有适当的河川径流，具有一定的防洪抗旱能力，能够保证河道及沿线区域社会的基本安全，不会给人民带来大的灾难。

（2）持续供给准则。保障对经济社会的水资源供给，是河流社会服务价值最根本的体现。应保证河流具有一定的、保障经济社会发展的水资源供给能力，能够满足人类社会的合理用水需求。当然，不是满足人类无止境的用水需求，而应是在高效率节水之下的供水，不会对河流自身造成损害、阻碍河流的健康发展。

（3）生态健康准则。河流生态健康是保障河流可持续供给优质、足量水资源的基础。河流具有相对较好的水体及底泥质量，具有一定的水生生物多样性，具有相对稳定的生态系统结构，具备一定的水质自净及水生态的自我修复能力，不会对河流自身健康以及经济社会发展造成威胁。

（4）和谐发展准则。幸福河的最终目标是达到河流生态保护与经济社会高质量发展之间的平衡，实现人水和谐发展。满足生态环境不断改善、人民生活质量不断提高、人与河流和谐共生，这样的河流才是造福人民的河流。

2. 供水安全的判别准则

供水是当今社会非常普遍的一种公共服务，是为了满足经济社会的合理用水需求，采用一定的人工手段使自然界的水资源流向特定地区和用户的过程。供水安全是指，能够提供充足水量、稳定水质以及完备设施，满足人民生活、城市发展和生态环境的合理用水需求，保证自然-社会可持续发展的供水状态。

根据对供水安全的理解，给出供水安全的三个判别准则：

（1）供水水源安全。这是供水安全的基础和首要保障，主要体现在水源地水量、水质的状况，供（蓄）水工程的规模、运行状况等方面。

（2）供水过程安全。这是实现用水主体安全的前提，主要体现在输水、净水、配水等供水相关设施的质量及运行状况方面。

（3）用水主体安全。这是供水安全的最终目标，主要体现在用户用水满足程度、用水水平、水质标准以及节水技术的先进程度等。

3. 可持续水资源管理的判别准则

自第二次世界大战后，随着科学技术的快速发展，开发利用自然界的能力和规模大增，出现了人口快速增长、资源过度消耗、生态明显退化等问题，使自然界承受越来越大的压力。在此背景下，20 世纪 70 年代前后，国际有识之士开始对人类的发展态势提出越来越大的疑虑。1987 年发布的 *Our Common Future* 报告，提出了可持续发展的概念和定义。这是可持续发展概念在全世界应用最广的一个定义。1992 年世界环境与发展大会接受了可持续发展的概念，通过了意义深远的《21 世纪议程》文件，作为联合国 21 世纪可持续发展的纲领性文件。

从 1992 年开始，水资源学界积极组织可持续发展目标下水资源问题的研究和讨论。1996 年联合国教科文组织（UNESCO）国际水文计划工作组提出了可持续水资源管理的定义，即"支撑从现在到未来社会及其福利而不破坏它们赖以生存的水文循环及生态系统完整性的水的管理与使用"。

随后，涌现出大量的研究成果和应用实例，其中包括中国学者的贡献以及 2002 年我国开启的以可持续发展为指导思想开展的第二次全国水资源综合规划工作。

可持续水资源管理要求在水资源规划、开发和管理中，寻求经济发展、环境保护和人类社会福利之间的最佳联系与协调，亦即人们常说的探求水资源开发利用和管理的良性循环。

根据对可持续水资源管理的理解，给出其三个判别准则：

（1）可承载。可持续发展要求不允许破坏地球上生命支撑系统（如空气、水、土壤等），永远处在可承载的最大限度之内，以保证人类福利水平至少处在可生存状态，即要求社会、经济、资源、环境协调发展就必须满足"可承载"准则。

（2）有效益。可持续发展不仅重视经济数量增长，更追求改善质量，是以保护自然环境为基础，经济发展与资源、环境的承载能力相协调，是一种有效益的发展（包括经济效益、社会效益、环境效益等）。

（3）可持续。可持续发展不仅要保证现代的发展，而且要保证未来的发展，即发展是有持续性的。

4. 水资源适应性利用的判别准则

由于产生水资源的条件不断变化（包括气象条件变化、水文结构变化），从而带来水系统本身的变化；由于水系统以外的环境发生变化（比如，人工筑坝、引水、排水等），影响水系统变化。为了保障水系统良性循环，水系统就要适应因气候变化、陆面变化以及人类活动带来的变化，就产生了水资源适应性利用的概念和需求。

水资源适应性利用是指，在水资源开发利用过程中，遵循自然规律和社会发展规律，适应人类活动、气候变化、陆面变化等环境变化带来的影响，保障水系统良性循环，所选择的水资源利用方式。简言之，水资源适应性利用是一种适应环境变化且保障水系统良性循环的水资源利用方式。

根据对水资源适应性利用的理解，给出其四个判别准则：

（1）不损害水体功能。无论怎么利用水资源，都不得损害水体的自然功能（比如，水资源储载、水循环、物质能量传递、环境自净、生态系统维持）和社会功能（比如，水力发电、供水、生态景观、水运）。这些功能都是水体所特有的并都必须要持续得到发挥的功能。

（2）不超出水资源再生能力。在水资源开发利用中，必须保证其不超出水资源再生能力，因为水资源可再生能力是有限的，只有不超出其再生能力的情况下才能保证水资源被持续利用。

（3）维系良好水生态。生态系统是人类赖以生存的生命支撑系统，水是生态系统存在的最基本因素。无论如何利用水资源，如何适应条件变化，都要以维系良好水生态为前提。

（4）人水关系和谐演变。水资源适应性利用的本质是通过一系列措施改变人水关系，使人水关系适应条件变化而得到改善，不能因为条件变化导致人水关系变差或恶化。因此，水资源适应性利用要提升人水和谐总体水平。

5. 水生态健康的判别准则

水生态是生态文明建设的重要基础，保障水生态健康是国家水安全的重要组成部分。水生态健康是指水生态系统良性循环的一种状态，包括水生态系统结构的完整性、为人类社会提供服务的稳定性以及抵抗干扰仍能保持自身结构和功能的持续性。

根据对水生态健康的理解，给出其三个判别准则：

（1）结构完整性。即要求水生态系统能够保持生境和化学、物理、生物过程的完整性。一个健康的水生态系统必然要求其具有较好的、适宜于生物繁衍和维持的生存环境，水质较好，各类生物需要的能量、营养和食物链结构完整，生物具有多样性。

（2）功能稳定性。即要求水生态系统能够为人类社会提供应有的、稳定的服务功能。一个健康的水生态系统都应该具有一定的服务功能，并且这些功能应该保持相对稳定性，能够持续为人类社会提供应有的服务，比如，供水、提供鱼类产品、娱乐、涵养水源、调节气候等。

（3）健康持续性。即要求水生态系统抵抗干扰仍能保持自身结构和功能的持续性。一个健康的水生态系统具有抵抗干扰、恢复自身结构和功能的能力，即在不断变化的条件下能抵抗住人类的胁迫干扰和环境变化的影响，能够保持住水生态系统健康的持续性。

6. 水生态文明的判别准则

水生态文明建设是缓解资源环境压力、解决水生态环境问题、促进人与自然和谐共生的重要途径。建设水生态文明的关键在于如何把水生态文明理念融入水资源开发、利用、节约、保护的各方面和水利规划、设计、建设、管理的各环节，推动水利工程建设与水生态环境保护的全面发展。

水生态文明是指，人类遵循人水和谐理念，以实现水资源可持续利用、支撑经济社会和谐发展、保障生态系统良性循环为主体的人水和谐文化伦理形态，是生态文明的重要部分和基础内容。

根据对水生态文明的理解，给出其五个判别准则：

（1）和谐发展。即要求坚持人水和谐理念，水利规划充分考虑经济社会发展规划，与生态保护规划同步；水利工程建设与水生态保护相结合，促进人水和谐发展；经济社会发展与环境保护并重，保障人与自然和谐。

（2）节约高效。即要求以节约和保护的思想审视水资源，统筹兼顾推动经济社会可持续发展和水资源永续利用；依靠科技进步推动技术创新，优化配置水资源，提高水资源节约和保障能力，实现水资源高效利用。

（3）生态保护。即要求水工程设计与生态环境相协调，加强生态系统治理与修复，保障水生态系统良性循环。

（4）制度保障。即要求加强生态文明制度体系建设，以落实水生态文明制度与法制建设为理论前提，推进重大政策和制度建设的有效实施，推动水资源管理有法可依、有法必依，建设完善的水生态文明制度保障体系。

（5）文化传承。即要求倡导先进的水生态价值观，提升节水、爱水的水文化品位和道德修养；扩大水文化传播，推动水文化延续和发展；传承先进水文化，推动水生态文明理念深入人心。

7. 水利高质量发展的判别准则

2017年，中国提出了"高质量发展"的发展模式新表述，为中国未来发展提出了明确的定位和指引。2022年，党的二十大报告指出"高质量发展是全面建设社会主义现代化国家的首要任务"。高质量发展不仅是要求经济的高质量发展，而且是要实现多领域、全方位的高质量发展。近年来，水利高质量发展已然成为中国水利事业的发展目标和方向，是推动高质量发展的支撑和保障。

水利高质量发展是指，一种高标准保障水安全、高效支撑经济发展、高度满足人民幸福、高度维护生态健康、高要求弘扬水文化的高水平水利发展模式。水利高质量发展是以水安全保障为基础，促进经济增长、社会和谐、水资源可持续利用、生态健康、文化先进引领的一种新时代高质量发展，体现"创新、和谐、绿色、弘扬、共享"的理念。

根据对水利高质量发展的理解，给出其五个判别准则：

（1）高标准保障水安全。水安全是人类社会生存的基础，水利高质量发展要求高标准保障水安全，主要包括设施保障安全（即洪涝、干旱灾害防御）和供水保障安全（即供水能力满足要求）。

（2）高效支撑经济发展。即要求水利事业能够在工业生产、农业灌溉、居民生活、防洪排涝、防灾减灾、生态修复、环境保护等方面发挥持续性作用，为国民经济高质量发展提供支撑。

（3）高度满足人民幸福。即要求始终坚持以人民为中心，在水利领域满足人民不断增长的对美好生活的向往，让新时代水利事业更好地造福人民。

（4）高度维护生态健康。即要求重点河湖保护和综合治理能力大幅提高，关键生态功能区的健康水平得到明显强化，岸绿水清、健康稳定的水生态系统结构基本形成，为建设美丽中国贡献水利力量。

（5）高要求弘扬水文化。即要求大力弘扬优秀的水文化，挖掘并弘扬新时代的水文化价值理念，通过先进的科学技术，形成全面、创新、先进的现代化水文化产业链，促进水利高质量发展。

第3章 人水关系学的研究方法

本章是在对前期工作总结和文献［4］的基础上，概述人水关系学的研究方法体系，包括两大类：人水关系研究用到的计算方法和技术方法；详细介绍各种方法的提出背景、主要内容和应用前景，是人水关系学的方法论部分，为人水关系研究提供"方法"工具和途径。

3.1 人水关系学的研究方法概述

人水系统是由人文系统与水系统经过多维度、多层次复杂关联而形成的耦合系统，与人文系统及水系统相关学科的方法论，也都适用于人水关系学的研究。再加上一些专门研究人水关系的方法，如人水关系的辨识方法、评估方法，就组成了人水关系学的方法论。

人水关系学的研究方法分为两大类：一类是计算方法，另一类是技术方法（图3.1）。计算方法针对理论计算层面的人水关系研究，技术方法应用于改善人水关系的具体实践应用研究。

（1）在计算方法中，进一步将其划分为辨识方法、评估方法、模拟方法、调控方法和优化方法共五类。辨识方法用于辨识影响人水关系的关键因素，是人水关系分析的基础；评估方法用于评估和分析人水关系状态；模拟方法可对人文系统、水系统的运行机制、人水关系进行模拟，贯穿于人水关系研究的各个阶段；调控方法采用自下而上的思路，通过主观调控人水系统安排，使人水关系向理想方向发展；优化方法采用自上而下的思路，给定人水关系的优化目标及约束，求解获得理想的解决方案。

（2）在技术方法中，进一步将其划分为水灾害防治技术、节水技术、水污染治理技术、水生态修复技术和水利信息化技术共五类。其中，水灾害防治技术用于解决洪涝、干旱、泥石流等水灾害问题，以确保人类基本的生命及财产安全，减少水系统对人文系统的不良影响；节水技术应用于节水，可缓解人文系统对水系统的压力，是改善人水关系的重要措施之一；水污染治理技术、水生态修复技术用于解决水环境污染和水生态恶化等一系列生态环境问题，可缓解人文系统对水系统的压力；水利信息化技术已得到广泛应用，是人水关系研究的新型高效途径，也是未来水科学研究和水治理的主要发展方向。

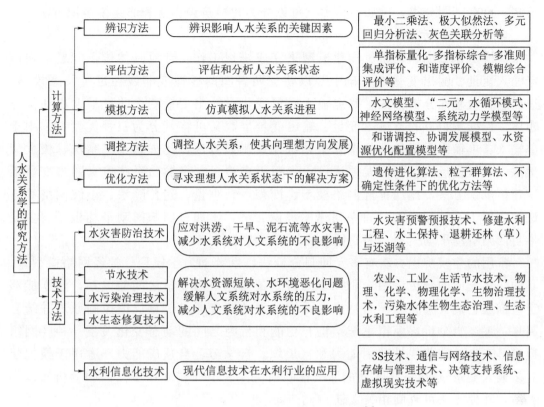

图 3.1 人水关系学的研究方法概览[4]

3.2 人水关系研究的计算方法

3.2.1 辨识方法

3.2.1.1 提出背景

人水关系十分复杂，涉及水系统的众多要素、人文系统的众多利益相关者，包含错综复杂的众多关系和影响因素，而哪些是影响人水关系的关键因素，哪些是决定人水关系的主导方，需要定量辨识[2]，也就是采用辨识方法对其进行定量分析。这就是人水关系辨识，对正确认识人水关系、科学调控人水关系具有重要意义。

当一个人水关系辨识问题转化为一个定量化的辨识计算问题后，就变成一个纯粹的系统辨识问题。因此，一般的系统辨识方法都可以应用于此计算，下面简要介绍系统辨识方法的主要计算方法及应用前景。

3.2.1.2 主要计算方法介绍

所谓系统辨识方法或简称辨识方法，是利用系统的观测试验数据和先验知识，建立系统的数学模型，估计参数的理论和方法。辨识方法是通过观测一个系统或一个过程的输入-输出关系，确定该系统或过程的数学模型。关于辨识的计算方法很多，也有不同分类，比如，大类上可以分为建模辨识方法和非建模辨识方法。

1. 建模辨识方法

建模辨识方法，是通过构建模型来完成辨识工作。针对具体辨识问题，在确定输入变量、输出变量的基础上，以建立两者间的线性或非线性定量关系模型，进而结合敏感性分析方法，确定输入变量变化对输出变量变化的贡献大小和优先顺序。根据辨识目的及输入变量、输出变量个数又可将其分为三种类型：①用于单输入、单输出系统仿真的单变量系统建模辨识方法，比如最小二乘法、极大似然法、随机逼近法、预报误差法等；②用于多输入、多输出系统仿真的多变量系统建模辨识方法，比如神经网络模型、模糊逻辑理论、遗传算法、小波网络等方法；③用于系统预测的时间序列建模辨识方法，比如自回归滑动平均模型、多变量自回归滑动平均模型、多变量自回归模型等方法。

常用的建模辨识方法有多元回归分析法、系统动力学模型、神经网络模型等。其中，多元回归分析法用于研究多个自变量与多个因变量之间的关系，建立能够定量描述它们关系的数学表达式；系统动力学模型通过信息反馈控制原理并结合因果关系逻辑分析，模拟系统结构、功能和行为之间的动态变化关系；神经网络模型具有良好的非线性映射能力和自组织、自学习、自适应能力，适用于模拟建立多输入变量-输出变量之间的非线性映射关系。下面仅介绍多元回归分析法以供参考，其他方法可查阅相关文献。

多元回归分析法是利用样本数据进行统计分析，建立输入变量、输出变量之间线性或非线性数学关系式的一种计算方法。由于线性回归分析法比较简单且应用普遍，下面只介绍二元线性回归分析法。

设输出变量为 Y，输入变量为 X_1、X_2，假设输入、输出变量之间呈现线性关系，其二元线性回归方程表达为

$$Y = a X_1 + b X_2 + c$$

假设有 N 组样本数据 $(Y_1 \mid X_{11}, X_{21})$，$(Y_2 \mid X_{12}, X_{22})$，…，$(Y_k \mid X_{1k}, X_{2k})$，…，$(Y_N \mid X_{1N}, X_{2N})$，并假设 X_1 与 X_2 之间不存在线性关系，利用样本数据对模型参数作出估计，得到回归参数 a、b、c 计算公式如下：

$$\left.\begin{aligned} a &= \frac{(\sum y_i x_{1i})(\sum x_{2i}^2) - (\sum y_i x_{2i})(\sum x_{1i} x_{2i})}{(\sum x_{1i}^2)(\sum x_{2i}^2) - (\sum x_{1i} x_{2i})^2} \\ b &= \frac{(\sum y_i x_{2i})(\sum x_{1i}^2) - (\sum y_i x_{1i})(\sum x_{1i} x_{2i})}{(\sum x_{1i}^2)(\sum x_{2i}^2) - (\sum x_{1i} x_{2i})^2} \\ c &= \overline{Y} - a\overline{X_1} - b\overline{X_2} \end{aligned}\right\} \quad (3.1)$$

其中

$$x_{1i} = X_{1i} - \overline{X_1}$$
$$x_{2i} = X_{2i} - \overline{X_2}$$

$$y_i = Y_i - \overline{Y}$$
$$\overline{X_1} = (\sum X_{1i})/N$$
$$\overline{X_2} = (\sum X_{2i})/N$$
$$\overline{Y} = (\sum Y_i)/N$$

计算拟合优度 R^2，用于判断回归方程的拟合程度，其计算式为

$$R^2 = 1 - \frac{\sum(Y_i - Y_f)^2}{\sum(Y_i - \overline{Y})^2} \tag{3.2}$$

式中：Y_f 为通过回归方程计算得到的拟合值。

R^2 的值域为 $[0, 1]$。R^2 越大说明回归方程的拟合程度越好。

[举例] 线性回归方程计算。已知 15 组样本数据见表 3.1，计算得到：$a = 1.832$、$b = 11.929$、$c = -48.127$，于是得到的二元线性回归方程：$Y = 1.832 X_1 + 11.929 X_2 - 48.127$，计算得 $R^2 = 0.978$，回归方程拟合程度较好。

表 3.1　　　　　　　　　　　　　例题 15 组样本数据

Y 值	32	43	52	58	62	67	81	87	89	92	94	98	108	121	132
X_1 值	6	8	10	11	12	12	16	15	16	17	15	17	16	21	18
X_2 值	5.3	6.5	7.4	7.6	7.9	7.3	8.5	8.6	8.9	9.4	9.6	9.7	10.2	11.1	12.2

在二元线性回归分析中，可以用偏相关系数来分析输出变量 Y 对于哪一个输入变量（X_1 和 X_2）的变化更敏感。

当 X_2 不变时，Y 和 X_1 的偏相关系数 $r_{YX_1 \cdot X_2}$ 计算式为

$$r_{YX_1 \cdot X_2} = \frac{r_{YX_1} - r_{YX_2} r_{X_1 X_2}}{\sqrt{(1 - r_{YX_2}^2)(1 - r_{X_1 X_2}^2)}} \tag{3.3}$$

当 X_1 不变时，Y 和 X_2 的偏相关系数 $r_{YX_2 \cdot X_1}$ 计算式为

$$r_{YX_2 \cdot X_1} = \frac{r_{YX_2} - r_{YX_1} r_{X_1 X_2}}{\sqrt{(1 - r_{YX_1}^2)(1 - r_{X_1 X_2}^2)}} \tag{3.4}$$

以上两式中，

$$r_{YX_1} = \frac{\sum x_{1i} y_i}{\sqrt{\sum x_{1i}^2} \sqrt{\sum y_i^2}}$$

$$r_{YX_2} = \frac{\sum x_{2i} y_i}{\sqrt{\sum x_{2i}^2} \sqrt{\sum y_i^2}}$$

$$r_{X_1 X_2} = \frac{\sum x_{1i} x_{2i}}{\sqrt{\sum x_{1i}^2} \sqrt{\sum x_{2i}^2}}$$

如果 $r_{YX_1 \cdot X_2} > r_{YX_2 \cdot X_1}$，则表示输出变量 Y 与输入变量 X_1 之间的线性关系更密切，输出变量 Y 与输入变量 X_1 的变化更敏感。反之，如果 $r_{YX_2 \cdot X_1} > r_{YX_1 \cdot X_2}$，则表

示输出变量 Y 与输入变量 X_2 之间的线性关系更密切，输出变量 Y 与输入变量 X_2 的变化更敏感。

针对上例数据，计算得 $r_{YX_1} = 0.944$、$r_{YX_2} = 0.984$、$r_{X_1X_2} = 0.919$、$r_{YX_1 \cdot X_2} = 0.565$、$r_{YX_2 \cdot X_1} = 0.892$。$r_{YX_2 \cdot X_1} > r_{YX_1 \cdot X_2}$，则表示输出变量 Y 与输入变量 X_2 之间的线性关系更密切，输出变量 Y 与输入变量 X_2 的变化更敏感。

2. 非建模辨识方法

非建模辨识方法，是不通过构建模型，而通过统计分析或系统分析来完成辨识计算。进一步讲，就是通过对数据序列进行统计分析或系统分析，定量描述待辨识变量之间相互关联的紧密程度，以此来衡量关联程度。非建模辨识方法在应用时不需要对辨识系统内部作用机制进行深入解析，而是将注意力集中在分析辨识变量间的统计关系或系统关系上，有助于从复杂关系中寻求简单关系以对问题给予解答。具体的计算方法有回归分析、相关分析等统计分析方法，以及灰色关联分析法等系统分析方法。其中，回归分析法通过建立因变量与自变量之间的回归关系函数表达式（称回归方程式），以定量确定变量间的相关程度；相关分析法一般用于研究客观现象之间有无相关关系、相关关系的表现形式和密切程度等，通过计算现象间的相关系数大小进行判断；灰色关联分析法根据各变量变化曲线几何形状的相似程度，来判断变量之间关联程度，以灰色关联度进行定量表征。下面仅介绍灰色关联分析法以供参考，其他方法可查阅相关文献。

灰色关联分析法是用以分析变量之间相关关系的一种计算方法，其基本思想是以样本数据序列为依据，量化分析系统参考序列曲线与比较序列曲线的相似程度以判别两序列的关联程度大小。通过灰色关联分析，可以计算得到各比较序列与参考序列的灰色关联度，灰色关联度越大，说明该比较序列与参考序列之间的变化态势越一致，依此分析各比较序列对参考序列变化态势的贡献强弱。其计算步骤如下：

第一步：确定参考序列 $x_0(k)$ 与比较序列 $x_i(k)$，$k = 1, 2, \cdots, n$；$i = 1, 2, \cdots, m$。即参考序列为：$x_0(1), x_0(2), \cdots, x_0(n)$，比较序列为

$$x_1(1), x_1(2), \cdots, x_1(n)$$
$$x_2(1), x_2(2), \cdots, x_2(n)$$
$$\vdots$$
$$x_m(1), x_m(2), \cdots, x_m(n)$$

第二步：采用一定方法对数据序列做无量纲处理，比如用初值（即 $k = 1$）去除各个数据，得到一个无量纲序列。经无量纲处理后的参考序列设为 $x_0'(k)$，比较序列设为 $x_i'(k)$。

第三步：计算比较序列与参考序列的灰色关联系数 $\gamma[x_0(k), x_i(k)]$

先计算差序列 $\Delta_{0i}(i = 1, 2, \cdots, m)$：

$$\Delta_{0i} = |x'_0(k) - x'_i(k)|$$

$$\gamma[x_0(k), x_i(k)] = \frac{\mathrm{Min}_i \mathrm{Min}_k[\Delta_{0i}(k)] + \zeta \mathrm{Max}_i \mathrm{Max}_k[\Delta_{0i}(k)]}{\Delta_{0i}(k) + \zeta \mathrm{Max}_i \mathrm{Max}_k[\Delta_{0i}(k)]}$$

式中，Δ_{0i} 为差序列；ζ 为分辨系数，取值范围为 （0，1），常取 0.5；$i = 1, 2, \cdots, m$。

第四步：计算比较序列 x_i 与参考序列 x_0 间的灰色关联度 r_{0i}。其值越大说明关联性越大。

$$\gamma_{0i} = \frac{1}{n} \sum_{k=1}^{n} \gamma[x_0(k), x_i(k)]$$

$$i = 1, 2, \cdots, m$$

[举例] 利用灰色关联分析法辨识关键因子。见表 3.2，列举一个参考序列 X_0、7 个比较序列 X_i，共有 6 组数据。下面利用灰色关联分析法，定量辨识影响参考序列 X_0 的关键因子顺序。

表 3.2   **参考序列与 7 个比较序列数据**

数列编号 k	1	2	3	4	5	6
参考序列 X_0	0.410	0.411	0.473	0.548	0.527	0.526
比较序列 X_1	0.356	0.338	0.324	0.317	0.311	0.306
比较序列 X_2	0.332	0.350	0.377	0.427	0.506	0.585
比较序列 X_3	0.609	0.612	0.615	0.609	0.609	0.611
比较序列 X_4	0.565	0.657	0.673	0.676	0.692	0.705
比较序列 X_5	0.210	0.270	0.375	0.443	0.451	0.463
比较序列 X_6	0.454	0.470	0.481	0.486	0.505	0.524
比较序列 X_7	0.816	0.830	0.854	0.900	0.930	0.934

参考序列记 $x_0(k)$；7 个比较序列分别记为 $x_1(k)$、$x_2(k)$、$x_3(k)$、$x_4(k)$、$x_5(k)$、$x_6(k)$、$x_7(k)$。计算得到的各比较序列与参考序列的灰色关联度大小分别为：0.685、0.819、0.763、0.875、0.516、0.818、0.829。由计算结果可知，与参考序列 X_0 的关联程度由大到小依次为：X_4、X_7、X_2、X_6、X_3、X_1、X_5。

3.2.1.3 应用前景分析

人水关系复杂，需要辨识其中的主要影响因素或关系的主导方，因此，辨识方法在人水关系学中具有广泛的应用。比如，在人水和谐分析中，主要应用于在复杂的和谐问题中辨识出主要影响因素、不同影响因素的作用大小以及不同和谐方的作用地位[2]。当一个人水关系辨识问题转化为一个定量化的辨识计算问题后，就变成一个纯粹的系统辨识问题。因此，一般的系统辨识方法都可以应用于此计算。

辨识方法在人水关系学中的应用主要有两方面：一方面是针对人水关系的影

响因素主次关系的辨识，比如，辨识影响水利工程建设综合效益的主要因素有哪些；另一方面是针对人水关系中相互作用程度的辨识，比如，在分析经济社会发展与水资源保护之间关系时，可以辨识哪一方起主要作用，更应该关注哪一方。

3.2.2 评估方法

3.2.2.1 提出背景

在人水关系学中经常遇到评估问题。比如，人们经常提及"人水关系恶化""不和谐""和谐""河流健康""生态健康""效益显著""影响程度大"等类似的状态评估问题，这些问题有几个共同点：都是对状态的评估问题，都涉及多种因素，都是模糊概念。

实际上，由于人水系统的复杂性，人水关系难以理清楚，想准确回答其状态确实有一定困难，会夹杂着很大的人为因素和不确定性。但是，如果没有一套定量化评估方法，可能会因人而异，得到相差比较大的结论，这对科学认识和调控人水关系不利。比如，针对一个流域的人水关系认识，首先要给出这个流域人水关系状况的评估，判断其是和谐还是不和谐以及和谐状况水平，这就是人水关系评估。如果出现不和谐状况，再考虑怎么调控以使其走向和谐状态。因此，科学评估人水关系和谐水平，是正确认识人水关系、科学调控人水关系的前提和重要基础工作。再比如，对跨流域调水工程的认识，首先要系统评估跨流域调水工程的综合效益水平，判断其总体是有利的还是不利的，是良性循环还是不良性循环。评估其状态是科学选择跨流域调水工程方案的基础，为重大工程决策提供依据。

现实生活中不仅仅是人水关系，推而广之，在人类认识各种关系特别是复杂关系时，因受到影响因素、认识水平、判断标准以及计算方法等诸多因素的影响，人们总希望在可能的情况下科学评估其状态，这就需要用到定量评估方法。

3.2.2.2 主要方法介绍

评估方法由来已久，很多学科都有涉及，也有很多种方法，比如，德尔斐专家评估法、投入产出模型法、模糊综合评估方法、灰色系统评估方法、层次分析法、单指标量化-多指标综合-多准则集成（SMI－P）方法、和谐度评估方法、系统分析方法、物元分析方法等。其中，多数是多指标综合评估方法，即通过建立一套指标体系，采用某一评估方法，来综合评估其状态。

多指标综合评估方法一般包括以下三方面的内容：①建立指标体系。需要从众多的指标中选择一些关键指标，建立一套指标体系。所选择的指标能够较为客观地反映实际，且指标含义简单、明了，易于理解并具有可比性、完备性、代表性和可获取性。②确定评估标准。为了对复杂的问题进行综合的分析评估，需要根据该问题的特点，针对建立的指标体系确定反映不同水平的评估标准（或准则）。③选择计算方法。需要采取科学量化的计算方法，根据评估指标，对照评估标准，来综合计算评估状态水平。

下面仅介绍单指标量化-多指标综合-多准则集成（SMI－P）方法以供参考。该方法是左其亭于 2008 年提出的一种直接、简明、系统的方法[14]，已广泛应用于多领域的系统评估。

该方法分为三大部分：单指标量化、多指标综合计算、多准则集成计算，合起来就是"单指标量化-多指标综合-多准则集成"方法（即 SMI－P 方法）。如果评估指标体系只有"指标层""目标层"，没有"准则层"，这时就少了"多准则集成计算"这一部分，即为"单指标量化-多指标综合"方法（即 SI－MI 方法)[2]。

1. 单指标量化方法

（1）定量指标的量化方法。由于指标体系中包含有定量指标和定性指标，且定量指标的量纲不完全相同，为了便于计算和对比分析，单指标定量描述采用模糊隶属度分析方法。通过模糊隶属函数 $\mu_k(x) = f_k(x)$，把各指标统一映射到 $[0, 1]$ 上，隶属度 $\mu_k \in [0, 1]$，此方法具有较大的灵活性和可比性。

采用分段线性隶属函数量化方法，在指标体系中，各个指标均有一个单指标隶属度（记作 SD），取值范围为 $[0, 1]$。为了量化描述单指标的隶属度，作以下假定：各指标均存在 5 个（双向指标为 10 个）代表性数值，即最差值、较差值、及格值、较优值和最优值。取最差值或比最差值更差时该指标的隶属度为 0，取较差值时该指标的隶属度为 0.3，取及格值时该指标的隶属度为 0.6，取较优值时该指标的隶属度为 0.8，取最优值或比最优值更优时该指标的隶属度为 1。

正向指标是指隶属度随着指标值的增加而增加的指标（比如人均供水量），逆向指标是指隶属度随着指标值的增加而减小的指标（比如万元工业产值用水量）。设 a、b、c、d、e 分别为某指标的最差值、较差值、及格值、较优值和最优值（图 3.2 和图 3.3），利用 5 个特征点 $(a, 0)$、$(b, 0.3)$、$(c, 0.6)$、$(d, 0.8)$ 和 $(e, 1)$，以及上面的假定，可以得到某指标隶属度的变化曲线以及表达式。

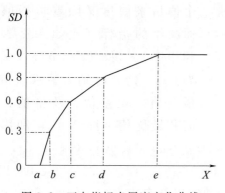

图 3.2　正向指标隶属度变化曲线

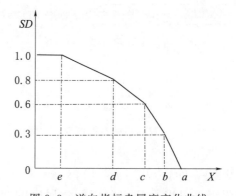

图 3.3　逆向指标隶属度变化曲线

正向指标的隶属度计算公式为

$$
SD_k=\begin{cases}
0 & x_k\leqslant a_k\\
0.3\left(\dfrac{x_k-a_k}{b_k-a_k}\right) & a_k<x_k\leqslant b_k\\
0.3+0.3\left(\dfrac{x_k-b_k}{c_k-b_k}\right) & b_k<x_k\leqslant c_k\\
0.6+0.2\left(\dfrac{x_k-c_k}{d_k-c_k}\right) & c_k<x_k\leqslant d_k\\
0.8+0.2\left(\dfrac{x_k-d_k}{e_k-d_k}\right) & d_k<x_k\leqslant e_k\\
1 & e_k<x_k
\end{cases}
\tag{3.5}
$$

逆向指标的隶属度计算公式为

$$
SD_k=\begin{cases}
1 & x_k\leqslant e_k\\
0.8+0.2\left(\dfrac{d_k-x_k}{d_k-e_k}\right) & e_k<x_k\leqslant d_k\\
0.6+0.2\left(\dfrac{c_k-x_k}{c_k-d_k}\right) & d_k<x_k\leqslant c_k\\
0.3+0.3\left(\dfrac{b_k-x_k}{b_k-c_k}\right) & c_k<x_k\leqslant b_k\\
0.3\left(\dfrac{a_k-x_k}{a_k-b_k}\right) & b_k<x_k\leqslant a_k\\
0 & a_k<x_k
\end{cases}
\tag{3.6}
$$

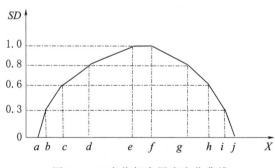

图 3.4　双向指标隶属度变化曲线

双向指标是指隶属度随着指标值的增加而增加，当增加到某个值后隶属度又随着指标值增加而减小的指标（比如水资源开发利用率）。设 $a(j)$、$b(i)$、$c(h)$、$d(g)$、$e(f)$ 分别为某双向指标的最差值、较差值、及格值、较优值和最优值（图 3.4），利用特征点 $(a,0)$、$(b,0.3)$、$(c,0.6)$、$(d,0.8)$、$(e,1)$、$(f,1)$、$(g,0.8)$、$(h,0.6)$、$(i,0.3)$、$(j,0)$ 以及上面的假定，可以得到双向指标隶属度的变化曲线以及表达式。

双向指标的隶属度计算公式如下：

$$SD_k = \begin{cases} 0 & x_k \leqslant a_k \\ 0.3\left(\dfrac{x_k - a_k}{b_k - a_k}\right) & a_k < x_k \leqslant b_k \\ 0.3 + 0.3\left(\dfrac{x_k - b_k}{c_k - b_k}\right) & b_k < x_k \leqslant c_k \\ 0.6 + 0.2\left(\dfrac{x_k - c_k}{d_k - c_k}\right) & c_k < x_k \leqslant d_k \\ 0.8 + 0.2\left(\dfrac{x_k - d_k}{e_k - d_k}\right) & d_k < x_k \leqslant e_k \\ 1 & e_k < x_k \leqslant f_k \\ 0.8 + 0.2\left(\dfrac{g_k - x_k}{g_k - f_k}\right) & f_k < x_k \leqslant g_k \\ 0.6 + 0.2\left(\dfrac{h_k - x_k}{h_k - g_k}\right) & g_k < x_k \leqslant h_k \\ 0.3 + 0.3\left(\dfrac{i_k - x_k}{i_k - h_k}\right) & h_k < x_k \leqslant i_k \\ 0.3\left(\dfrac{j_k - x_k}{j_k - i_k}\right) & i_k < x_k \leqslant j_k \\ 0 & j_k < x_k \end{cases} \tag{3.7}$$

式 (3.5)~式 (3.7) 中：SD_k 为第 k 个指标的隶属度，$k = 1, 2, \cdots, n$，n 为选用的指标个数；$a_k(j_k)$、$b_k(i_k)$、$c_k(h_k)$、$d_k(g_k)$、$e_k(f_k)$ 分别为第 k 个指标的最差值 (最差值 2)、较差值 (较差值 2)、及格值 (及格值 2)、较优值 (较优值 2) 和最优值 (最优值 2)。

（2）定性指标的量化方法。对一些定性指标的量化，首先按百分制划分若干个等级，并制定相应的等级划分细则，制定问卷调查表，采用打分调查法获取单指标的隶属度。

第一种办法：邀请对研究问题比较熟悉的多个专家评判打分，分析各专家所打分数，得出其样本分布的合理性后，求平均值再转换（除以 100）成该指标的隶属度（取值范围为 [0，1]）。

第二种办法：如果条件允许，制定问卷后，将问卷发放给熟悉的专家、管理者或决策者、广大群众，进行广泛的调查。采取求平均数或加权平均、中位数法、众数法等方法，得到一个代表值，再转换成该指标的隶属度（取值范围为 [0，1]）。

2. 多指标综合计算方法

反映评估问题的指标一般有多个，可以采取多种方法综合考虑这些指标，以定量描述它们的状态。

（1）模糊综合评价方法。该方法是基于模糊数学思想，从众多单一评价中获得对某个或某类对象的整体评价。设评价因子集合为 $U=\{u_1u_2u_3\cdots u_k\cdots u_n\}$，评价等级集合为 $V=\{v_1v_2v_3\cdots v_j\cdots v_m\}$。计算各评价因子的隶属度，建立单因素评判矩阵 R，确定各因素的权重（权重向量为 A），计算评价结果为

$$Y=A\circ R=\{y_1y_2\cdots y_{m-1}y_m\} \tag{3.8}$$

式中："。"为模糊数学运算符；Y 为综合评判结果，它是评价等级集合 V 上的一个模糊子集。根据评判结果，取 $y=\mathrm{Max}(y_j)$，其对应的综合评价等级为 v_j。

（2）多指标加权计算方法。该方法根据单一指标隶属度按照权重加权计算，即

$$D=\sum_{k=1}^{n}w_k\mu_k \tag{3.9}$$

式中：D 为多指标的综合评估值，取值范围为 $[0，1]$；μ_k 为第 k 个指标的隶属度 SD_k；w_k 为权重，$\sum_{k=1}^{n}w_k=1$。也可根据单一指标隶属度按照指数权重加权计算，即

$$D=\prod_{k=1}^{n}\mu_k^{\beta_k} \tag{3.10}$$

式中：β_k 为权重，$\sum_{k=1}^{n}\beta_k=1$。

通过以上计算，得到的综合各个指标的评估值 D 仍然在区间 $[0，1]$ 中，表达了该评估问题的最终状态水平。

3. 多准则集成计算方法

如果指标体系设有"准则层"，分为不同"准则"的指标，即指标体系包括"目标层-准则层-指标层"，这时候需要先根据多个指标综合计算不同准则下的评估度，再根据不同准则的评估度加权计算得到最终的评估度 D 值。

不同准则下的评估度（设为 D_t，$t=1,2,\cdots,T$，T 为"准则"个数）计算，可以采用式（3.9）、式（3.10），多准则集成计算可以采用加权平均或指数权重加权的方法计算，即

$$D=\sum_{t=1}^{T}\omega_tD_t \tag{3.11}$$

$$D=\prod_{t=1}^{T}(D_t)^{\beta_t} \tag{3.12}$$

式中：ω_t、β_t 均为 t 准则的权重，$\sum_{t=1}^{T}\omega_t=1$，$\sum_{t=1}^{T}\beta_t=1$；其他符号同前。

［举例］评估水资源与经济社会发展协调程度问题。已知某流域影响水资源与经济社会发展协调程度的主要指标及特征节点值见表 3.3，共选择了 5 个主要指

标。该流域 7 个分区各指标数据见表 3.4。

表 3.3　　　　　　　　例题中协调程度评估指标及特征节点值

编号	指标层	单位	最差值	较差值	及格值	较优值	最优值	指标方向
1	人均 GDP	元	100	1000	3000	10000	20000	正向
2	万元工业产值用水量	m³	400	250	100	40	10	逆向
3	渠系水利用系数		0	0.4	0.7	0.9	1	正向
4	节水灌溉面积比例	%	0	40	60	90	100	正向
5	人均生活用水量	m³/(a·人)	0	60	90	120	150	双向
			300	250	220	200	180	

表 3.4　　　　　　　　例题中 7 个分区 5 个评估指标的数据

编号	指标层	分区 1	分区 2	分区 3	分区 4	分区 5	分区 6	分区 7
1	人均 GDP	7128	3598	1943	5406	5851	5857	5140
2	万元工业产值用水量	209	200	150	150	363	363	363
3	渠系水利用系数	0.442	0.426	0.403	0.455	0.313	0.313	0.313
4	节水灌溉面积比例	74.2	51.2	49.5	66.8	85.5	88.2	89.1
5	人均生活用水量	84	88	99	79	76	76	76

根据以上介绍的单指标量化方法［式（3.5）~式（3.7）］，计算出各指标的协调度，见表 3.5。按照等权重加权计算，得到该流域 7 个分区的协调度大小，见表 3.6。从计算结果得到如下结论：①协调度从高到低依次为分区 1>分区 4>分区 2>分区 3>分区 6>分区 7>分区 5；②从 5 个指标情况看，第 1 个指标"人均 GDP"相对较好，除分区 3 外普遍都大于 0.6；第 4 个指标"节水灌溉面积比例"也相对较好，有 5 个分区的值大于 0.6；第 2 个指标和第 3 个指标基本都比较差；③该流域分区协调度都比较低，最高才 0.535，说明该流域水资源与经济社会发展总体协调性较差，需要从多方面努力才能提升协调性。

表 3.5　　　　　　　　例题中 7 个分区 5 个指标的协调度计算结果

编号	指标层	分区 1	分区 2	分区 3	分区 4	分区 5	分区 6	分区 7
1	人均 GDP	0.718	0.617	0.441	0.669	0.681	0.682	0.661
2	万元工业产值用水量	0.382	0.400	0.500	0.500	0.074	0.074	0.074
3	渠系水利用系数	0.342	0.326	0.303	0.355	0.235	0.235	0.235
4	节水灌溉面积比例	0.695	0.468	0.443	0.645	0.770	0.788	0.794
5	人均生活用水量	0.540	0.580	0.660	0.490	0.460	0.460	0.460

表 3.6 例题中 7 个分区的协调度评估计算结果

项目	分区 1	分区 2	分区 3	分区 4	分区 5	分区 6	分区 7
协调度	0.535	0.478	0.469	0.532	0.444	0.448	0.445

3.2.2.3 应用前景分析

在认识、分析人水关系中，经常遇到评估问题。因此，评估方法在人水关系学中具有广泛的应用。评估方法很多，当一个人水关系评估问题转化为一个定量化的评估计算问题后，就变成一个纯粹的评估问题。因此，一般的评估方法都可以应用于此计算。

无论哪一种评估方法，其研究内容应包括三部分：①判别准则及量化。也就是从哪几方面制定准则来判断人水关系状态以及水平高低。②评估指标及量化。基于判别准则，构建评估指标体系，并进行单个指标的量化。③多指标、多准则综合评估计算。在单指标量化的基础上，通过综合计算得到最终的评估计算结果。

评估方法在人水关系学中的应用主要有两方面：一方面是对人水关系的总体状态进行的评估。比如，人水和谐程度、河流健康程度、水利高质量发展水平、水生态质量等评估。另一方面是对人水系统中某些具体事件的作用程度进行的评估。比如，水利工程建设带来的影响程度、跨流域调水或水网建设对水系统的影响程度、气候变化对用水状态的影响程度、国家战略或政策制度实施对水系统的影响程度等评估。

3.2.3 模拟方法

3.2.3.1 提出背景

虽然人水系统复杂，但学者们总希望基于有限的信息，通过构建模拟模型，来模拟人水系统的关键因子和关键指标，以获得更多的有用信息或规律，因此，构建人水关系模拟模型具有很大的吸引力。比如，人水和谐研究、可持续水资源管理、生态环境保护、生态文明建设等工作，其重要前提都是要充分了解研究区的水文信息、自然界的气候变化和水系统变化、水文学与生态学的联系、人类活动和经济发展对水量和水质以及生态系统的影响等。这就要求把水量变化、水质变化与生态环境保护、经济社会发展有机地结合起来，构建人水系统的模拟模型，这就是人水关系模拟。

当然，人水系统是一个庞大而又复杂的自然-社会复合大系统，既有自然属性，又有社会属性，构建人水关系模型比较困难，但一直是学者们研究的热点，也是研究和解决人水关系问题的重要基础。

3.2.3.2 主要方法介绍

模拟方法，是通过相似的模型来间接地研究原型的形态、特征和规律性的方法。模拟方法类型很多，大类上有物理模型、数学模型、图解模型、计算机模拟模型等。模拟方法应用的领域也非常广泛，可以说，几乎应用到所有的领域，比如，社会学、经济学、心理学、生物学、医学、地球科学等。

因为模拟对象一般比较复杂，模拟计算量很大，通常是在计算机的辅助下开展工作，采用计算机模拟具有显著的优越性，因此，目前用得较多的模型是计算机模拟模型。且随着计算机的发展，模拟模型计算的水平越来越高。本书介绍的模拟方法均为计算机模拟模型方法。

在以往的传统水文模型中，主要采取一些简化的处理办法，比如，把水文系统以外的变量作为水文模型的输入或输出，或者把与其他系统交叉的界面作为模型边界。这些处理方法大大简化了水文模型的建模过程，降低了其求解难度，甚至是破解水文模型建模的一些主要瓶颈，推动了水文模型的发展，在实践中也拓展了应用领域。当然，也有其不利的一面，因为对水文系统作了大量的概化，模型本身与实际系统可能存在较大差异，模型结果的可信度存疑，甚至误差难以接受；此外，可能掩盖了水文系统与生态系统、经济社会系统的某些复杂关系，不利于研究其耦合系统整体发展规律以及它们之间的相互关系。

一般来说，人水关系模型要比单一的水文模型复杂得多，建模难度也更大。因此，关于人水关系模拟的研究工作，一直是水文学或地学界的重要研究领域，一大批国内外学者做了丰富的研究工作，提出的模型方法也不计其数。这里先简单介绍分布式模型，进一步介绍 SWAT 模型，再介绍基于 SWAT 的分布式人水关系模型，供参考。

1. 分布式模型简介

分布式模型（distributed model）按研究区各处土壤、植被、土地利用和降水等的不同，将其划分为若干个水文模拟单元，在每一个单元上以一组参数（坡面面积、比降、汇流时间等）表示该部分各种自然地理特征，然后通过径流演算而得到全研究区的总输出。

分布式模型起始于 1969 年 Freeze 和 Harlan 发表的《一个具有物理基础数值模拟的水文响应模型的蓝图》文章。随后十多年中，有少量学者开展了相关研究，比如，1979 年 Bevenh 和 Kirbby 提出了以变源产流为基础的 TOPMODEL 模型。该模型基于数字高程模型 DEM（Digital Elevation Model）推求地形指数，并利用地形指数来反映下垫面的空间变化对水循环过程的影响，模型的参数具有物理意义，能用于无资料地区的产汇流计算。但 TOPMODEL 并未考虑降水、蒸发等因素的空间分布对流域产汇流的影响，因此，它不是严格意义上的分布式水文模型。而由丹麦、法国及英国的水文学者联合研制及改进的 SHE 模型则是一个典型的分布式水文模型。在 SHE 模型中，流域在平面上被划分成许多矩形网格，这样便于处理模型参数、降雨输入以及水文响应的空间分布特性；在垂直面上，则划分成几个水平层，以便处理不同层次的土壤水运动问题。SHE 模型为研究人类活动对于流域的产流、产沙及水质等影响问题提供了理想工具。1980 年，英国学者 Morris 进行了 IHDM 模型（Institute of Hydrology Distributed Mode）的研究，根据流域坡面的地形特征，流域被划分成若干部分，每一部分包含有坡面流单元，一维明渠段以及二维（在垂面上）表层流及壤中流区域。1994 年，Jeff Arnold 开发了 SWAT 模型（Soil and Water Assessment Tool），可采用多种方法将流域离散化，能够响应降水、蒸发等气候因素和下垫面因素的空间变化以及人类活动对流域水循环的影响。2000 年以后，随着计算机技术、信息获取技术的迅猛发展，分布式模型进入快速发展阶段，出现了很多不同类型的模型，成为现代水科学研究的主流模型方向。

分布式水文模型在结构或参数上具有分散模型的特点，一般建立在 DEM 基础之上。通过 DEM 提取大量的陆地表面形态信息，包括单元流域的坡度、坡向以及单元之间的水文关系等，并根据一定的算法确定出地表水流路径、河流网络和流域的边界。在离散的单元流域上建立水文模型，包括数学物理模型、概念性模型或系统理论模型，模拟单元流域内水的运动过程，并考虑单元之间水平方向的联系，进行地表水和地下水径流的演算。

分布式水文模型虽然有不同的建模目的和方式，可以采用不同的流域离散化方法，但模型的基本结构却大同小异。模型所涉及的水文物理过程主要包括降水、植被截留、蒸散发、融雪、下渗、地表径流和地下径流。分布式水文模型在结构上一般分为三部分：①分布式输入模块，用于处理流域空间分布信息，为水文模块提供空间输入数据和确定模型参数的信息。②单元水文模型，是坡面产汇流计算的核心部分。基于网格单元建立水力学模型，采用简化的圣维南方程组进行网格单元汇流计算。采用水文学方法建立概念性模型，产流计算可以采用经验方法或下渗公式，汇流计算一般采用等流时线、单位线或地貌学方法。③河网汇流模型。一般采用动力波方法和类似马斯京根方法。

目前已开发的分布式模型比较多，代表性的分布式水文模型有：SHE 模型、SWAT 模型、TOPMODEL 模型、VIC 模型、HIMS 模型等。

2. SWAT 模型简介

SWAT 模型（Soil and Water Assessment Tool）是一种分布式流域水文模型，最早提出于 1994 年，最初开发目的是用来预测不同土壤类型、土地利用方式和管理措施对水流、泥沙和农业化学物的长期影响。经过三十多年的应用及不断改进，模型已愈发完善成熟，成为非点源污染模拟和水循环模拟较为常用的模型，可以预测土地利用变化、气候变化、农业管理措施和水资源管理措施对水文循环过程的影响，并能在资料缺乏的地区应用。

SWAT 模型在每一个网格单元（或子流域）上应用传统的概念性模型来推求净雨，再进行汇流演算，最后求得出口断面流量。SWAT 采用模块化设计思路，水循环的每一个环节对应一个子模块，十分方便模型的扩展和应用。在运行上，SWAT采用独特的命令代码控制方式，用来控制水流在子流域间和河网中的演进过程。这种控制方式使得添加水库的调蓄作用变得异常简单。

SWAT模型构建包括流域划分、水文响应单元分析、气象资料输入、输入编辑、数值模拟和检验等步骤。流域划分包括DEM设置、定义河流、出水口和入水口定义、流域出水口选择及定义、计算子流域参数、完成流域划分；水文响应单元（HRU）分析包括土地利用/土壤/坡度的定义和HRU定义，其中土地利用/土壤/坡度的定义需要对土壤类型进行重分类，根据土壤栅格数据，提取每种土壤类型对应基本物理属性参数，计算出模型所需要的其他物理属性参数；气象资料输入需要进行气象数据库构建，通过SWAT Weather Database对现有实测数据处理，得到SWAT运行所需格式文件，然后通过Weather station模块进行气象数据的输入，每个气象数据包含了各个气象站点的日降水数据、日最高/最低温度数据以及风速、相对湿度和太阳辐射的数据；输入编辑包括点源排放输入、入水口排放输入、水库输入、子流域输入，其中子流域编辑包括用水、农业管理、土壤化学、河流水质、污水等输入数据。完成以上步骤即可进行SWAT运行模拟，设置模拟时段、模拟预热期、模拟步长（年、月、日）、SWAT模型版本、输出数据等选项后，运行模型，输出子流域、河段、水文响应单元等模拟结果，并对模拟结果可靠性进行分析。

SWAT模型具有较强的物理机制、清晰的参数结构以及能全面地反映流域空间异质性等优点，并且输入变量易于获取，计算效率高，可以进行连续长时间序列的模拟，成为水文模型的研究热点，已在国内外具有广泛的应用。

3. 分布式人水关系模型（DHWR）

随着水利工程建设、农田灌溉、城市化等人类活动范围持续增大、影响持续增强，对流域水系统的扰动逐渐加强，带来自然水循环通量不断减少、社会水循环通量不断增加。因此，为了模拟更加复杂的人水系统，就需要构建更加细致的模型，特别要关注人类活动的影响作用。基于这一目的和原因，综合考虑气候变化、工农业和生活取用耗排水、大型水库的调蓄作用、多水库联合控制作用以及其他主要人类活动，以控制性水文站观测断面作为控制节点，以水文实测资料作为判断标准，耦合系统观测实验研究成果，采用SWAT模型等分布式模型构建方法，构建分布式人水关系（DHWR）模型（Distributed Human-Water Relationship model）。

与一般SWAT模型建模不同的是，DHWR模型更加关注人类活动的影响作用，要植入大量的人类活动，并转化为参数输入。比如，点源污染源、水库调节、灌溉过程、调水工程、用水过程等。采用的方法是把每项人类活动看成一个模块单元，调用各种数据作为模型输入，建立水循环转换过程，融入分布式模型中。

[举例] 某流域分布式人水关系模型（DHWR）。具体结构如图3.5所示。这

里所使用的模型为 ArcGIS 所搭载的 ArcSWAT 系统。模型驱动需要空间地理数据和属性数据的输入。模型所需的数据包括数字高程数据（DEM）、土地利用类型数据、土壤类型数据、气象数据以及水文数据等。其中，DEM 数据用于生成河网水系和划分子流域及水文响应单元（数字水系图用于修正模型河网）；土地利用类型数据包括土地利用类型栅格图和土地利用模型参数；土壤类型数据包括土壤类型栅格图和土壤属性数据，用于确定模型下垫面条件；气象数据包括研究区气象站点数据以及气象站的降雨、温度、太阳辐射数据等，用于流域降水过程模拟；水文数据包括流域各水文站的径流观测数据、各水库属性数据等，用于流域水文循环模拟。再按照模型求解、参数率定及验证等步骤。如果模型模拟精度较高，结果较好，所得结果合理可靠，就可以使用。

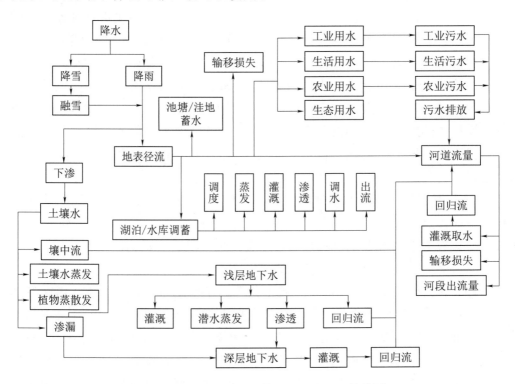

图 3.5　分布式人水关系模型（DHWR）结构图

3.2.3.3　应用前景分析

在认识、分析人水关系中，采用模拟方法无疑是一个非常好的途径，既可以仿真再现人水系统现状，也能模拟预测未来发展变化趋势；既能充分利用已知信息，又能智慧展现缺资料情况下的人水系统状况。在十分复杂的人水系统研究中，模拟方法具有绝对的优势。

模拟方法的应用非常多，在以往的水文模型建模中涌现出大量的成熟模型和应用实例，为人水关系模拟奠定基础。但是由于水文模型主要基于水文分析，对水循环模拟得较多，对人类活动以及人水关系作用过程关注得不够，在此方面的模拟存在一定的局限性，因此，急需要加大对人水关系模拟方法的研究。

3.2.4 调控方法

3.2.4.1 提出背景

当人水关系状态不理想时，需要对人水关系进行调控，来改善其状况，这就是人水关系调控。广义上讲，所有应用于协调人水关系的方法都属于人水关系调控方法，比如，水资源优化配置、水库优化调度、水量-水质-水能-水生态联合调度。调控方法的大致思路是：提出调控目标（单一目标或多目标集成）和准则，通过调整主要的控制指标，优选出多种人水关系状态下的调控方案。

在现实的人水系统中，由于不同因素的影响，经常会出现不可接受的人水关系状态。通过评估方法，可以评估其所处的水平或状态。特别是现代人水关系条件下，由于人类活动加剧特别是人类自我控制有限，对自然界的肆意改造，带来非良好的人水关系，需要进行科学调控以实现人水关系发展目标，这对人类发展、水系统健康循环、水资源可持续利用都是非常重要的。因此，提出和研究调控方法对科学改善人水关系具有重要意义。

3.2.4.2 主要方法介绍

目前关于人水关系调控的专门研究不多，但可以纳入调控研究的相关成果非常多，比如水资源配置、河流分水、水库调度、水库群联合调度、洪水调节与调度、抗旱应急调度等。如果把这些内容都纳入到调控方法的研究范畴，其研究成果就非常多了。下面主要介绍专门针对人水关系调控的研究方法。

（1）协调发展模型方法。将城市人口预测、投入产出、水环境污染、水平衡分析等子模块整合为一个新的耦合模型，在人口、经济发展、水资源供需、水环境和水生态的演变分析及趋势预测基础上，进行多目标导向下的多方案调控，最终确定经济社会与水系统协调的发展方案。

（2）水资源配置模型方法。在满足人口增长、经济发展的基础上，分配有限的水资源；在保证水资源可持续开发利用的基础上，实现综合效益的最大化。相关研究起源于水量的优化配置及调度，逐渐发展至水量-水质的联合配置调度，研究方法由单一的线性规划模型向非线性、多方法耦合模型发展，目标函数也由单一目标向多目标多层次集成目标转变。该方法也属于3.2.5节将要介绍的优化方法的研究内容。

（3）和谐调控方法。笔者于2012年提出的和谐调控方法[11]，是在和谐评估的基础上，针对重要影响因素，采取调控措施以提高和谐度。比如，针对一个流域的人水和谐调控，首先要对这个流域的人水和谐水平进行评估，定量判断是和谐还是不和谐以及和谐状况；其次，如果出现不和谐状况，人们再去调控使其不断走向和谐状态，最终实现人水和谐目标。和谐调控方法有简单和复杂两种思路：

一种是简单思路。即按和谐度大小、约束等直接筛选确定调控方案，即根据和谐度大小先选择和谐行为集，再根据对和谐问题的全部要求筛选确定最终的和谐行为集，据此确定满足要求的调控措施。另一种是复杂思路。即建立调控模型，求解得到最优方案，以此作为满足约束条件和最优目标要求的调控措施。详细方法介绍可参考文献 [2] 和文献 [11]。

[举例] **2 个区域共用一个水源地的水资源分配问题。** 已知有 2 个分区，编号为 1 分区、2 分区；总可供水资源量为 5.20 亿 m^3，原达成的分水比例为 6:4；目前总人口数量为 205 万人，其中 2 个分区分别为 138 万人、67 万人；2 个分区平均每立方米水带来的总产值分别为 98 元/m^3、123 元/m^3。求和谐度最大的一种水资源分配方案。

针对这个和谐问题，假定考虑两个和谐因素，一是分水和谐因素，即考虑水资源分配的要求，其和谐规则是以分水比例为依据；二是效益和谐因素，即考虑水资源带来的效益要求，其和谐规则是以人均产值相等为依据。

（1）针对第一个和谐因素（即分水和谐因素）的和谐度计算，采用下面方法计算其和谐度[2]：

假设 1 分区、2 分区的分配水量为 Q_1、Q_2。如果 $Q_1:Q_2=6:4$，则其和谐度 $HD_1=1$。

假如 $Q_1:Q_2>6:4$，则令 $G_1=\frac{6}{4}Q_2$，$G_2=Q_2$

假如 $Q_1:Q_2<6:4$，则令 $G_1=Q_1$，$G_2=\frac{4}{6}Q_1$

计算和谐度：$HD_1=\frac{G_1+G_2}{Q_1+Q_2}$

（2）针对第二个和谐因素（即效益和谐因素）的和谐度计算，采用下面方法计算其和谐度：

假定 2 个分区的人均产值分别为 x_1、x_2。如果 x_1 与 x_2 相等时，则其和谐度 $HD_2=1$。

假如 x_1 与 x_2 不相等，$x_1>x_2$，则计算和谐度 $HD_2=\frac{2x_2}{x_1+x_2}$

假如 $x_1<x_2$，则计算和谐度 $HD_2=\frac{2x_1}{x_1+x_2}$

（3）再采用等权指数权重加权计算方法，考虑两个和谐因素的多因素和谐度计算方法。计算和谐度 HD 公式为：$HD=\sqrt{HD_1 \cdot HD_2}$。

表 3.7 列出了 10 个方案的计算结果，每个方案有 2 个分区的分水量数据。按照第一个和谐因素（分水和谐因素）、第二个和谐因素（效益和谐因素）的和谐度

计算公式，得到每个方案的单因素和谐度，再根据等权指数权重加权计算得到最终的多因素和谐度。

表 3.7　　　　　　　　　　分方案计算的和谐度一览表

方案编号	1分区分水量/亿 m³	2分区分水量/亿 m³	第一个和谐因素的和谐度	第二个和谐因素的和谐度	多因素和谐度
1	2.6	2.6	0.8333	0.8869	0.8597
2	2.7	2.5	0.8654	0.9250	0.8947
3	2.8	2.4	0.8974	0.9635	0.9299
4	2.9	2.3	0.9295	0.9977	**0.9630**
5	3	2.2	0.9615	0.9586	0.9600
6	3.1	2.1	0.9936	0.9191	0.9556
7	3.2	2.0	0.9615	0.8792	0.9194
8	3.3	1.9	0.9135	0.8390	0.8754
9	2.91	2.29	0.9327	0.9938	0.9628
10	2.89	2.31	0.9263	0.9984	0.9617

表 3.7 所列的 10 个方案，基本反映了和谐度变化的过程。首先，按照等分的分水比例，计算多因素和谐度（方案 1）；其次，判断 2 个分区的分水量变化的方向，使多因素和谐度增大，寻找最优方案的大致范围（按照分水量步长 0.1 计算），搜寻到方案 4 和谐度最大（指按 0.1 步长方案中的最大值），这时，2 个分区的分水量分别在 2.9 亿 m³、2.3 亿 m³；最后，分别在方案 4 的分水量前后变化（步长缩小到 0.01），经计算对比，得到最大和谐度的方案仍为方案 4，即 2 个分区的分水量分别为 2.9 亿 m³、2.3 亿 m³，和谐度为 0.9630，属于"基本和谐"，接近完全和谐状态。

3.2.4.3　应用前景分析

人水关系复杂，人们对其认识难以完全摸清楚，对其采取的调控措施也很难完全准确"对症"，这就带来人水关系调控的困难，但又经常遇到科学调控的现实需求。因此，调控方法具有广阔的应用前景。

目前，调控方法的应用非常多，主要还是比较具体的调控问题的研究，比如，水资源优化配置、水库调度、地下水位恢复、水环境保护与水生态修复等。因为人水关系的复杂性，带来对其研究上的困难。总体来说，目前对人水关系调控的研究深度不够，还存在一定的局限性。因此，急需要加大对人水关系调控方法及其应用的研究。

3.2.5　优化方法

3.2.5.1　提出背景

人水关系研究的优化方法大多是基于优化模型实现的，与调控方法存在一定的交叉，比如调控方法中的水资源配置模型、和谐调控，就用到优化方法构建优化模型。在某些约束条件下，决定某些可选择的变量应该取何值，使所选定的目标函数达到最优或近似最优。即运用最新科技手段和优化处理方法，使系统达到总体最优，从而为人水系统提出设计、施工、管理、运行的最优方案，这就是人水关系优化。

由于实践中广泛需求和计算技术快速发展，优化方法的研究及应用发展迅速。如果向前追溯，优化方法在历史上就已存在。比如，17 世纪，牛顿在微积分中提出求解具有多个自变量的实值函数的最大值和最小值的方法，以及求解具有未知函数的函数极值，都是较早的优化方法。当然，优化方法主要是近几十年发展起来的，伴随着数学方法和计算机技术的发展而快速发展，形成了多种多样的优化方法，已广泛应用于经济、社会、军事、地理、工程建设、资源管理等许多个领域。

3.2.5.2 *主要方法介绍*

人水关系研究用到的优化方法大多是基于优化模型实现的，因此，下面主要介绍基于模型的优化方法。

（1）传统优化方法。包括单目标和多目标优化，一维、多维有约束、无约束优化方法，离散变量优化方法。单目标问题通常采用线性规划求解。对于多目标问题，一般通过赋予各目标权重、转换为单目标进行求解。其中，权重的确定方法有熵权法、层次分析法、灰色理论、模糊偏好方法等。传统优化方法通常仅可求得一个最优解，难以处理复杂的非线性问题。

（2）不确定性条件下的优化方法。不确定性在人水系统中普遍存在，如随机性、模糊性、灰色性等其他多重不确定性。比如：期望值模型，不确定变量都有数学期望，可通过极大化不确定目标函数的数学期望来减少不确定性。这类优化方法中包含不确定性的处理方法，在此基础上构建优化模型。

（3）现代优化算法。主要以智能优化算法为主。人水系统极为复杂，智能优化算法可克服传统算法的求解困难或运算缓慢的问题。比较成熟的方法有：①遗传进化算法。模拟生物自然进化来寻求最优解。可直接对优化目标进行操作，同时有效地进行全局的概率搜索，具有极大的灵活性及优异的全局观。对特定问题或条件的适用性强，但参数设置有局限性，计算量不稳定。②粒子群算法。基于生物学的生物群体模型，模仿群体行为机制。③蚁群算法。模拟蚂蚁寻找食物路径的启发式仿生算法，易耦合其他方法、抗变换性较强，可进行分布式并行计算。其他还有人工鱼群算法、狼群算法、基于云模型的进化算法等。这类优化方法已经越来越重要，其应用也越来越广泛，特别是随着计算机技术的发展，很多算法已开发了通用的计算软件，方便不同专业和不同水平的人使用。

［举例］约束条件下效益最大的水资源优化分配。已知有 2 个区，编号为 A

区、B 区，总可供水资源量为 5.20 亿 m^3。A 区的工业用水量带来的产值为 300 元/m^3，农业用水量带来的产值为 10 元/m^3；B 区的工业用水量带来的产值为 400 元/m^3，农业用水量带来的产值为 6 元/m^3。要求：2 个区合计农业用水总量不能低于总可供水资源量的 60%，每个区的农业用水量不能低于该区总供水量的 60%，每个区的总供水量不能低于总可供水资源量的 30%。求效益最大时水资源优化分配方案。

设：A 区的工业用水分配水量为 x_1、农业用水分配水量为 x_2，B 区的工业用水分配水量为 y_1、农业用水分配水量为 y_2。则有目标函数：

$$F(x) = \max(300x_1 + 10x_2 + 400y_1 + 6y_2)$$

根据已知要求，有下列约束条件：

$$x_2 + y_2 \geqslant 5.2 \times 60\%$$
$$x_2 \geqslant (x_1 + x_2) \times 60\%$$
$$y_2 \geqslant (y_1 + y_2) \times 60\%$$
$$x_1 + x_2 + y_1 + y_2 \leqslant 5.2$$
$$x_1 + x_2 \geqslant 5.2 \times 30\%$$
$$y_1 + y_2 \geqslant 5.2 \times 30\%$$
$$x_1, x_2, y_1, y_2 \geqslant 0$$

由以上目标函数、约束条件组成了线性规划模型，求解该优化模型得到如下最优解：

$x_1 = 0.624$，$x_2 = 0.936$，$y_1 = 1.456$，$y_2 = 2.184$，目标函数 $F(x)$ 最大值等于 792.064。

3.2.5.3　应用前景分析

人水关系调控相关工作的核心内容，基本是寻找其优化方案，因此，优化方法在人水关系学中具有广阔的应用前景。

优化方法的应用实例非常多，有些是综合性的优化方案寻找，比如，水资源优化配置、人水和谐优化调控、水生态文明建设优化途径、水利高质量发展路径优选、水网布局优化等，总体问题比较复杂，优化模型构建和计算也比较困难。有些是某一单一优化方案的选择，比如，水文站网优化布局、水库优化调度、地下水开采井优化布局、灌溉渠系优化设计、水电站优化运行、水资源系统优化管理等。

3.3　人水关系研究的技术方法

3.3.1　水灾害防治技术

3.3.1.1　提出背景

水灾害防治是保障人类生存安全的基础，也是人类与水灾害作斗争的主要内容。自古以来，人类就从来没有停止与自然界水灾害作斗争。洪水、风暴潮、内涝、泥石流、干旱等自然水灾害频发，经常带来严重的生命和财产损失，已成为人类生存和可持续发展面临的严峻挑战。当然，人类面对水灾害现象，并不是束手无策的，自古以来已经做出了可歌可泣的防治水灾害的事迹，总结了许许多多成功的经验，逐步形成了一系列水灾害防治技术，也成为科学调控人水关系的生动实例和重要场所。因此，系统总结水灾害防治技术对改善人水关系具有重要意义。

3.3.1.2　主要技术概述

针对不同类型的水灾害，采取的技术手段不同，总体来讲，大致包括三大类：预警预报技术、工程技术和防治技术。

（1）预警预报技术。是提前判断水灾害可能发生的时间、地点、规模等，使决策者和相关居民及时得到信息、提前采取措施，以确保生命财产安全。可谓"凡事预则立，不预则废"，特别是对大自然带来的灾害，因为其带来的后果非常严重甚至人类难以抗拒，更需要提前预警预报，及时做出规避灾害措施。2022年国务院办公厅印发了《国家防汛抗旱应急预案》（国办函〔2022〕48号），对江河洪水和溃涝灾害、山洪灾害、台风风暴潮灾害、干旱灾害、供水危机以及由洪水、风暴潮、地震等引发的水库垮坝、堤防决口、水闸倒塌、堰塞湖等次生衍生灾害的预警预报、应急预案作出了详细规定。当然，因为自然界的复杂性，做到准确预警预报确实很难，但仍要不断努力，研发更加有用的预警预报技术。一般的水旱灾害预警预报系统应包括数据观测、传输、处理与分析、发布预报和预警。

［举例］洪水预警预报技术。自20世纪80年代以来，我国洪水预警预报技术取得长足进步，业务体系日臻完善，特别是研发了气象水文预报耦合技术、人机交互式预报系统技术、预报调度一体化技术等，有效提高了洪水预报精度，延长了洪水预报的预见期。国家、省级行政区、七大流域、主要城市以及重点大型水库，几乎都研发了洪水预警预报系统，覆盖了全国绝大部分地区，为我国洪水灾害防治提供了有力支撑。

［举例］干旱预警预报技术。通过构建干旱预警指标体系，研究确定预警指标特征阈值，建立基于区域气候模式和分布式水文模拟的干旱预警预报模型，开展干旱识别、风险计算、干旱风险评估，对干旱进行预警和分析。随着干旱监测数据越来越全面，构建的干旱预警预报模型越来越接近真实状况，模型精度有了大幅度提升，基本满足干旱预警预报的要求，为我国干旱灾害防治做出了积极贡献。

（2）工程技术。修建水利工程，如水库、水闸、大坝、渡槽、渠道等调水蓄水，减弱或消除洪涝灾害或干旱灾害。工程技术主要包括：①工程规划技术，包括河道整治规划，堤防规划，水库规划，分洪、滞洪、蓄洪垦殖等规划，灌溉和排水工程规划，供水工程规划以及其他水利工程规划；②工程建设技术，包括水利工程的设计标准、勘测、工程水文与规划、工程布置及建筑物、机电与金属结构设计、消防安全、施工组织设计、环境保护、水土保持、劳动安全与工业卫生保障等；③工程维护技术，包括水利工程建筑物和设施的日常保养和修理，维持、恢复或局部改善原有工程面貌，保持工程设计功能。

[举例] **2022年长江抗旱应急水源工程建设**。2022年长江流域遭遇历史罕见大旱。2022年进入汛期以后，长江流域降雨、来水均严重偏少，江湖水位持续走低，多地出现农田干裂、水位创历史新低等情况，发生了1961年有完整记录以来最严重的气象水文干旱。具体旱情表现为：6—8月长江流域出现全流域中旱、部分地区重旱、局部地区特旱；8月为流域性重旱、部分地区特旱；8月下旬旱情高峰时期，农作物受旱面积达6632万亩，有81万人、92万头大牲畜出现因旱临时饮水困难。财政部下达中央水利救灾资金65亿元，支持旱区打井、修建抗旱应急水源工程、建设蓄引提调等抗旱应急工程、添置提水运水设备、补助补贴抗旱用油用电。

（3）防治技术。不同类型的水灾害，其防治技术不同。如：山洪灾害可采用山洪和泥石流沟、滑坡治理、水土保持、水库除险加固等技术进行防治。干旱灾害的防治技术包括节水灌溉、节水抗旱栽培技术、退耕还林（草）与还湖、保水剂和抗旱剂等化学抗旱技术。风暴潮和海浪灾害可通过建设海堤、防汛墙、海岸防护网等措施进行防治。泥石流防治可采取治水、治泥、修筑排导工程、植树造林、涵养水源、水土保持等措施。

[举例] **泥石流灾害防治**。泥石流灾害一般发生在山区沟谷中，由暴雨、大量冰雪融水或河湖、水库溃决等形成的急速水流冲击沟谷中大量泥砂、石块等固体碎屑物质，形成一种具有强大冲击力和破坏作用的包含泥、砂、碎石块的特殊洪流，由此造成的灾害。泥石流灾害遍布世界各地，我国泥石流分布十分广泛，带来的危害也极大。2010年8月7日，甘肃省舟曲县城东北部山区突降特大暴雨，降雨量达97mm，持续四十多分钟，引发泥石流长约5km，平均宽度300m，平均厚度5m，总体积750万 m^3，流经区域被夷为平地，遇难1481人，失踪284人，近半楼房被冲毁，造成震惊世界的甘肃舟曲"8·7"特大泥石流灾害。泥石流的活动强度主要与地形地貌、地质环境和水文气象条件有关，呈现突发性、群发性、严重性特点。因此，研究泥石流灾害防治非常重要，也非常困难。除前面介绍的预警预报技术、工程技术外，应加强防治技术研发和应用，包括：①灾害前，预防为主、避让与治理相结合。安全选择建设场地，尽可能避开泥石流可能波及的区域。采取锚桩和排水等工程措施，增加山体稳定性。稳定沟岸，减少泥石流的松散固体物质的来源。修建拦挡坝，减少泥石流的冲击和影响。建设水土保持工程，减少水土流失。②灾害发生时，加强观测，紧急逃生、避险。泥石流暴发突然猛烈，较难准确预报，且易造成较大伤亡。因此，要做好泥石流的科普工作，

学会及时判别，采取正确的方法逃生、避险。③灾害后，应急与自救。发生泥石流灾害后，一定要沉着冷静，及时上报，做好自身的安全防护工作，有组织地开展自救互救。

3.3.1.3　应用前景分析

一方面，洪水、风暴潮、内涝、泥石流、干旱等水灾害现象十分普遍，是与人类共存的最普遍的一类灾害。自古以来，人类就从来没有停止与自然界水灾害作斗争。另一方面，水灾害危害较大，甚至危及生命安全。长期以来，水利科技工作者和广大人民群众总结了大量的水灾害防治技术，对改善人水关系起到非常重要的作用。当然，水灾害防治技术还在不断发展中。且随着人类活动越来越深入、越广泛，遇到的水灾害问题也会越来越普遍。因此，可以肯定，水灾害防治技术会具有更加广阔的应用前景。

3.3.2　节水技术

3.3.2.1　提出背景

水资源是有限的，但经济社会用水需求不断增加，在没有其他水源又不影响生态系统用水的情况下，只有加强节水才能实现供需水平衡。节水是提高水资源利用效率、避免水资源浪费的优先选项和第一举措。我国是一个缺水国家，提出了"节水优先"的治水思路，即通过行政、技术、经济等手段，提高用水效率，改进用水方式，调整用水结构，加强用水管理，科学、合理、有计划、有重点地用水。其中，通过节水技术应用达到节水目标，具有重要的现实意义。

2019 年 4 月，国家发展和改革委员会、水利部联合印发了《国家节水行动方案》，要求"强化科技支撑，推广先进适用节水技术与工艺，加快成果转化，推进节水技术装备产品研发及产业化，大力培育节水产业"。

3.3.2.2　主要技术概述

（1）农业节水。农业用水是农、林、牧、副、渔业等各部门和乡镇、农场企事业单位以及农村居民生产用水的总称。在农业用水中，以灌溉用水为主要。农业用水一直是我国用水大户，占 60% 以上。开展农业节水不仅仅能节约大量水资源，还能够改善种植结构、稳产、提高用水效益。

1）工程节水技术。包括输水工程、灌水工程、集水工程三类。输水工程中有渠道防渗技术、管道输水技术等。渠道防渗技术是我国当前农业节水技术推广的重点，目前主要采用混凝土衬砌、浆砌石衬砌、预制混凝土与土工布复合防渗等技术。采用渠道防渗技术后，可使渠系水的利用系数从 0.4～0.5 提高到 0.75～0.85。管道输水技术主要在我国北方井灌区应用较多，主要采用塑料管（硬管、软管）和混凝土管进行输水，水的利用系数可提高到 0.95，大大减少了水的损耗。灌水工程中有喷灌技术、微灌技术、膜上灌技术等。喷灌技术是利用专门的设备，把有压水流喷射到空中，并散成水滴，像天然降雨一样，湿润土壤，供植物吸收。

微灌技术是将水和肥料浇在作物的根部，它比喷灌更省水、省肥。膜上灌技术是利用地膜在田间灌水，水在地膜上流动的过程中通过放苗孔或膜缝慢慢地渗到作物根部。集水工程中有拦河引水、修建塘坝、方塘、大口井等技术措施。

2）生物节水技术。是利用和开发生物自身生理和基因潜力，以实现节水。比如，选用或培育耐旱的作物品种，减少用水量又能产生更大的经济效益；再比如，根据不同作物的需水量、需水临界期制定灌溉计划，进行科学换茬、轮作、套作，既提高用水效益，又能增产。

3）农艺节水技术。是通过农艺技术措施，提高水利用效益，实现节水增收，达到农业节水的目的。比如，耕作保墒技术，采用深耕松土、中耕除草、改善土壤结构等耕作方法，疏松土壤，增强雨水入渗量，提高土壤水的利用率。再比如，覆盖保墒技术，在耕地表面覆盖塑料薄膜、秸秆或其他材料，可以抑制土壤蒸发、减少地表径流、增强土壤肥力，实现节水增产。

4）化学节水技术。是利用化学物质实现增强土壤保水能力、抑制土壤水分耗散、减少植物奢侈蒸腾、高效利用水资源，达到农业节水的目的。比如，采用植物生长调节剂、抗旱型种子包衣剂和保水剂、土壤结构改良和保墒剂等。

5）管理节水技术。是通过提高灌溉管理水平，采用科学的灌溉方式，达到节水的目的。主要包括：土壤墒情监测与适时适量灌水技术、节水灌溉制度优化选择技术、灌区量水与输配水调度技术、水价改革和水资源综合管理等。

[举例] 农田地膜覆盖保墒技术。是在播种作物的农田地面，覆盖一层聚乙烯塑料薄膜，保持住土壤里适合种子发芽和作物生长的湿度。农田地膜覆盖是一种人工调控土壤和作物间水分条件的栽培技术，塑料薄膜可有效地抑制土壤水分的无效蒸发，可减少无效蒸发80%以上，是提高农田用水效率的有效措施之一。地膜覆盖的方式有：行间覆盖、根区覆盖、平作覆盖、畦作覆盖、垄作覆盖、沟作覆盖。地膜覆盖的技术要点：选用无色、透明、超薄塑料薄膜；铺膜前要浇好水，足墒播种，施足底肥，平整好土地；播种后用机械或人工铺膜；地温回升后，在膜上打孔放苗出膜；根据作物情况和气候条件确定揭膜时间，捡净残膜，避免污染农田。

（2）工业节水。工业用水是工矿企业用于制造、加工、冷却、空调、净化、洗涤等方面的水。一方面，工业用水消耗掉水资源量；另一方面以废水的方式排入自然界，污染水环境。因此，加强工业节水，既减少用水量，又减少对自然界的污染，具有非常重要的意义。

1）重复利用水技术。通过建设循环用水系统、串联用水系统和回用水系统，优化企业循环用水网络系统，推广蒸汽冷凝水回收再利用、外排废水回用和"零排放"技术，提高水的重复利用率，是工业节水的首要途径。

2）工艺节水技术。是通过优化生产原料、革新生产工艺和设备，改进耗水型工艺，采用少水或无水生产模式，减少工业用水量，提高水的利用效率。比如，通过安装新型高效换热器，优化换热流程和换热器组合，减少冷却用水量；采用干冰清洗、微生物清洗、喷淋清洗、水汽脉冲清洗、高压水洗、振荡水洗等技术，减少洗涤用水量；采用超临界水处理、光化学处理、新型生物法、活性炭吸附法、膜法等技术，提高污水处理率和处理效果，减少污水排放量。

3）管理节水技术。是通过科学计量、用水定额控制、总量控制、水价和罚款等经济杠杆、行政处罚和政策扶持等管理措施，达到节水的目的。比如，强制要求重点用水系统和设备配置计量水表和控制仪表，可以有效限制用水量，实现限时控制、水压控制、水位控制、水位传感控制，监控用水总量和用水定额。

[举例] **工业冷却节水技术。**工业冷却水是用水作为冷却剂，通过循环使用，让水吸收热量不断散开，而不至于让机械温度太高。水的比热容大，稳定性好，无毒无害无腐蚀，极易获得，是工业生产最好的冷却剂。工业冷却用水量较大，推广应用高效冷却节水技术是工业节水的重点。比如，研发新的工业生产高效换热器，提高换热效率，减少冷却用水量；推广应用高效环保节水型冷却塔，采用用水量少的冷却池、喷水池等冷却构筑物，优化循环冷却水系统；采用冷却水深度处理和循环利用技术，提高冷却水循环利用效率。

（3）生活节水。生活用水是人类日常生活及其相关活动用水的总称。生活用水直接关系到人类身体健康和生活质量。生活用水对水质的要求较高，供水的保证率较高，应放在所有供水顺序的第一位。

1）分质供水。是把供水系统分为饮用水、非饮用水两套供水系统，实现饮用水和生活用水分质、分流，实现优质优用、低质低用的目的。非饮用水供水系统采用经过处理后的中水，用于厕所或车辆冲洗、景观用水。

2）"中水"回用。对部分生活污水或其他来源的水，经处理后再回用，既减少了污水排放量，又增加了水源，是实现生活节水、解决缺水的有效途径。

3）推广节水器具。比如，节水型水嘴、节水型便器、节水型便器冲洗阀、节水型淋浴器、节水型洗衣机等。

3.3.2.3 *应用前景分析*

水是事关国计民生的基础性自然资源和战略性经济资源，是生态环境的控制性要素。我国人多水少，水资源时空分布不均，供需矛盾突出，全社会节水意识不强、用水粗放、浪费严重，水资源利用效率与国际先进水平存在较大差距。因此，需要大力推动全社会节水，全面提升水资源利用效率，形成节水型生产生活方式，保障国家水安全。

节水是永恒的话题，"节水优先"是处理人水关系矛盾的第一选项。节水技术具有广阔的应用前景，亟待推广先进适用节水技术与工艺，通过节水技术创新引领，节约用水量，提高用水效益，建设节水型社会。

3.3.3 水污染治理技术

3.3.3.1 提出背景

由于人类活动导致某些物质进入水体，使水体的化学、物理、生物或者放射性等特性发生改变，从而造成水质恶化，影响水的有效利用，危害人体健康或者破坏生态环境。这类因人类活动导致水体污染带来的人水关系问题，是比较常见的一类容易引起人水矛盾的问题。水污染治理技术是针对水污染问题采取的治理技术措施，是解决水污染问题、支撑人水关系良性循环的一类常见技术。

3.3.3.2 主要技术概述

水污染治理技术很多，大致可以分为以下类型：物理治理技术、化学治理技术、物理化学治理技术、好氧生物治理技术、厌氧生物治理技术、自然生物治理技术等。

（1）物理治理技术。即基于物理学原理进行水污染治理，可细分为调水冲污、控源截污、污染物分离、清淤疏浚等技术。调水冲污，是调来水质好的水来稀释被污染的水体，使水体的水质指标达标，但污染物总量并没有减少，所以有些学者反对这种治理方法。控源截污，是从源头上减少污染物总量，采取截污措施，不让污染物进入水体，这是一种非常有效的污染治理措施。污染物分离，是借助物理作用分离和除去污水中不溶性悬浮物，或者过滤分离污水、重力分离污水，除去污水中可分离的污染物。清淤疏浚，是采用人工措施把沉积在河道、水库、湖泊等的底泥清除，从而达到既除去污染物，又疏浚河道或其他水体的目的。

（2）化学治理技术。是通过化学反应，使污染物改变性质，转变为气态或固态，进而从水中除去，比如，电化学、声化学、药剂法、氧化还原法等技术。电化学技术，是通过特定的电极引起一系列的化学反应，从而使废水中的污染物进行降解或分解为其他无害的物质，这是一种较为成熟、应用较广的水处理技术。声化学技术，是运用超声波，对污水中的有机污染物进行分解或者降解，达到治污的目的。药剂法技术，是采用特殊化学药剂，对污水中的污染物进行分解或者降解，从而去除污染物。氧化还原法，是利用氧化剂或还原剂，比如氯、臭氧或二氧化氯，去除水中有害物质。

（3）物理化学治理技术。是综合物理作用和化学反应，进行水污染治理，比如，膜分离技术、离子交换分离技术、萃取法分离技术等。膜分离技术，是利用特殊薄膜对液体中的某些成分进行选择性透过，去除其中的污染物，从而达到污水处理目的。膜分离技术主要有透析、超滤、反渗透、微滤、电渗析、液膜、气体渗透和渗透蒸发等技术。离子交换分离技术，是利用交换剂与溶液中的离子发生交换，从而分离去除污染物。萃取法分离技术，是利用溶质在互不相溶的溶剂里溶解度的不同，用一种溶剂把溶质从另一溶剂所组成的溶液里提取出来，从而达到分离去除的目的。

（4）好氧生物治理技术。是利用好氧微生物（包括兼性微生物）在有氧条件下进行生物代谢，以降解有机物，减少有机污染物，达到水污染治理的目的。其类型有活性污泥法、好氧生物膜法两大类。活性污泥法，是以活性污泥为主体的废水生物处理技术，是将废水与活性污泥（微生物）混合搅拌并曝气，使废水中的有机污染物分解，生物固体随后从已处理废水中分离，并可根据需要将部分回流到曝气池中。活性污泥法是处理城市污水最广泛应用的一种方法。好氧生物膜法，是利用附着在载体表面生长的微生物，即生物膜的代谢作用，通过微生物的吸附和转化，去除有机物，主要适用于处理溶解性有机物。

（5）厌氧生物治理技术。是在厌氧条件下，兼性厌氧和厌氧微生物群体将有机物转化为甲烷和二氧化碳，以降解有机物，减少有机污染物，达到水污染治理的目的。其类型有厌氧污泥法、厌氧生物膜两大类。厌氧污泥法，是利用有机物被厌氧分解，将污泥中的可生物降解的有机物分解，产生大量的高热值的沼气作为能源利用，使污泥资源化，是对有机污泥进行稳定处理的常用方法。厌氧生物膜法，是利用在厌氧反应器中增加过滤膜，实现厌氧活性污泥与污水的分离。

（6）自然生物治理技术。是利用水体与土壤的天然净化能力与人工强化技术相结合，将有机物分解，减少污染物，达到水污染治理的目的。其常用技术有稳定塘法、土地处理系统。稳定塘法，是利用建设的污水池塘，通过物理、化学和生物作用对污水进行自然净化，从而实现污水的无害化、资源化和再利用。土地处理系统，是将污水有控制地投配到土地上，通过土壤-植物系统物理、化学和生物的吸附、过滤与净化作用，使污水中的污染物得以降解、净化，从而实现污水的营养物质和水分再利用，又减少了污染物。

［举例］**淮河水污染治理。** 淮河流域位于我国东部，介于长江流域和黄河流域之间，总面积为 27 万 km^2，是中国第六大流域。淮河处于我国南北气候的分界线，既有南方气候的某些特征（如盛夏酷热），又有北方气候的一些特点（如蒸发量比南方大），气候四季分明，天气变化剧烈。区位优势较明显，在我国国民经济中占有十分重要的地位，是我国的主要农产品基地之一。淮河流域是全国七大流域中人口密度最大的流域，单位面积上人口数是全国平均值的 4.5 倍，但人均 GDP 低于全国平均水平。因为淮河流域人口密度大、生产力水平比较粗放，经济基础较差，工业化和城市化水平都比较低，其水环境问题历来是流域发展的后遗症。20 世纪 80 年代，随着流域经济快速发展和城市化进度加快，流域水体污染日趋严重，水污染事件时有发生。从 1989 年淮河发生第一次重大污染事故以来，我国政府一直高度重视淮河污染防治问题。经过"九五""十五"等十多年的整治，淮河水质有所好转，但污染事故仍屡屡发生，重大污染事故发生年份为 1989 年、1991 年、1992 年、1994 年、2001 年、2002 年和 2004 年。2005 年水质符合Ⅲ类的河流

仅占32%，淮河流域水污染问题依然严峻。经过"十一五""十二五""十三五"国家水体污染控制与治理专项的科技支持，淮河流域各省份的共同努力，淮河流域保护治理的现代化水平得到全面提升，防洪除涝减灾能力大幅度提高，水生态水环境保护力度显著加大，水环境污染得到明显改善。

3.3.3.3　应用前景分析

人类活动排放污染物是必然结果，但如何让其不污染水体，或者保障其在允许的水环境承载范围内，是水环境保护的目标，也是人类可持续发展的基础。为了实现这些目标，需要采用大量的水污染治理技术。且随着人类活动的加剧，人类影响水环境的程度会越来越深入，人类对水环境质量的要求也越来越高。因此，需要革新更加先进的水污染治理技术，水污染治理技术会有更加广阔的应用前景。

3.3.4　水生态修复技术

3.3.4.1　提出背景

生命起源于水中，水是一切生物的重要组分。水生态是以环境水因子为纽带形成的、水与生物组成的、相互作用、相互适应的系统。一切有生命的生物体，包括人类在内，都不可能离开水，都需要一个健康的水生态系统。此外，健康的水生态系统是保障流域或区域经济社会可持续发展、支撑生态文明建设的重要基础。然而，由于人类活动和气候变化的影响，水生态系统常出现环境污染加重、生物多样性下降、生态质量变差、生态系统恶化等不健康状态，这对水生态系统乃至自然界都是不利的影响，甚至会出现灾难性后果。因此，非常有必要采用水生态修复技术对其进行修复，使其达到原有或超过原有水生态健康水平，使水生态系统形成良性循环。

3.3.4.2　主要技术概述

水生态修复技术，是通过一系列措施，将已经退化或损坏的水生态系统恢复、修复，使其基本达到原有或超过原有水生态健康水平，并保持长久稳定。通过保护、种植、养殖、繁殖适宜在水中生长的植物、动物和微生物，修理并恢复水体原有的生物群落结构和多样性、连续性，增强水体的自净能力，消除或减轻水体污染，修复水生态景观，提升资源的生产潜力，形成良性循环的水生态系统。

从大类上来分，水生态修复包括人工修复、自然修复两大类。其中，生态缺损较大的区域，以人工修复为主，并与自然修复相结合；生态不太差的区域，以保护和自然修复为主，人工修复主要是为自然修复起到"人工干预"，促进生态系统稳定发展。

水生态修复内容非常广泛，所采用的修复技术也多种多样，有些技术之间存在包含、交叉关系，很难一一区分和描述，下面仅介绍代表性的技术以供参考。

（1）人工增氧技术。是向水体中补充氧气，提高水体溶解氧的含量，提高水中生物特别是微生物的代谢活性，从而提高水体中有机污染物的降解速率，达到改善水质的目的。

（2）复合生态滤床技术。是在水体的人工浮板上安装一些过滤填料，对水体进行过滤吸附，从而达到改善水质的目的。复合生态滤床可以设计安装成多种形式，也发明有多种不同组合的过滤填料。

（3）人工湿地处理技术。是人工设计一个湿地，用土壤和填料混合组成填料床，并在床体表面种植抗水性强、成活率高、具有吸附作用、美观且有经济价值的水生植物，形成一个独特的生态系统，对水体进行过滤吸附。

（4）水生植物修复技术。是通过种植特殊的水生植物，利用植物的根、茎和叶对污染物进行吸收和转化，达到改善水质的目的。

（5）底泥生物氧化技术。是利用硝化和反硝化原理，在水体中人为形成强烈的硝化环境，在底泥中形成强烈的反硝化环境，通过硝化和反硝化过程，除去底泥和水体中的氨氮和耗氧有机物，同时通过底栖动物食物链转化，消减底泥和污染物。

（6）生物多样性调控技术。是通过人工措施，调控受损水体中生物群落的结构和数量，不断恢复水体的生物多样性，控制藻类的过量生长，改善水质，提高水体透明度，从而完善和恢复生态平衡。

（7）河道污染源生态拦截技术。是采取"外截""内治"的治理模式，在污染源入河口附近设置污染源生态拦截墙，拦截污染物；同时还可以在治理区域内，通过投放微生物，来吸收污染物，改善水体水质。

（8）河道生态修复再造技术。是采用河床再造、洪水脉冲、河道空间特征再造等河道修复措施，采用修建鱼道、设置乱石堆、基质恢复等河道内栖息地修复措施，以及仿造或修复受损水域生态的措施，依照水体生态系统自然规律，实现水生态健康循环。

[**举例**] **郑州市生态水系建设。**郑州市是河南省省会，国家中心城市，位于河南省中部偏北，东西长约 166km，南北宽约 75km，总面积为 7446.3km^2。郑州地理位置十分优越，历史源远流长，自古是战略要地，古为商代都邑，已有三千多年的历史。郑州地跨黄河、淮河两大流域，黄河流域占总面积的 27%，淮河流域占总面积的 73%。属北温带大陆性季风气候，四季分明，既有北方气候特征，又有南方气候特征，春季干燥少雨，夏季炎热多雨，秋季天气多变，冬季寒冷多风。郑州本地水资源量极度匮乏，多年平均当地水资源量为 11.26 亿 m^3，人均水资源量约为 124m^3，低于河南省和全国人均水资源量，是我国北方地区典型的资源型和水质型缺水并存的城市。由于降水偏少且时间分布不均，郑州域内多数河流生态基流匮乏，河道补水多为雨水、生活污水及工业废水，河流水生态环境质量长年较差。郑州早在 2006 年就启动了生态水系建设规划，2007 年 6 月开始实施，2020 年基本建设完成。规划按照"水通水清、健康安全、生态环保、人水和谐"

的理念，以郑州周边6纵6横12条河渠（"6纵"指索须河、金水河、熊耳河、七里河及其支流十八里河和支流十七里河、潮河，"6横"指枯河、贾鲁河、贾鲁支河、东风渠、南水北调中线总干渠、南运河）、7中5小12座水库（"7中"指唐岗、丁店、楚楼、河王、常庄、尖岗、后胡7座中型水库，"5小"指刘沟、郭家嘴、刘湾、小魏庄、曹古寺5座小型水库）、3个湖泊（指西流湖、龙湖、龙子湖）、2块湿地（指郑州黄河湿地、中牟雁鸣湖湿地）为规划主线，建设完善的城市供水系统，确保供水安全；沟通规划区内河湖水系，加强水循环；推进中水回用，提高水资源利用率；融城市水系、绿化建设于一体，形成一个"水宁、水清、水活、水美"的水域靓城。

3.3.4.3　应用前景分析

在人类活动越来越普遍、越来越丰富的情况下，水生态系统受到越来越多的影响，有些是可接受的影响，有些是需要修复和改善的影响。因此，水生态修改技术具有越来越广阔的应用前景。水体生态修复不仅包括开发、设计、建立和维持新的生态系统，还包括生态恢复、生态更新、生态控制等维持或保护原有的生态系统，需要的技术手段也非常丰富，仍是水生态系统研究和水污染治理的重要研究方向之一。

3.3.5　水利信息化技术

3.3.5.1　提出背景

人水关系研究的重要工作基础，是从人水系统中获取大量的信息，而实际上人类对自然界和人类社会自身的认知非常有限，这也是人水关系研究困难的根源。人水系统是一个复杂的系统，需要采用现代信息技术来监测和了解人水系统的各种信息，让更多的信息为人类服务。这是非常重要的工作基础。

现在是信息时代，一方面，涌现出大量的信息化技术，可以利用这些现代信息技术来监测和研究人水系统，提高认识人水系统和人水关系的能力和学科水平；另一方面，相关研究工作者需要及时掌握现代信息技术，才能把相关研究融入现代科技工作中。

3.3.5.2　主要技术概述

现代信息技术发展非常迅速，在人水系统中应用也非常广泛。下面只列举部分技术供参考。

（1）3S技术。3S技术是遥感技术（RS）、地理信息系统（GIS）和全球定位系统（GPS）的统称，通过3S技术可实现对人文系统及水系统的全方位、全天候、高精度的信息收集及高效处理，是人水系统中应用最广泛的一类现代信息技术。

（2）通信与网络技术。将地理分散、种类复杂、信息量大的数据进行安全高效传输和交换，最终形成水利信息网络。这是智慧水利发展的基础，是现代智慧化发展主要依托的信息技术。

（3）信息存储与管理技术。人水系统有海量的信息数据，需要存储和处理大量的信息数据，比如，各种各样的标准和规范、实验数据和曲线、计算图表等，需要计算机来进行管理和处理，需要海量存储服务器、数据库管理系统。

（4）决策支持系统。基于管理学、控制论、运筹学、行为学理论，运用信息技术、计算机仿真技术，对决策活动进行人机交互的智能支持。决策支持系统建设是水利信息化建设中最高层次的建设，可完成防洪、水资源规划、水环境修复、行政管理等智能决策支持。

（5）虚拟现实技术。通过计算机生成仿真虚拟环境，模拟洪水流动和淹没、云层流动、降雨过程、水资源利用、水循环过程等，也可用于水利工程设施的三维空间再现，生成一种可以让参与者具有视觉、听觉和触觉感受，虚拟展示人水关系各种作用过程和表现。

[举例] 水利4.0（智慧水利）。1949年中华人民共和国成立时，当时的中国贫穷落后，百废待兴，水利工作也几乎从零开始。基于对中华人民共和国成立以来水利发展阶段的分析，受工业发展阶段划分特别是"工业4.0"思想的启发，考虑水利工作的主导目标和主要治水思路，以最具代表性水利类型来命名水利发展阶段，笔者把中华人民共和国成立以来水利发展分为3个阶段，并推断下一个第4阶段，分别为水利1.0、水利2.0、水利3.0、水利4.0，对应阶段表征为工程水利、资源水利、生态水利、智慧水利阶段；提出下一个水利发展阶段"水利4.0"，应为智慧水利阶段。现代信息通信技术和网络空间技术为传统水利向智慧水利转型奠定基础。智慧水利整体框架（图3.6）描述为：①以充分利用信息通信技术和网络空间虚拟技术为主要手段，以水利工作智能化为主要表现形式。②实现水系统监测自动化、资料数据化、模型定量化、决策智能化、管理信息化、政策制度标准化。③集"河湖水系连通的物理水网、空间立体信息连接的虚拟水网、供水-

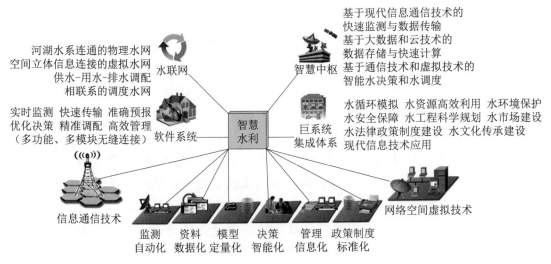

图3.6　智慧水利整体框架

用水-排水调配相联系的调度水网"于一体的水联网，是智慧水利的重要基础平台。④集"基于现代信息通信技术的快速监测与数据传输、基于大数据和云技术的数据存储与快速计算、基于通信技术和虚拟技术的智能水决策和水调度"于一体的智慧中枢。⑤集"实时监测、快速传输、准确预报、优化决策、精准调配、高效管理"于一体的多功能、多模块无缝连接系统，实现软件系统高度融合。⑥集"水循环模拟、水资源高效利用、水环境保护、水安全保障、水工程科学规划、水市场建设、水法律政策制度建设、水文化传承建设、现代信息技术应用"于一体的巨系统集成体系。

3.3.5.3 应用前景分析

随着计算机技术的快速发展，信息对整个社会的影响逐步提高到一种绝对重要的地位。现今时代是信息时代，已经融入所有的领域和人类生活的方方面面。当然，这也包括在水科学领域的应用，信息技术对水科学的影响同样占据绝对重要的地位。

水利信息化技术在人水关系学研究中具有广阔的应用前景，比如，利用地理信息系统、遥感、全球卫星定位系统（即 3S 技术）、计算机技术、水资源数据采集与传输技术、预测预报技术、数值模拟技术、数据库技术、科学计算可视化以及相关的流域数学模型，建立水管理信息系统，进行洪水预报、洪灾监测与评估、水利规划与管理，大型水利水电工程及跨流域调水工程对生态环境影响的监测与综合评价等。

第4章 人水关系学的主要研究内容

人水关系学的研究内容非常丰富，广义上讲，应包括所有与水和人有关联的内容，既包括针对水系统本身的研究，也包括人类各种活动用水、改造水系统的研究内容。当然，不可能把所有内容一一列举或介绍清楚，本章按照"作用机理、变化过程、模拟模型、科学调控、政策制度"五部分来简要介绍人水关系学的主要研究内容。

4.1 概述

4.1.1 主要研究内容及分类

人水关系学的研究对象是人水系统，面对的是非常复杂的研究领域，可以是宏观的全球水问题，也可以是微观的用水矛盾问题，其研究内容非常丰富。为了研究上的方便，本章对其研究内容进行分类介绍。

（1）从研究复杂性上分类，可以分为：复杂人水关系研究、简单人水关系研究以及介于二者之间的一般人水关系研究。比如，研究黄河流域水资源综合规划，就是一个十分复杂的全流域人水关系问题，需要综合研究经济社会发展用水、生态环境用水、工程建设等人类活动带来的水资源变化、气候变化影响以及水资源系统变化等多方面的内容。当然，因为其本身的复杂性，很难完全搞清楚这些复杂关系的本质，只能认为现阶段条件下的分析相对清楚。再比如，研究闸坝调度对下游河流水量、水质的影响，就是一个相对单一的人水关系问题，只要能通过一定的实验、监测和定量分析，把闸坝调度与下游河流水量、水质的关系定量模拟计算清楚，就算达到研究目标。

（2）从研究空间尺度上分类，可以分为：全球尺度、国家尺度、省级行政区尺度、流域尺度、城市尺度、小区域尺度等。比如，研究全球气候变化与人类活动之间的关系，属于全球尺度，相关的研究方向和实例很多；研究全国防洪规划、全国水生态健康保障体系、全国水土保持等内容，属于国家尺度；研究城市生态水系建设、城市防洪、城市供水等内容，属于城市尺度；研究农田灌溉与地下水位作用关系，属于小区域尺度的研究。

（3）从研究视角上分类，可以分为：宏观研究、微观研究以及介于二者之间的中观研究等。比如，研究国内生产总值与水资源利用之间的关系，属于宏观研究；研究农田灌溉地下水取水量与地下水位之间的关系，属于微观研究。

（4）从研究方向上分类，可以分为：作用机理、变化过程、模拟模型、科学调控、政策制度5部分。这种分类是从人水关系的研究内容上，按照研究方向进行分类，没有考虑复杂性、尺度、视角等因素。比如，在作用机理研究中，可能蕴含着复杂、简单问题，也可能包括不同的空间尺度，也可能是宏观研究，也可能是微观研究。

除以上4种分类外，还有其他分类方法。不同分类方法之间也存在着交叉关系，比如，宏观研究内容也可能存在复杂人水关系研究、简单人水关系研究，也可能存在全球尺度、国家尺度以及其他区域尺度。本章仅从研究方向上分类介绍人水关系学的主要内容。

4.1.2　不同研究内容之间的关联

如图4.1所示，描述了人水关系作用机理、变化过程、模拟模型、科学调控、政策制度5部分研究内容之间的关联。总体来看，作用机理研究是人水关系研究的基础，在此基础上派生出变化过程研究、模拟模型研究；在作用机理、变化过程、模拟模型研究的基础上开展科学调控研究；政策制度是实现人水关系科学调控的支撑条件和保障。各部分详细内容将在下面逐一介绍，为了介绍上的方便，主要以实例介绍为主。

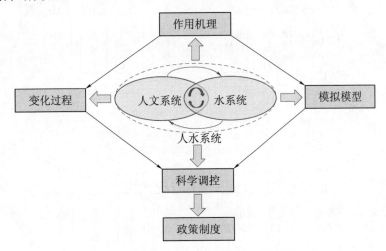

图4.1　人水关系学主要研究内容关联示意图

4.2　人水关系作用机理研究

4.2.1　人水关系作用机理研究综述

4.2.1.1　研究内容描述

人水系统涉及水资源与经济、社会、生态、环境等多方面的相互作用关系。

在人水系统中,既包含人文系统,也包含水系统;既包含自然水循环过程,也包含社会水循环过程。在研究人水关系时,既要考虑水循环规律,又要考虑经济社会发展内在规律,从而对人水关系的复杂作用机理进行综合分析和深入研究。

总体来看,人水系统以水循环为纽带,形成一个复杂的作用与反馈关系,共同支撑人类社会与自然界,通过调整人水关系来调控人与自然的关系,支撑实现人与自然和谐共生的目标,如图 4.2 所示。人文系统和水系统互为外部环境,在水循环过程中通过物质、能量、信息的输入和输出产生相互作用,两者相互依赖、相互影响。这是一个"周而复始"闭环状的相互作用和耦合系统,处在循环往复的作用与反馈当中。既可能是人文系统影响水系统属性后,水系统反作用于人文系统,促使人文系统发生改变;也可能是水系统变化影响人文系统后,人文系统又反作用于水系统,进而改变人文系统。如此循环作用,形成一个"你中有我,我中有你"相互作用和反作用交织、循环往复的动态作用过程。

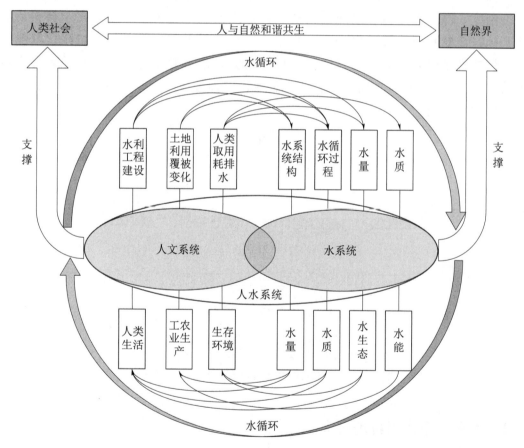

图 4.2　人水关系作用机理示意图[6]

人水关系作者机理十分复杂,多数情况下,为了研究的方便,进行了一些简化处理和分析。比如,可以简化为人文系统对水系统的作用、水系统对人文系统的作用。

单从人文系统对水系统的作用看，人文系统可以通过水利工程建设、土地利用/覆被变化、取用耗排水等，对水系统的属性特征产生影响。比如，人们通过水利工程建设改变水系统结构，通过对水资源进行调度，实现水循环过程和水量重新分配；土地利用/覆被变化改变水系统结构和水循环过程，可能会改变径流形成过程和大小；人类取用耗排水行为作用于水循环过程、水量和水质，改变水系统属性。从反作用角度看，如果人类对水系统采取的措施得当，就会取得正面效益；如果措施不当，就可能会带来负面影响。比如，某些建设的水利工程、采用的水资源规划方案、土地利用/覆被变化行为等，可能是正面的影响，也可能有负面的影响，需要经实践检验。

单从水系统对人文系统的作用看，水作为基础资源，通过水量、水质、水生态和水能等作用于人文系统。例如，水量和水质影响人类生活和工农业生产；水生态为人文系统提供生存环境，影响人们的生活质量；水能影响工农业生产。从反作用角度看，人类过度地开发利用水资源，必然遭到自然界的报复。人类对水资源的不合理开发利用，导致了干旱及洪涝灾害频繁发生。随着城市化和经济社会发展，大量的农田和农业灌溉水源被城市和工业占用，水资源短缺的压力进一步增大。严重干旱及洪涝灾害的发生迫使人们不得不离开故乡，集体迁移。由于人类对水资源保护的忽视，饮用水水质下降，人类生活的安全保障受到威胁。这些都是水系统对人类不合理行为的报复。

4.2.1.2 研究方法

人水关系作用机理的研究是人水关系研究的基础内容，因此，研究人水关系的方法多数都可用于作用机理的研究。多数方法应用于人水关系研究时也先进行了作用机理的研究。

（1）实验方法。是针对不同的研究事项，设计实验方案，通过实验观测和结果分析，揭示其作用机理。比如，4.2.4节将介绍的淮河槐店闸调度影响实验分析研究实例，通过实验结果来说明闸坝对污染河流水质水量的影响作用。

（2）统计分析方法。是应用各种统计分析方法，对人水关系某些要素的前后变化值进行统计，分析其内在联系，从而作为揭示其作用机理的依据。比如，4.2.5节将介绍的河南省某农村癌症发病率与水污染的关系的研究实例，通过其癌症发病率与水污染指标的统计关系，来说明水环境对人体健康的影响作用机理。

（3）模型方法。是构建人水关系的各种模型，通过模型模拟场景或计算结果，来分析其作用机理。比如，4.2.2节将介绍的河北省某灌区研究实例，应用改进的SWAT模型对冬小麦生育期90 mm灌溉定额下不同灌水频率的3种限水灌溉情景进行模拟，论证其地下水灌溉与作物产量、地下水位变化之间的关系和相互作用机理。

（4）定性或定量对比分析方法。是采用定性的理论对比分析、定量的数值对比分析，来说明人水关系的内在联系，阐述其作用机理。比如，4.2.3节将介绍的北京通惠河乐家花园水文站产汇流变化研究实例，通过对比城市化前后暴雨径流变化特征，论述城市建设带来水文过程的变化作用机理。

（5）多方案综合研究方法。是采用多种方法，对人水关系进行研究，通过多方法结论进行综合分析，得出作用机理研究结论。比如，4.2.6节将介绍的汾河流域研究实例，利用线性回归、人工神经网络、支持向量机、随机森林、径向基网络、极限学习机等6种机器学习算法以及气候弹性系数法，分析该流域冬小麦和夏玉米对气候变化的响应关系，以阐述气候变化对粮食产量的影响作用机理。

4.2.2 农田灌溉与作物产量、地下水变化关系研究

"民以食为天"，农业是国家的根本和国民经济的命脉。在多数地区，农田灌溉是保障农业产量的基础。我国到21世纪20年代，农业用水量占到总用水量的62%左右，在20世纪70—80年代甚至超过70%。其中，地下水在农田灌溉中扮演着极其重要的角色，全世界约70%的地下水开采被用于农田灌溉。比如，我国华北地区，农田灌溉主要以抽取地下水为主。如图4.3所示，诠释了农田地下水灌溉与作物产量、地下水位变化之间的关系。一方面，作物产量与农田灌溉水量呈正相关，随着灌溉水量的增加，农业生产保证率更高（指一定限度内）；另一方面，随着地下水开采量的不断增加，地下水位持续下降，已成为威胁地质环境的突出问题。因此，研究农田灌溉与作物产量、地下水变化之间的作用机理非常重要。

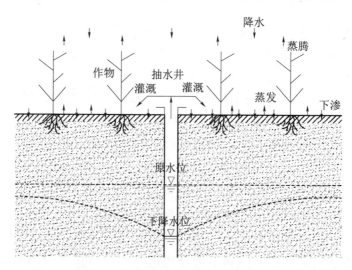

图4.3 农田地下水灌溉与作物产量、地下水位变化关系

[**举例**] **河北省某灌区地下水灌溉与作物产量、地下水位变化关系分析**。侯永浩等[15]以河北省太行山山前平原为例，应用改进的SWAT模型对冬小麦生育期90 mm灌溉定额下不同灌水频率的3种限水灌溉情景进行模拟，研究了灌溉总量

限制下灌水频率对冬小麦产量及地下水变化的影响，详细分析了农田灌溉方式（灌溉总量、灌水频率）与（冬小麦）作物产量、地下水变化之间的定量关系。华北平原是我国地下水超采严重的区域，充分灌溉具有不可持续性，实行冬小麦调亏（亏缺）灌溉，将有限的水量重点分配于作物水分敏感期。在"以水定灌"的条件下（在特定的灌溉定额限制条件下），应"少量多次"地兼顾更多的水分亏缺期，还是"多量少次"地将有限的水用于最为关键的作物水分敏感期，是需要回答的问题。侯永浩等的研究结果表明，在拔节期和抽穗期分别进行1次灌溉的"45mm-二水"方案可实现最高的冬小麦产量，与当地农民历史灌溉情景相比，平均减产率约为20%；只在拔节期进行一次灌溉的"90mm-一水"方案会形成较大的渗漏量，相比其他两种方案具有更好的压采效果；"30mm-三水"方案与"45mm-二水"方案的渗漏量相近，实际蒸散量之差在2mm范围内，"30mm-三水"方案下的土面蒸发量较大、"45mm-二水"方案下的作物蒸腾量较大，后者对地下水的有效利用程度更高。冬小麦生育期限水灌溉模式（灌溉定额限定为90mm）可使研究区浅层地下水位下降速度减缓60%~75%，压采效果显著，但冬小麦产量平均下降20%~25%。由此也可以看出，农田灌溉方式（灌溉总量、灌水频率）与（冬小麦）作物产量、地下水变化之间的关系比较复杂，但可以通过人为调控措施，选取最佳的灌水方案，提高地下水井灌利用效率。

4.2.3 城市建设带来水文过程的变化

城市是人口集中、工商业发达、居民以非农业人口为主的地区，通常是一个国家或一个地区的政治、经济、文化、科技、交通的中心，也是人类活动集中区域。城市的产生与发展受自然、经济、政治等多种因素的影响，人类社会的不断发展造就了城市的产生和兴起。可以说，城市的出现是人类社会的必然产物，城市化是人类社会发展的一种趋势。一般来讲，经济社会越发达的地区，其城市化率就越高。

城市是高强度人类活动最集中的地区，几乎对城市区每一块土地都会或多或少的人工干预或影响，其中包括对水系统的影响。一般来说，城市道路、广场、房屋、各种管网及其他建筑物密布，水循环过程较天然流域更为复杂。城市建设前、后径流过程变化如图4.4所示。从降水过程来看，自然条件下的降水直接降落到陆面，包括水面、地表、植物冠层；而城市覆盖区的降水多直接降落到硬化的路面、广场地面、房屋屋顶，接受降水的覆盖条件发生了变化。从蒸发过程来看，使原来的自然陆面（包括土壤、植被、水面）蒸发变成城市区建筑物广布的陆面蒸发（包括道路、广场、房屋建筑等），蒸发量相对减小。从下渗过程来看，由于原来透水的地面变成了不透水或透水性能弱的地面（如路面、广场、房屋），使降水下渗的可能性和下渗量大大降低。从径流过程来看，在城市建设前，降落到地面的降水，在蒸发、下渗、低洼蓄水条件下，多余的水分形成地表径流；向下渗入地下的水分逐渐形成地下径流。在城市建设后，大气降水到地面，很快流入地下管道或排水渠，形成地表径流的时间缩短，流速增大；而下渗减弱，地下径流过程更加滞后，流速也随之减小。在同一地区、同样暴雨条件下，城市建设前的径流表现为"洪峰流量小、历时长"，城市建设后的径流表现为"洪峰来得快、流量大、历时短"。

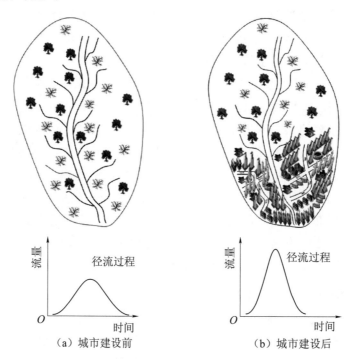

图 4.4　城市建设前、后径流过程变化

[举例] 北京市某小区产汇流变化分析。刘志雨[16] 以北京通惠河乐家花园水文站产汇流变化分析为例，研究了城市化前、后暴雨径流变化特征。见表 4.1，随着城市不透水面积比的增加，相同降雨量所产生的径流深和径流系数也逐步增加；相同降雨量产生的洪峰流量却差别显著，1984 年的一场降雨量只有 1959 年的81%，但形成的洪峰流量却是 1959 年的 1.93 倍；峰现时间明显缩短，1996 年的一场暴雨的峰现时间仅需 5h，提前了 2～3h。

表 4.1　　　　　　　　　北京通惠河乐家花园水文站产汇流变化[16]

日　期	不透水面积比 /%	降雨量 /mm	径流深 /mm	洪峰流量 /(m³/s)	峰现时间 /h	径流系数
1959 - 07 - 21	61	121.3	50.3	166	8	0.41
1984 - 08 - 10	77	98.7	54.1	320	7	0.55
1996 - 07 - 12	65	121.5	72.9	203	5	0.60

4.2.4 闸坝对污染河流水质水量的影响作用

闸坝的修建在一定程度上实现了兴水利、除水害的作用，对沿岸地区经济的发展，特别是对农业的发展产生了积极的作用。早期水利工程的目标可以简单归结为"治水"和"用水"两类，在抵御洪涝和发展农业灌溉的目标之下，尚未认识和关注到河流生态系统的健康问题，在河流上修建的大量水利工程主要目的是取水用水和洪涝的防治。但是，过多闸坝的存在客观上降低了河流的连通性，改变甚至破坏了河流的天然径流状态，削弱了河流水体的自净能力，对河流水质产生较大影响。

在水闸泄流的作用下，河流流速分布受到一定影响，在建成闸坝前、后形成了复杂的流场。因水流作用导致流场变化，引起底泥扰动、河流底部流速分布变化。同时，对闸上和闸下断面各项水质浓度也带来影响。

闸门调度方式使闸上和闸下断面各项水质浓度发生变化，同时影响到藻类的生长和富集状态，闸门调度会改变闸上、闸下河段的水质主导反应机制，由于闸门调度增加了对水体的扰动，水体与外界的物质交换效果增强，带动污染物颗粒吸附、解析、迁移、沉积、再悬浮作用加强。在调度前期主要受水流的迁移作用影响，在调度后期闸上断面主要受闸门阻隔的影响，闸下断面主要受流速、流量和营养物质浓度改变等作用的综合影响。闸坝对污染河流水质水量的影响作用机理示意如图 4.5 所示。

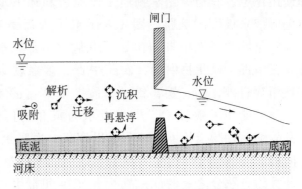

图 4.5　闸坝对污染河流水质水量的影响作用机理

[举例] 淮河槐店闸调度影响实验分析。沙颍河槐店闸位于河南省周口市沈丘县槐店镇，上距周口市 60km，下距豫皖边界 34km。槐店闸主要由浅孔闸、深孔闸、船闸三部分组成，浅孔闸（18 孔，每孔宽 6m）于 1959 年兴建，深孔闸（5 孔，每孔宽 10m）于 1969 年兴建。深、浅孔两闸设计防洪流量为 20 年一遇（3200m³/s），校核防洪流量为 200 年一遇（3500m³/s）。设计灌溉面积达 6.6 万 hm²，正常灌溉水位为 38.50~39.50m，最高灌溉水位为 40.00m，正常蓄水量为 3000 万~3700 万 m³，最大蓄水量为 4500 万 m³。浅孔闸长期保持小流量下泄，深孔闸只在洪水期供泄洪使用，船闸为正常通航使用。水流受到闸门的阻挡，闸前流速小，有利于污染物的沉降；闸后有消能、曝气工程，有利于污染物的混合与降解。陈豪等[17] 于 2013 年 4 月 5—8 日在槐店闸设计了不同闸坝调度对污染河流水环境影响的综合实验方案，并开展了现场实验，研究槐

店闸浅孔闸在现状调度、闸门不同开度和闸门全部关闭 3 种调度方式下的水体、悬浮物及底泥污染物变化规律。结果表明：①闸坝调度会对河流水质产生一定的影响，其影响过程呈现出复杂的非线性关系。也就是说，下游河道污染负荷变化与闸坝调度方式、上游来水来污情况和内源污染释放等因素有关；②闸坝调度也会对水体、悬浮物和底泥中的污染物产生不同程度的影响，并促使污染物在不同介质中进行转化；③底泥和悬浮物中污染物的释放会受到流量和水深等因素的影响。

4.2.5　水环境对人体健康的影响作用

　　水是生物体的重要组成部分，正常人体内水分含量占人体体重的 55% ~ 60%，在儿童体内水分可达体重的 80%。此外，水也是维持人体正常生理活动的重要介质，人体的体温调节、营养的运输、代谢产物的排泄乃至神经传导都离不开水的参与。因此，饮水是人体保持健康状态的重要营养物质之一，水质的好坏直接关系到人体的健康，水环境的恶化会给人们的健康带来极大的威胁。

　　大量工业废水不达标排放，生活污水未经处理直接排放，广大农村地区不合理使用化肥、农药等化学物质，使地表和地下水体受到不同程度的污染，会给人体健康带来极大的威胁。图 4.6 示意了水污染对人体健康的影响，主要表现在：①引发急性和慢性中毒。比如，甲基汞中毒（水俣病）、镉中毒（痛痛病）、砷中毒、铬中毒、氰化物中毒、农药中毒、多氯联苯中毒等。②致癌作用。比如，长期饮用含有砷、铬、镍、铍、苯胺、苯并（α）芘和其他的多环芳烃、卤代烃的水，就可能诱发癌症。③发生以水为媒介的传染病。比如，伤寒、痢疾、肠炎、霍乱等细菌性肠道传染病，阿米巴痢疾、血吸虫病等寄生虫病，都可通过水传播。④间接影响。比如，由于水质变差，引起水的感官性状恶化，影响身体健康状况。全球大约有三分之一的死亡病因是感染和寄生虫病导致的，在这三分之一当中大约有 80% 的死亡与介水疾病有关。可见，因水污染带来各种类型疾病或人体不健康状态比较普遍。在我国，一些疾病的暴发呈现出明确的区域性，而很多疾病的区域性与水体受污染的区域性是一致的。其中，包括癌症村的分布，多数与水污染有关，比如，湖北省襄樊市朱集镇翟湾村（大约发生在 1995—2004 年）、广东省翁源县上坝村（大约发生在 1987—2005 年）、天津市北辰区西堤头镇刘快庄村和西堤头村（大约发生在 1980—2006 年）、陕西华县瓜皮镇马泉村和龙岭村（大约发生在 1974—2000 年）、河南省沈丘县周营乡黄孟营村（大约发生在 1990—2009 年）等，癌症发病率高，大多是由水污染导致的。

　　[举例] 河南省某农村癌症发病率与水污染的关系。高洋洋[18] 于 2009 年对沈丘县周营乡黄孟营村进行了六次野外调查，系统分析了其癌症发病率与水污染的关系。沈丘县位于豫皖交界处，处黄淮平原，淮河支流沙颍河、汾泉河由西向东

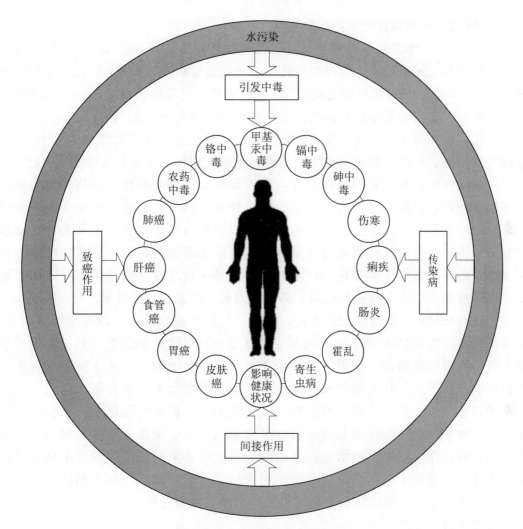

图 4.6　水污染对人体健康的影响作用示意图

横穿该县。该县的周营乡黄孟营村癌症发病率明显比周边地区高（大约发生在1990—2009 年），死亡高峰期发生在 1996—2003 年，以消化系统癌症居多。为了分析研究区水环境与人体健康之间的关系，高洋洋于 2009—2010 年开展了系统调查和定量分析工作。通过他的研究认为，水环境对人体健康有明显影响，主要结论：①该村的患病高峰期（1996—2003 年）正好出现在沙颍河水质最差的时期。此后，当沙颍河水质开始稳定的时候，其死亡率上升与引水渠上游生活污水、农药化肥的排放量增加相对应。②地势低的村庄，患病率高，水质一旦受到污染，在河流、沟渠、坑塘附近的居民更易患病。2004 年饮水得到改善后，患病率降低。③水环境对人体健康产生影响的原因，既包括引入的河水所含的污染物，又包括进入居民区水环境的水在引用过程中增加的污染，包括居民生活污染、畜禽养殖污染、地方工业生产污染、农田面源污染。

4.2.6　气候变化对粮食产量的影响作用

自 20 世纪末期以来，气候变化一直是各国政府和学术界十分关注的一个词，也是影响世界发展格局、未来发展战略和走向的重要因素。《联合国气候变化框架公约》（UNFCCC）对气候变化的定义："经过相当一段时间的观察，在自然气候变化之外由人类活动直接或间接地改变全球大气组成所导致的气候改变。"这就将气候变化界定为因人类活动而改变大气组成的气候变化。其主要表现为三个方面：全球气候变暖、酸雨、臭氧层破坏，其中，全球气候变暖是人类最关注的问题。

气候变化的影响正面和负面并存，它的负面影响更受关注。全球气候变暖对全球许多地区的自然系统已经产生了影响，如海平面升高、冰川退缩、湖泊水位下降、湖泊面积萎缩、冻土融化、河流断流、中高纬度作物生长季节延长、动植物分布范围向两极地区和高海拔区延伸、某些植物开花期提前、某些动植物数量减少等。此外，由于气候变化，导致暖季将变得更长，冷季将变得更短，同时极端高温等极端天气将变得更加频繁，将影响到粮食产量、人类健康。

气候变化导致水资源系统的变化。首先，气候变暖会导致全球性水循环加强，降水特别是中纬度降水快速增加，大气湿度增加，空气更加潮湿。其次，带来极端天气频率和强度增加，暴雨洪涝、少雨干旱等灾害增加，危及人民生命财产安全，影响作物生长甚至人畜饮水等。水资源是支撑粮食生产的重要因素之一。全球变暖带来干旱、缺水、海平面上升、洪水泛滥、热浪及气温剧变，都会使粮食生产受到破坏。此外，气温升高还会导致农业病、虫、草害的发生区域扩大，危害时间延长，作物受害程度加重，从而增加农业和除草剂的施用量。全球变暖的细微改变，对粮食生产就会造成意想不到的后果。稻米对温度剧变的敏感性就是其中的一个例子。根据国际稻米研究所的研究结果，若晚间最低气温上升 1℃，稻米收成便会减少 10%。

总结以上分析，如图 4.7 所示，气候变化驱动降水、气温等条件变化，影响作物的生长发育、蒸散发以及其他外部生存环境，从而带动粮食产量的减少，影响粮食安全。

[举例]　汾河流域冬小麦和夏玉米对气候变化响应关系。王婕等[19] 以冬小麦和夏玉米两种主要粮食作物为研究对象，利用线性回归、人工神经网络、支持向量机、随机森林、径向基网络、极限学习机等 6 种机器学习算法构建粮食产量模拟模型，基于气候弹性系数法分析水资源量对气候变化响应关系，研究了汾河流域粮食产量对气候变化驱动水资源变化的响应。汾河位于黄河中游，是黄河的第二大支流，流域北部为山地高原，中部和南部为平原河谷地带，地跨太原、吕梁等 11 个地级市，属大陆性季风气候，年均降水量 300～500mm，耕地面积占总面积的 42% 左右，土壤肥沃，气候适宜，种植历史悠久，是中国北方地区最著名的粮食基地之一。流域内粮食作物以冬小麦和夏玉米为主，冬小麦的生育周期一般

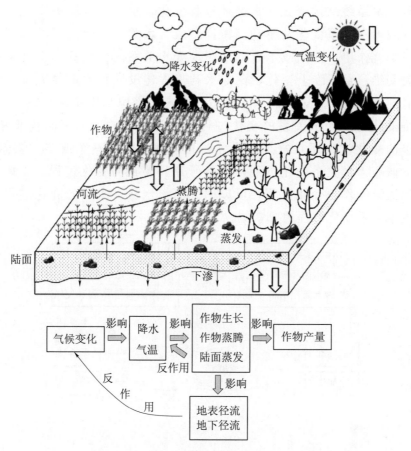

图 4.7 气候变化对粮食产量的影响作用

为 10 月至次年 6 月,夏玉米的生育周期一般为 6—10 月。王婕等的研究结果为:①降水增加 10% 导致汾河流域水资源量增加 19.4%,气温升高 1℃ 导致水资源量减少 4.3%;②当降水减少 10%～30% 时,冬小麦产量减少 6.4%～19.3%,夏玉米产量减少 4.0%～15.0%;③当气温升高 0.5～3.0℃ 时,冬小麦产量预计增加 1.8%～17.1%,夏玉米产量预计增加 1.2%～7.9%;④汾河流域冬小麦产量对降水和气温变化的敏感性大于夏玉米。

4.3 人水关系变化过程研究

4.3.1 人水关系变化过程研究综述

4.3.1.1 研究内容描述

人水系统是永无静止的、运动的变化系统,人水关系也是动态变化的,这也是人水关系研究的基本特征。因此,研究人水关系变化过程是人水关系学的重要内容之一。如图 4.8 示意了人水关系变化过程的形成原理,大致可以表述为:

①自然因素（水系统结构变化，水循环过程变化，水量、水质等变化）和人为因素变化是导致人水关系变化的驱动因素，组成人水关系变化过程的因素域。这些因素单一或综合作用、自觉或不自觉地驱动人水关系的变化；②人水关系变化过程可以在时间维、空间维上变化，比如水利工程建设导致河道径流量随时间的变化，属于时间维变化；跨区域调水工程运行带来水资源利用系统在空间上的变化，属于空间维变化；③人水关系的变化过程可能是简单的，也可能是非常复杂的。无论是简单的变化过程还是复杂的变化过程，都可以由一个或多个要素来表征。意思是说，研究人水关系变化过程，就是研究其要素的变化过程。比如，研究人类活动对河流影响作用变化过程，可以研究河流水量、水质的变化过程。这就形成了表征人水关系变化过程的要素域。

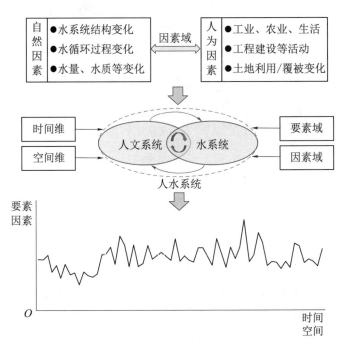

图 4.8　人水关系变化过程示意图

4.3.1.2　研究方法

人水关系变化过程研究的本质是对"变化"的研究，这种变化可能是系统的，也可能是某要素或因素的变化，可能是随时间变化，也可能是随空间的变化。因此，其研究方法也就是针对这些问题的研究。

（1）序列分析方法。是针对人水关系变化过程中的要素、因素随时间或空间变化的序列所开展的分析。一般的序列分析方法都可以应用于该问题的研究。比如，移动平均法、指数平滑法、自回归法、线性或非线性回归法、函数拟合法、谱分析方法等，都可以应用于人水关系变化过程的研究。

（2）模拟模型方法。是针对人水关系的变化过程这一问题，构建模拟模型，来模拟其变化过程。应用于人水关系变化过程的模拟模型很多，比如，基于河流动力学构建的水动力学模型，基于水质运移规律构建的一维、二维、三维水质数学模型、水质数值模型，基于水循环过程构建的分布式水循环模型等。

（3）评估方法。是采用评估方法，针对人水关系的状态进行评估，以分析其随时间或空间的变化过程。比如，通过评估人水和谐程度，分析人类活动对区域人水关系的影响过程；通过评估河湖水系连通状态，分析城市建设对河湖水系连通的影响过程。可以应用的评估方法很多，比如，模糊综合评估方法、灰色系统评估方法、单指标量化-多指标综合-多准则集成（SMI－P）方法、和谐度评估方法、物元分析方法等。

（4）对比分析方法。是针对人水关系的变化过程，采用变化前后对比、不同空间单元的对比，可以是定性的对比，也可以是定量的对比（比如，变化范围法），来表征其变化过程。比如，分析一个流域的人水关系变化过程，可以从历史早期、不同世纪、不同年代到现代，通过不同时期的文献记载、考古发现以及现代统计数据等手段，综合分析流域的人水关系变化过程。

4.3.2 河流演变与人类活动

河流是自然地理背景下的产物，主要由自然营力作用，经历漫长的演变过程而逐步形成的。在水循环过程中，水沿着山坡向下流动，经常会带走泥沙、岩石和许多其他的物质，同时长期侵蚀地面，冲成沟壑，形成溪流，最后汇集成河流。有些河流发源于高山泉水，有些是山区降雨降雪长年积累形成。河流是地球上水循环的重要路径，是人类用水的主要来源，也是泥沙、盐类和化学元素等进入湖泊、海洋的通道。如图4.9所示，随着人类的出现，河流自然形成过程就叠加了人类活动的作用。人类早期活动能力有限，对河流的影响作用也有限。随着流域内人口增加，人类改造自然的能力增强，人类不断改造河流，逐步形成了人与自然共生的现代河流水系。

河流的形成和演变过程极其复杂，人类活动对河流的影响作用是对河流变迁的再次叠加，使原本复杂的河流变化更加复杂。同时，河流变化也反映了复杂的人水关系：在人类干扰的初始阶段，人类对河流水系的干扰能力有限，方式简单，相互作用较小，算是"初始和谐阶段"；随着人类活动增加，水事活动逐步增加，对水资源的开发利用逐渐加大，人水相互作用开始增大，处于偏离和谐方向的"水资源开发利用阶段"；人类对自然界的改造不断增加，水事活动无节制，人水矛盾加剧，出现对自然界的"掠夺紧张阶段"；随着人类改造自然的欲望继续扩大，对自然界的改造超出承载能力，人水关系破坏，出现了"恶性循环阶段"；当然，人类毕竟是有理性的，在看到人类生存环境出现重大问题时，必然会采取有理性的措施，加强水资源保护，缓解人水关系，转移到"逐步好转阶段"；在人类

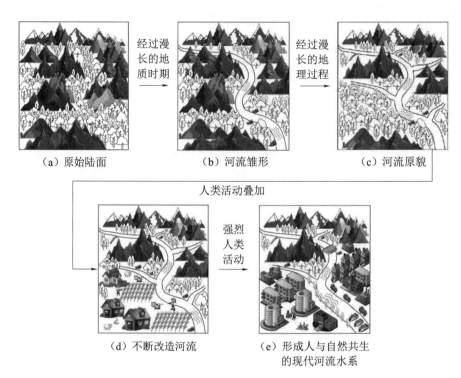

图 4.9   河流演变与人类活动

的共同努力下追求发展到"人水和谐阶段"。

关于河流演变这一发展过程的分析，也是人水关系变化过程的研究过程，其研究方法有历史演绎法、对比分析法。也就是，通过历史学研究，演绎人类活动与河流生态环境演变之间的关系，对比分析不同发展阶段的状态，阐明人水关系变化过程。在该研究中，如果有一定基础的观测数据，也可以采用序列分析方法、评估方法，来进行定量研究。

[举例] 长江流域人口变化及其与水系演变。长江是中国第一长河，也是我国水量最丰富的河流。长江流域在中华民族的历史发展进程中占据着十分重要的位置，从遥远的旧石器时代早期起，我们的祖先就开始在这片土地上劳动、生息、繁衍，留下了丰富的古文化遗存[20]。张迪祥等[20] 分析了长江流域战国至民国时期的 2000 多年中人类活动与自然生态的关系，分了三个时期论述。一是战国至六朝（公元前 476 年至公元 581 年），农田生态系统创建的时期。春秋战国时期，长江流域人口稀少，自然物产资源丰饶，生产力水平低下，农业基础薄弱。到楚国、吴国、越国时期，兴建农田灌溉、推广牛耕技术，进入以种稻为主的农业初步发展时期。西汉末年至东汉时期，长江流域人口快速增长，农耕区发生第一次快速扩展。至六朝时期，农业水平进一步发展，人口激增、兴修水利工程、大力开发，带来森林初步退化、部分湖泊萎缩。此时，人类活动影响相对较弱，河湖水系演

变主要受自然因素主导,人与自然仍较为和谐。二是隋代至明中叶（581—1506年），人与自然关系由和谐共存到日渐紧张的时期。隋唐时期，人口进一步增长，耕地面积大大增加；至五代十国时期，政局稳定，人口继续增长，农田水利发展显著，生产力及技术水平提升较快；两宋时期农耕区发生第二次快速扩展，元明时期又有所发展，棉麻丝茶等生产逐渐转向专业化发展，出现南粮北运的经济繁荣局面。由于农业生产规模的扩大、耕作技术的进步，为满足生产和南粮北运的需求，修建京杭大运河，围湖造田，修凿陂塘，人与水争田、与山争地，出现生态恶化的现象。由于人类活动的加剧，带来河湖水系变化，导致长江流域水灾频率加大，人与自然关系日渐紧张。三是明中叶至民国（1506—1949年），人与自然关系紧张的时期。在自然和人为因素作用下河流水系发生了较大变化，盲目围垦导致洞庭湖等长江流域江河湖泊日渐淤浅，水土流失严重、旱洪灾害交替，自然生态受到一定程度破坏，人与自然关系紧张，超出人为防控能力，灾害频发且日趋严重。

中华人民共和国成立后（1949年以后），长江流域人与自然的关系呈现紧张与较为和谐的交替状态，整体发展趋势逐步好转。人口数量呈现大规模、高速度增长，在巨大人口和经济发展的压力下，自然生态系统受到更大的干扰。在2000年之前，长江流域仍存在大量围湖造田，湖泊面积萎缩，自然生态系统严重失衡。在2000年之后，特别是在2012年提出生态文明建设思想后，国家优化调整产业结构，加大保护力度，实施长江经济带重大国家战略，贯彻"共抓大保护、不搞大开发"思路，坚持人与自然和谐共生思想，长江流域人与自然紧张关系逐渐缓和，整体趋向和谐。

4.3.3 修建水库带来径流量的变化过程

水库是非常普遍的一种水利工程，可以利用来灌溉、发电、防洪和养鱼等。其基本原理是利用水库库容来蓄水和调节水流，具有防洪和兴利两大类作用。如图4.10所示，天然河流自然下泄，在修建水库后，受水库调节和人为调控，改变了河流的径流量变化过程，大致有三类变化：一是从水库向外引水。总下泄径流量自然会减少，不同时段水量也会发生变化，多数时段会随着向外引水而减少。二是水库调节。这是水库的一种本质作用，只是调节能力有大有小。总体表现为：有些水库按人工控制下泄；丰水期为了蓄水或有防洪目的，下泄水量减少；枯水期为了供水，下泄水量增加；与自然下泄相比，总体表现为下泄水量过程平坦化。三是其他变化。比如，水面增加引起蒸发增加，水库水体不同深度的水温差异大，水质会因水库的蓄水作用有所变化，由于水体流速减小导致泥沙沉积、水体泥沙含量减少。

[举例] 长江三峡水库建设带来下游径流量变化过程。班璇等[21]采用变化范围法分析了长江干流5个水文站的流量、含沙量日均数据，定量评估了三峡工程

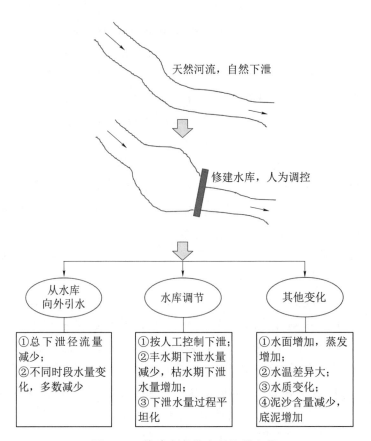

图 4.10　修建水库带来径流量变化

蓄水后长江中游流域水文情势的时空变化。研究结果表明：流量的变化度随着与大坝距离的增加而减小，且在 7—11 月流量下降幅度明显，7 月减少的幅度最大。

4.3.4　修建水库带来下游水质/水生态变化过程

　　修建水库除带来下游径流量变化外，还会引起下游水系统的水质和水生态的变化。如图 4.11 所示，其主要原因是：由于水库修建带来径流量大小和过程的变化、物质运移环境及过程的变化以及下游生态环境系统的变化，从而引起下游水系统的水质和水生态变化。这种改变可能是向坏方向发展也可能是向好方向发展。比如，由于水库建设，改变了下泄的水文过程，丰水期流量减少，有利于防洪，但导致河流原有的洪泛区逐渐减少，湿地对河流的调节储蓄作用不断下降，湿地减少，生物多样性锐减，影响河流生态系统健康。再比如，由于水库建设，带来枯水期的流量增加、丰水期的流量减少，不利于丰水期污染物质的迁移转化，引起地表水体水质逐渐变差。

　　[举例] 长江三峡水库运行前后洞庭湖水质变化。张光贵等[22] 采用内梅罗污染指数（IP）法对三峡工程运行前后洞庭湖水质进行评价。结果表明，1996—

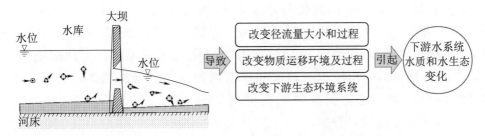

图 4.11　修建水库带来下游水体水质变化过程示意

2013 年洞庭湖 *IP* 值为 1.10～2.20，平均值为 1.63，水质属轻污染，总体变化平稳，但从 2010 年起，洞庭湖 *IP* 值连续低于其多年平均值，总体水质趋好；主要污染物为总磷和总氮，总磷浓度变化平稳，总氮浓度则呈显著上升趋势；与三峡工程运行前相比，三峡工程运行后洞庭湖全年和汛期总氮浓度以及南洞庭湖 *IP* 值和总氮浓度显著升高，南洞庭湖水质显著恶化。

4.3.5　绿洲面积与水资源关系及变化过程

绿洲在地理学中是一个专业名词，是指在大尺度荒漠背景上，以小尺度范围但具有相当规模的生物群落为基础，构成相对稳定且具有明显小气候效应的生态景观。其特有的生物群落、小气候效应保证了绿洲能够提供人类和其他生物种群活动的环境。绿洲是干旱地区集自然与人文于一体的特殊景观类型，是干旱区生命的摇篮。我国绿洲集中分布的三大片：东部沿黄河河套平原绿洲区、西北干旱内陆绿洲区和柴达木高原绿洲区。

万物都离不开水，同样绿洲存在的先决条件也是具有稳定的水源。绿洲是浩瀚沙漠中的片片沃土，也被俗称为沙漠中具有水草的绿地。因此，绿洲发展与水资源关系密切，其演变过程也很好地反映了人水关系的变化过程。

如图 4.12 所示，山地中的大气降水、冰雪融水，顺着河流或地下含水层，在大片的荒漠中某一特殊的区域汇集，就形成了荒漠中的绿洲。经过绿洲后排出的高含盐水又流到茫茫的荒漠中。因为荒漠中大气降水稀少，绿洲的形成和发展几乎都依靠山地区的来水，来水多少就决定了绿洲规模的大小。

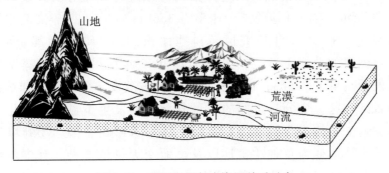

图 4.12　绿洲发展与水资源关系示意

[举例] **民勤绿洲面积变化与水资源结构关系演变过程。** 马浩等[23] 利用 1986—2020 年 Landsat 系列遥感数据和水资源数据，基于趋势分析、相关分析和灰色关联分析等方法，研究了民勤绿洲面积变化与水资源结构变化的响应关系。结果表明：民勤绿洲平均植被覆盖度和绿洲面积总体呈增加趋势，总可用水资源量呈持续减少趋势；民勤绿洲的发展可划分为 1986—2000 年、2001—2009 年、2010—2020 年 3 个阶段，分别对应于绿洲面积快速扩张、高位维持、趋于稳定和总可用水资源量缓慢减少、迅速减少、趋于稳定的三个阶段；绿洲面积变化受水资源和人为因素共同影响，绿洲面积和水资源量在第一、第二阶段响应关系很弱，对应于绿洲发展粗放扩张和剧烈调整的时期，二者在第三阶段表现出较好的响应关系，是绿洲发展进入良性阶段的反映。

4.3.6　流域覆被变化带来水文过程变化

流域水文过程与陆面覆被情况密切相关，人类活动历史演变带来流域覆被的变化，从而导致水文过程的变化，又反过来影响着人类活动的进程。影响水文过程的覆被变化过程主要包括植被变化（如毁林和造林、草地开垦和修复）、农业开发活动（如农田开垦、作物耕种、灌溉方式）、道路建设以及城镇化等。由于不同的覆被类型对降水的截留、蒸发的强弱、下渗的快慢、径流的阻挡等作用有所不同，影响着水循环的不同环节，从而形成有所差异的水文过程。比如，在完全相同的条件下，城市硬化地面与草地覆盖地面相比，下渗水量减少，产生径流时间缩短、洪峰流量增加；农业用地与林地相比，降水入渗和蒸发减少，储存水量减少，径流量增加、径流峰值提前、峰值增大，径流过程线呈现"尖瘦型"，如图 4.13 中（3），相应的林地径流过程线如图 4.13 中（1）；草地径流过程介于上面二者之间，如图 4.13 中（2）。

[举例] **淮河流域历史覆被变化带来水文过程变化。** 李小雨等[24] 以淮河流域蚌埠集水区为研究区域，利用淮河流域 1700 年、1800 年和 2000 年 3 种历史覆被情景，结合陆面水文耦合模型（CLHM），定量评价了流域土地利用/覆被变化的水文效应，并分析了流域径流与主要覆被类型变化方式的定量关系。结果表明：①1700—1800 年覆被变化剧烈，人类对淮河流域进行了充分的开发，大量的林地转变为耕地和草地，期间林地的减少速率为 356km²/a。1800 年之后主要变化方式为草地变为耕地，到 2000 年研究区域耕地面积占到 84.5%，其余部分为草地。②在覆被变化剧烈的情况下（1700 年情景、2000 年情景），流域蒸发总量变化显著，年均蒸发量减少了 6.5%；通过分析流域覆被散发、裸土蒸发和截流蒸发，不同的覆被情景下，这 3 个分量之间的水量分配同样发生了显著的变化；覆被变化对径流量的影响主要体现在洪峰上，对年平均水量影响有限。③蚌埠集水区主要覆被变化方式为林地变为草地、耕地以及草地变为耕地 3 种。其中，林地变为草地为研究区域影响径流变化最显著的覆被变化因子，其次是草地变为耕地。

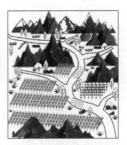

（1）以林地覆被为主　　　（2）以草地覆被为主　　　（3）以耕地覆被为主

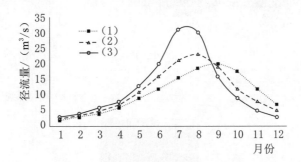

图 4.13　流域覆被变化带来水文过程变化

4.4　人水关系模拟模型研究

4.4.1　人水关系模拟模型研究综述

4.4.1.1　研究内容描述

为了探索研究对象的结构和功能变化规律，按照真实对象的特征，做成模型，从而简化原型的结构和特征，达到分析研究的效果。根据模型的构建方式，又分为实验模型、物理模型、数学模型、数值模型（又称模拟模型）等。实验模型是在实验室做成的仿造真实对象的实物模型，比如，在实验室构建的水电站水流流场实验装置。物理模型是基于物理学原理制作的可以模拟研究对象的概念模型，比如，根据电场中的电流运动比拟渗流场中的水流运动构建的地下水电模拟模型。数学模型是采用数学语言，概括或近似地用数学知识表达研究对象，构建的数学语言模型，比如，针对水体中水质运移特征构建的零维、一维、二维、三维水质迁移转化基本方程。模拟模型是采用计算机程序语言，模拟系统原型的各种结构和特征，比如，构建的分布式水文模型。

随着计算机的快速发展，模拟模型具有显著的优势。一方面，在对研究对象了解一定信息或有限信息的情况下，通过计算机模拟出类似的场景，能够达到模拟效果。另一方面，通过计算机模拟手段，大大降低了模型构建的成本。再一方面，模拟模型可模拟过去、现在和预测未来，大大地扩展了模型的应用。

人水关系复杂，需要了解的信息多样，相关的应用实践非常迫切，采用模拟模型具有显著的优势和强烈的需求。如图 4.14 示意了人水关系模拟模型的大致思路：面对的是复杂的人水系统（物理原型），可以概化为耦合的人水系统，在物理原型和概化系统的基础上，采用计算机程序语言，基于大量的理论和技术方法，构建模拟模型，从而仿真人水关系，为人水关系相关研究提供模拟工具。

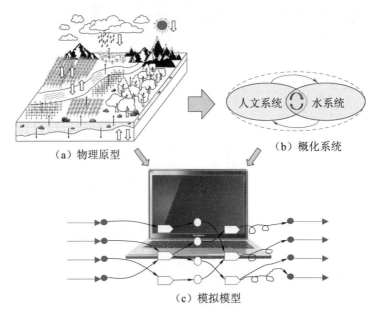

（a）物理原型　　　　　　　（b）概化系统

（c）模拟模型

图 4.14　人水关系模拟模型示意

4.4.1.2　研究方法

根据构建模拟模型的手段和方法，模拟模型可以大致分为三种类型，相对应主要有三种方法。

（1）系统模型方法。主要是把研究对象看成是一个系统，采用系统分析方法，构建系统模型。因为系统分析方法比较多，相关的建模方法也比较多。比如，基于统计分析方法构建的系统相关分析模型、回归分析模型；基于人工神经网络、遗传算法等人工智能学习方法构建的人工智能模型；基于系统辨识方法构建的系统识别模型。

（2）分布式模型方法。本书 3.2.3 节已对分布式模型进行了详细介绍，包括分布式模型简介以及其中的代表 SWAT 模型、基于 SWAT 的分布式人水关系模型（DHWR）介绍。分布式模型方法是模拟模型中应用非常广泛的一种方法，也代表着未来的模型发展方向。

（3）物理方程模型方法。主要是基于对研究对象物理特征与过程的理解，构建数学物理方程，实现对人水系统的模拟。比如，针对河流水流特征，构建的圣维南方程（一维）或者二维浅水方程等河流水动力模型；针对地表水水质运移特

征，构建的零维、一维、二维、三维水质迁移转化基本方程等水质模型；针对洪
水问题，构建的零维、一维、二维水流模拟洪水演进模型；针对含水层中地下水
运动规律，构建的承压水运动、潜水运动基本微分方程的地下水动力学模型。

4.4.2 退耕还林还草工程产水效应模拟

由于盲目毁林开垦和进行陡坡地、沙化地耕种，造成了水土流失和风沙侵蚀，
带来洪涝、干旱、沙尘暴等自然灾害。为了减少这些自然灾害，并从保护生态环
境出发，我国从 21 世纪初开始实施退耕还林还草工程。就是将水土流失严重的耕
地，沙化、盐碱化、石漠化严重的耕地以及粮食产量低而不稳的耕地，有计划有
步骤地停止耕种，因地制宜地造林种草，恢复植被。

退耕还林还草工程调整了人与自然的关系，使广种薄收的农田变成了植被茂
盛的林地和草地，极大地助力水土流失和土地沙化治理。其基本原理是，由农田
变成林地草地，覆被特征发生很大变化，其对降水的截留和下渗、蒸散发强弱、
产汇流形成速度和强度以及储水和滞留能力等都有较大变化，朝着有利于水土保
持、水源涵养、防洪抗旱以及生态系统良性循环方向发展。为了说明其变化情况，
可以构建模拟模型，如图 4.15 所示。

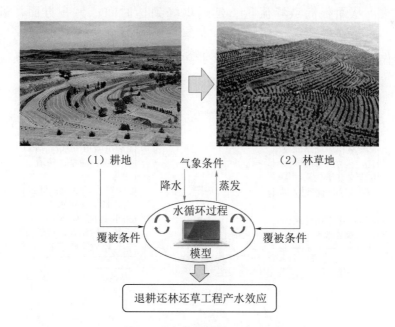

图 4.15　退耕还林还草工程产水效应模拟示意图

[举例] 陕北黄土高原退耕还林还草工程产水效应模拟。包玉斌[25] 利用 In-
VEST 产水量模型，基于水量平衡和水文过程原理，通过对降水、蒸散发、土壤、
植被等自然因子和土地利用/覆被变化因子进行空间叠加与模拟计算，定量评价了
陕北黄土高原退耕还林还草工程的产水效应。结果表明：2000—2010 年研究区林

地、灌丛、草地面积分别增加了 122.7km²、285.2km² 和 3204.0km²，耕地面积减少了 3984.5km²，退耕还林还草工程土地覆被变化显著；2000—2010 年研究区产水能力整体下降，延安市境内总产水量减少了 8.9 亿 m³，榆林市境内总产水量减少了 7.2 亿 m³，空间分布与退耕还林还草工程实施区域高度一致；土地利用类型转化致使研究区产水量整体减少了 11665.4 万 m³，其中，耕地向林灌草的转化导致研究区产水量减少最为明显，共减少了 11254.2 万 m³，占总减少量的 96.5%。

4.4.3　老城区海绵改造对雨水径流削减效益模拟

城市建设改变了原先的陆面系统，水循环路径发生较大的变化，雨水下渗量减少、地表径流增加、洪水洪量增加、洪峰形成时间缩短，频繁出现"城市看海"现象。为了解决这些问题，我国提出了海绵城市建设的思路，即把城市建成像"海绵"一样的区域，下雨时能及时吸水、蓄水、渗水，雨期过后又能将蓄存的水"释放"并加以利用，增加下渗水量、减少洪量、拖长洪峰形成时间，有利于城市雨水利用、地下水补给和防洪除涝。针对已经建设的老城区，可以采用海绵城市建设的思路，有目的地进行海绵改造，对雨水径流有比较显著的作用。如图 4.16 所示，一方面，解决城市洪水。把城市建设得像"海绵"一样，将雨水下渗、滞蓄、径流外排，从而降低洪峰流量、延迟洪峰到达时间；另一方面，解决面源污染。通过生态系统建设，在"海绵体"下渗、滞蓄的过程中，降解污染物，起到净化水质的作用；再一方面，回归自然水功能。通过海绵建设，水系统实现自然积存、自然渗透、自然净化功能，来逼近自然水功能。

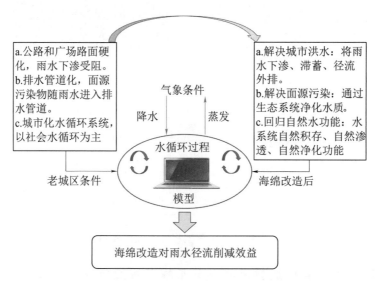

图 4.16　老城区海绵改造对雨水径流削减效益模拟示意图

[举例] 西安市老城区海绵改造对雨水径流削减效益模拟研究。洪伟等[26] 研究了西安市小寨老城区海绵改造对雨水径流削减效益模拟。采用 SWMM 模型分别

计算不同工况下的节点溢流量和管道外排量，并根据水量守恒原理，分别计算出"渗""蓄""排"所对应的水量，进而采用入渗量、蓄水量及外排量占比等指标分析老城区海绵措施雨水径流削减效益，并对老城区改造工程进行效果评价。结果表明：降雨量为 17.2mm 且降雨历时在 2h 的设计降雨条件下，建设前全区的径流控制率为 67.10%，建设后全区径流控制率达 82.52%，同时在其他设计重现期的条件下，建设后比建设前均有明显的提升；经过海绵改造后，雨水很大程度上被海绵措施储蓄起来，径流控制效果显著改善；海绵措施建设后，蓄水量占比较建设前显著提升，且随着重现期的增大海绵调蓄能力逐渐趋于饱和，当重现期为 100 年时该区域海绵措施综合蓄水量为 35.359 万 m^3。

4.4.4　河湖水系连通工程改善水环境的效果模拟

河湖水系连通是借助各种人工措施和自然水循环更新能力等手段，构建蓄泄兼筹、丰枯调剂、引排自如、多源互补、生态健康的河湖水系连通网络体系。河湖水系连通工程主要有三大功能，即提高水资源统筹调配能力、改善水生态环境状况和防御水旱灾害能力。

在改善水环境方面作用明显，实现原理简单，主要是通过建设新的河湖水系置换通道，加快水资源更新速度，缩短水体置换时间，提高水体自净能力，实现改善水质。

在构建河湖水系连通工程改善水环境的效果模拟模型时，可以选用一般的水环境模型，也可以选用成套的模拟软件（比如，MIKE 软件）。如图 4.17 所示，可以采用零维、一维、二维、三维水质基本方程，针对河湖水系连通工程带来的边界条件和起始条件的变化，通过模型模拟水质迁移转化过程，分析河湖水系连通工程的作用效果。

[举例] 大通湖区水系连通工程改善水环境的效果模拟与评估。李悦等[27] 基于 MIKE21 构建了大通湖区水系连通工程的二维水动力-水质数学模型，选取总氮和总磷作为水质指标，模拟不同连通调度方案下大通湖的氮磷浓度变化，采用滞水区面积比例、浓度变化指数、换水率和水质浓度改善率，评估 6 个连通方案下大通湖水环境的改善效果。结果表明：通过实施引水调度方案能够有效改善大通湖水环境，当引水前期流量取 30m^3/s，出口水位控制在 25.48m 时和引水后期流量保持为 30m^3/s 不变，出口水位调整至 25.88m 时，大通湖水环境改善效果最佳。

4.4.5　淤地坝对水沙影响模拟

黄土高原地区土层深厚，黄土广布，具有结构疏松、易崩解、易流动等特点，极易形成水土流失，是我国最严重的水土流失区之一。为了治理黄土高原水土流失，发展农业生产，人民群众创造了一项独特的水土保持工程措施——淤地坝。它是在水土流失地区各级沟道中，以拦泥淤地为目的而修建的坝工建筑物，用以

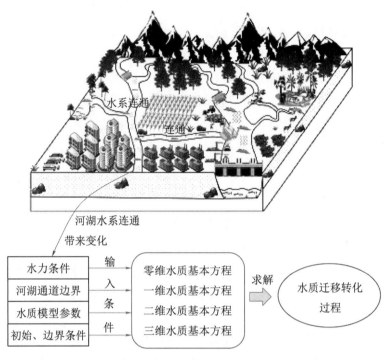

图 4.17　河湖水系连通工程改善水环境的效果模拟过程示意图

拦蓄径流泥沙、控制沟蚀，充分利用水沙资源，改变农业生产基本条件，改善当地生态环境。

　　淤地坝是一种淤地种植的坝工工程，在我国晋、陕、内蒙古、甘等省（自治区）广泛分布，其主要作用或目的是滞洪、拦泥、淤地、蓄水，建设农田，减轻黄河泥沙，效果十分显著。

　　如图 4.18 示意了黄土高原地区淤地坝对水沙的影响作用。在没有修建淤地坝之前，冲沟地貌十分明显，一旦遇到暴雨，疏松的黄土随径流而下，一方面大量的耕地被破坏；另一方面又淤积到河道，影响行洪。在修建淤地坝之后，水和泥沙同时被拦截，泥沙在坝前淤积，水被暂时蓄存在坝前，如果水量超出蓄水能力再慢慢下泄，下泄流量要远比建坝前小，所以起到滞洪作用。通过淤地坝建设，改变了黄土高原地区冲沟的水沙运移过程，拦泥、蓄水，减少洪水影响，减轻黄河泥沙，又能淤地，建设农田。

　　[举例] 内蒙古西柳沟流域淤地坝对水沙影响模拟研究。郭晖等[28] 使用 SWAT 模型，结合淤地坝特点对模型自带的水库模型进行修正来设置淤地坝模块，以 1980—1990 年为率定期、2006—2015 年为验证期，研究了内蒙古西柳沟流域淤地坝对径流和输沙的影响。结果表明：其他参数不变的情况下，淤地坝对流域的径流量有一定影响，能够拦截一部分径流量，对流域输沙量的影响巨大，减沙效果明显；淤地坝在一定程度上能影响流域的汇流过程，使得汛期后的月份中出现

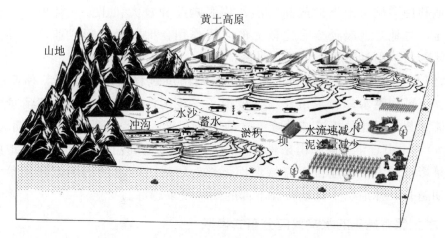

图 4.18 黄土高原地区淤地坝对水沙影响示意图

模拟径流量大于实测径流量的现象。

4.4.6 土地利用格局对流域雨洪的影响模拟

人类社会绝大多数生活在陆地上，以土地利用为背景。人类社会所有利用土地的分类面积、权属及其分布状况，称为土地利用格局。其中，土地利用分类通常是按土地的经济用途来划分，如耕地、园地、林地、住宅用地、交通运输用地等。国家标准《土地利用现状分类》（GB/T 21010—2017）将土地利用类型分为耕地、园地、林地、草地、商服用地、工矿仓储用地、住宅用地、公共管理与公共服务用地、特殊用地、交通运输用地、水域及水利设施用地、其他用地等 12 个一级类、73 个二级类。

如图 4.19 示意了土地利用格局对流域雨洪的影响作用。一方面，不同的土地利用类型对水循环过程的影响不同。比如，草地与住宅用地相比，降水到草地更容易截留、蒸发、下渗，形成径流需要的时间较长、径流量较小；另一方面，不

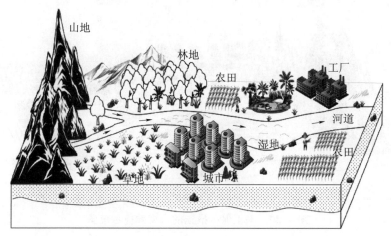

图 4.19 土地利用格局对流域雨洪的影响示意图

同的土地利用类型对雨洪形成和行洪作用影响差异较大。比如，林地与工矿仓储用地相比，林地对地表径流有比较大的阻碍作用，抑制径流形成速度，导致洪峰形成时间较长，雨洪过程线坦化，洪峰值较小，洪水危害减小。

　　[举例] **王茂沟流域土地利用格局对流域雨洪过程的影响模拟。**孙亚联等[29]通过建立流域雨洪水动力数值模型，模拟了王茂沟流域不同土地利用情景方案的地表径流过程，对比分析流域洪峰流量的削减程度。结果表明：在重现期为 2 年、10 年、50 年、100 年一遇降雨条件下，对于不同土地利用情景方案，林地的位置对径流量影响较大；林地位于流域坡面下部时，对洪峰流量的削减作用最大；降雨重现期越长，林地位于流域坡面下部的削峰效果越好。

4.4.7　水土保持措施的水文效应分布式模拟

　　水土保持措施是对自然因素和人类活动造成水土流失所采取的预防和治理措施。水土流失的影响因素多且形成机理复杂，因此采取的水土保持措施也多种多样，大致包括农业、林业、牧业、水利等方面。比如，农业措施有修梯田、培地埂、等高耕作、合理轮作、间作、套作等；林业措施有封山育林、造林种草、按地形因地制宜营造护坡林、护沟林、护滩林、固沙林等；牧业措施有保护和改良天然草地、建立人工草场、林间种草、种草固沙、增加植被面积等；水利措施有修建塘坝、沿等高线开挖截流沟、治理沟壑、护岸固滩等。

　　水土保持措施的基本原理是通过一系列措施来涵养水源，削减洪峰，减少地表径流，增加地面植被覆盖，防止土壤侵蚀，减少河床淤积。因此，水土保持措施的水文效应是其核心，即通过具体措施来改变水文过程，减小水流对泥沙的冲击，防治水土流失，如图 4.20 所示。到底如何定量评价水土保持措施的水文效应，比较好的方法是构建其模拟模型，即通过模型模拟水文循环过程，用于分析水土保持措施实施前后的水文效应。

图 4.20　水土保持措施的水文效应示意图

　　[举例] 修河流域清江站以上地区水土保持的水文效应分布式模拟。何长高等[30] 针对修河流域清江站以上水土流失较为严重的地区，以半分布式地形指数模型为基础，采用水土保持措施地形指数，对 TOPMODEL 进行改进，构建分布式模型，利用 1992 年、1995 年和 1997 年的逐日流量资料，对梯田、经济果林、种草及水土保持林 4 种水土保持措施的水文效应进行模拟。结果表明：水土保持措施对枯水期降雨的拦蓄作用明显，但对汛期连续的大降雨拦蓄作用有限；实施种草、水保林、经果林、梯田等水土保持措施后，对流域年径流量会有不同程度的减少（2.8%～3.9%）。

4.4.8　地表-地下双重人类活动干扰下的流域分布式水文模拟

　　流域水系统包括地表水和地下水，地下水与地表水之间存在密切水力联系。一个流域或区域范围内地表水和地下水本身都是水系统的一部分。由于受到地形、地貌、气象、水文、开采活动等因素的影响，地下水与地表水之间存在补给或排泄关系。如图 4.21 所示，大气降水、蒸发、下渗、地表径流、地下径流等形成水循环；为了生活用水和生产用水，人为开采地下水、引用地表水；有一部分降水形成地表径流、一部分引水剩余又回归河流；存在地表水补给地下水，地下水排泄入地表河流，实现地表水-地下水转化。为了模拟计算流域或区域水资源量，分析地表-地下双重人类活动影响程度，可以构建一个流域分布式水文模型。

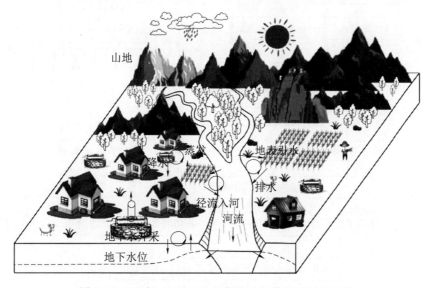

图 4.21　地表-地下双重人类活动干扰下流域水系统

　　[举例] 清水河流域地表-地下双人工调蓄分布式水文模型。张珂等[31] 基于调蓄水库概念提出了考虑地表水利工程和地下水超采影响下的网格化降雨径流模拟方法，通过在栅格新安江模型基础上引入地表-地下双调蓄模块，构建了栅格新安江-地表地下双人工调蓄分布式水文（GXAJ - DAR）模型，并在海河的典型流域

清水河流域进行了应用和验证。结果表明：基于栅格的双调蓄结构能根据水利工程控制区域和地下水埋深的实际空间分布对地面和地下径流人工调蓄过程进行准确模拟，能有效提高清水河流域的洪水模拟精度。

4.4.9　经济社会-水-生态分布式模型

为了建立经济社会-水-生态三个子系统之间的定量化关系，构建三子系统耦合的分布式模拟模型。其大致思路是：以划分的子流域和河段为基础，以自然水循环蒸发、降水、地表水、地下水过程和社会水循环取水、排水过程为自然-社会水循环耦合的重要接口，实现自然-社会水循环的水量耦合；通过研究自然水循环过程、社会水循环过程与河道内水生态、水环境要素的相互作用机理，借助水动力水质模型的耦合思想，把自然-社会水循环耦合的水量输出作为河流一维水质模型的水量输入，并考虑人类活动取-用-耗-排水过程和排污过程对河流水质的影响，实现自然-社会水循环水量模拟与水质模型的耦合；利用水量-水质-水生态指标的非线性函数关系模拟河道内水生态指标的变化过程；通过模型的框架设计和程序开发，构建流域经济社会-水-生态分布式模型（SEWE），模型框架如图 4.22 所示。

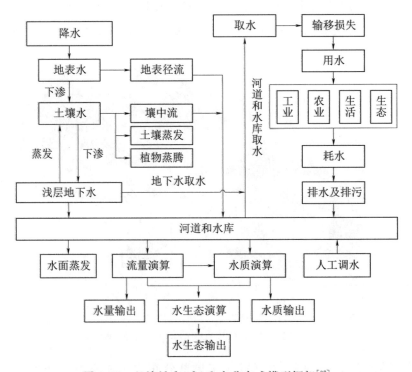

图 4.22　经济社会-水-生态分布式模型框架[32]

［举例］沙颍河流域分布式经济社会-水-生态模型。LUO Zengliang 等[32] 针对沙颍河流域，耦合社会水循环取-用-耗-排水和排污过程、降雨-径流模型、河流水

质模型和水生态模型（水量-水质-水生态非线性关系），构建基于自然-社会水循环定量关系的经济社会-水-生态分布式模型（SEWE），如图 4.22 所示，实现流域水文过程、经济社会取-用-耗-排水过程与河流水质和水生态过程的综合模拟。结果表明，水量模拟精度可以接受（流域出口断面，校准期 $R^2=0.78$，$NSE=0.73$；验证期 $R^2=0.74$；$NSE=0.70$）；水质和水生态模拟精度基本可以接受，但部分断面的平均相对误差超过 20%。

4.4.10 人水关系模拟的嵌入式系统动力学模型

系统动力学是一种以计算机仿真技术为辅助手段，研究复杂经济社会系统的定量分析方法。它自 20 世纪 50 年代中期创立以来，得到了广泛应用，包括在水资源开发利用、规划与管理等方面的应用。系统动力学是以反馈控制理论为基础，以仿真技术为手段，建立的方程主要包括状态变量（L）方程、速率（R）方程、辅助（A）方程等。系统动力学在处理区域、全国乃至全球的复杂系统时，具有明显的优势。在处理定性因子较多、十分复杂的大系统时，应用系统动力学可以大致认识和解决系统中的问题。

但是，系统动力学在处理像人水系统这样专业性很强的复杂系统，不能充分利用相关专业已有的研究成果，只依靠系统动力学本身的系统方程显得很单薄，大大限制了它的应用。为了解决这一问题，左其亭[8] 提出了更具实用意义的嵌入式系统动力学（Embedded System Dynamics，ESD）方法。该方法是在系统动力学模型的基础上，考虑到研究系统（如人水系统）自身的特点和规律，加入其他学科的定量化模型（统称 M 方程），形成耦合的模型。该模型既全面吸收系统动力学的优点，同时又接纳了相关学科的研究成果，大大提升了系统动力学的应用研究能力，同时也解决了复杂而又有专业特点的系统模拟问题。

如图 4.23 所示，是一个简化的流域人水系统 ESD 模型流图。在这个 ESD 模型中，包括一般系统动力学方程（如 L 方程、R 方程、A 方程），还嵌入了水循环模型（M 方程）。经济社会系统变化主要通过系统动力学方程来表达。水循环模型的输入包括自然界某些参数（如降水量）、社会经济变化方程中的一些参数，通过模型计算，输出水量、水质、生态环境指标参数。这些参数又制约着工业、农业、生活的变化。这样，就形成一个十分复杂的反馈系统。

[举例] 某城市区嵌入式系统动力学模型。马军霞等[33] 以某城市区为例构建了人水系统嵌入式系统动力学模型，并论述了采用嵌入式系统动力学的必要性。该研究区是一个相对独立的城市区，其经济社会发展模拟可以建立系统动力学模型。但它同时又受水资源可利用量的限制和下游河道控制断面水质标准的限制。这两个限制条件在经济社会系统动力学模型中无法体现。因此，如何把水系统变化模拟和控制条件嵌入到经济社会系统模型中是关键。为此建立了 ESD 模型，包括一般系统动力学方程（如 L 方程、R 方程、A 方程），还嵌入了水量模型、水质

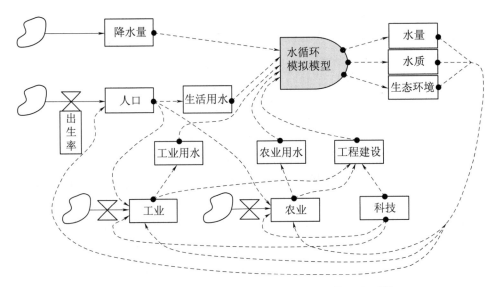

图 4.23　流域人水系统嵌入式系统动力学模型流图[8]

模型（M 方程）。水量模型、水质模型的输入包括自然界某些参数（如河流来水流量、水质）、经济社会变化方程中的一些参数（用水量、排水量）。通过模型计算，输出水量、水质指标参数，这些参数又制约着工业、农业、生活的变化，形成一个相互制约的反馈系统。模拟结果表明，该城市区经济社会发展规模不能按照现状发展速度增长，还受到水系统条件的约束（主要是水质标准的限制）；总用水量在各计算年远未达到水资源可利用量，而水质控制目标已经达到临界状态；其发展的瓶颈是污水处理能力偏低，可以通过建设污水处理厂，增加污水处理能力，提高其发展规模。

4.5　人水关系科学调控研究

4.5.1　人水关系科学调控研究综述

4.5.1.1　研究内容描述

自然界和人类社会中客观存在的各种事项（包括各种人水关系），一方面按照自然规律和经济社会发展规律自觉或不自觉地演变，这是客观发展规律的内在本质；另一方面，如果有人类的参与，客观存在人类意识，就可能试图去改变某些事项，本意是按照人的思维使其往好的方向改变，这就是广义上的"调控"。当然，经调控后是不是就往好的方向发展？有可能不以人的意志为转移，有可能存在"事与愿违""适得其反"。尽管如此，在自然界和人类社会中，发挥人的主观能动性，科学调控某些事项包括人水关系的变化，具有重要意义。

调控思路如图 4.24 所示，针对某一个人水关系问题，其本身可能是和谐的，也可能是不和谐的，首先需要对其进行评估，判断其状况；其次，如果出现与调控目标不一致情况，就需要按照调控目标要求进行调控，通过调控最终实现其目标。广义上讲，人水关系调控实例非常多，在许多学科中大量存在，只是未明确称呼其而已。比如，水文学中，通过水利工程建设改变河流径流量、防治洪水、解决抗旱问题等，通过地下水人工回灌措施来提升地下水位、改善地下水超采状况，通过植被恢复措施改善水源涵养条件、径流量大小和过程；水资源学中，通过水资源再分配改变用水结构、优化经济社会布局、降低二氧化碳排放量、实现供需水平衡；水环境学中，通过增加污水处理措施或提升污水处理能力以减少水体中污染物量、降低污染物浓度、提升水环境质量，通过水生态措施增加污染物吸收量、改善水体环境质量。

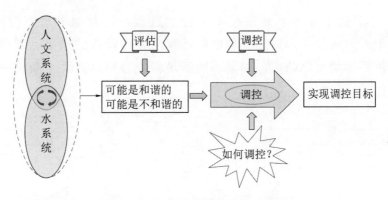

图 4.24 人水关系科学调控示意图

4.5.1.2 研究方法

如果按照广义上的科学调控范畴，人水关系科学调控的研究方法非常广泛，可以把所有应用于研究各种人水关系科学调控的方法都纳入进来。归纳一下，大致包括如下三大类研究方法。

（1）分析对比方法。这类方法是通过一定的思路或方法，分析对比不同方案或不同情景下的调控效果，通过对比后得出较优的结果。这类方法用到理论研究、定性分析、定量计算，根据不同的研究问题所采用的思路和方法有所不同。比如，对比选择一个产业布局方式的水资源利用效率最高，可以通过定性对比分析得出结果；也可以通过计算各产业布局下水资源利用效率大小，以此作出判断；甚至通过建立优化模型或模拟模型来计算得到选择的结果。

（2）优化计算方法。关于人水关系学中用到的优化方法，已在本书 3.2.5 节中简单介绍了优化方法，包括传统优化方法、不确定性条件下的优化方法、现代优化算法。当然，运筹学中多种优化计算方法在此都有广泛的应用。

（3）模型模拟方法。关于人水关系学中用到的模拟方法，已在本书 3.2.3 节中简单介绍了分布式模型、SWAT 模型以及分布式人水关系模型（DHWR）。当然，用于科学调控的模拟方法远不止这些，将在下面的举例中列举一些方法以供参考。

4.5.2　地下水动态模拟调控

地下水是全球水资源的重要组成部分，但其存在于地下，不直观，对其认识受限。为了定量计算其水资源量多少，往往需要构建定量化模拟模型。另外，地下水储存于地下，具有隐蔽性、不易受人为影响、分布不受地表地形影响、没有蒸发或蒸发较小等显著的优越性，是人类很早就用、目前也常用的重要水源。但其也有循环或补给作用较弱、地下水一旦受破坏修复起来更加困难等缺点。所以，保护地下水更加艰巨，需要科学开发。其中，可以利用地下水模拟模型，按照地下水保护目标进行人为调控。

如图 4.25 表达了地下水动态模拟调控的过程，针对地下水原型构建模拟模型，并应用于人为调控中，通过模型模拟计算出各种调控的结果，对照调控目标，如果满足调控目标就可以结束。如果不能满足调控目标，需要重新调整调控方案，直至达到调控目标为止。

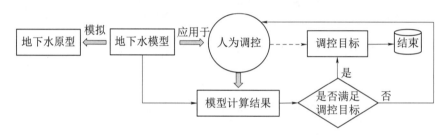

图 4.25　地下水动态模拟调控示意图

［举例］河套平原次生盐渍化地区地下水动态调控模拟研究。杨会峰等[34] 在盐荒地野外水盐运移试验的基础上，建立了基于饱和-非饱和带的土壤水盐运移模型，以地下水埋深为调控关键因子，模拟了河套灌区荒地不同时段的不同控制地下水埋深条件下包气带水盐变化规律。通过模型反算，定量确定了不同时段防治盐渍化的地下水埋深临界值。模拟调控结果：在年内 2~3 次灌溉淋滤的条件下，3—6 月控制地下水埋深大于 2.4~2.7m，7 月初至 9 月初控制地下水埋深大于 1.8~2.1m，9 月中旬至 11 月中旬控制地下水埋深大于 1.5~1.8m，11 月下旬至次年 3 月上旬控制地下水埋深大于 2.0~2.3m。通过年内各月临界阈值的调控，可使 0~40cm 土层的全盐量基本小于 0.2%，处于非盐渍化状态。

4.5.3　突发水污染事故应急调控

突发水污染事故是指，由于人的某些行为（化工厂爆炸、剧毒运输车侧翻、投毒等），使得水体的水质在短期内突然恶化，可能带来极大环境灾害的水污染现象。因为突发水污染事故没有固定的排放方式和途径，表现出突发性、危害性，因此，必须要采取更加严格的快速有效地应急处置。

如图 4.26 所示，如果突发水污染事故得不到及时、有效地处置，将严重危害到人类健康及生命安全，严重影响到生态平衡和经济社会发展。因此，必须采取紧急应对措施，实施应急预案，包括：快速发现、迅速报告、现场控制、现场调查、信息发布、污染跟踪、调查取证、善后处理等，以通过科学调控，减少对人类社会和自然界的危害。

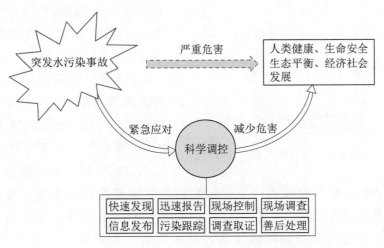

图 4.26　突发水污染事故应急调控示意图

[举例] 南水北调中线明渠突发水污染事故段及下游应急调控。 陈铭瑞等[35]以南水北调中线工程浍河节制闸—古运河节制闸段为例，模拟发生水污染应急事故，提出应急调控策略，包括：通过污染物特征参数量化方法分析污染物的扩散过程，划分事故段及事故段下游；针对事故段，通过量化方法计算出整个应急事故的持续时间；针对事故下游段，采用优化分区的方法，识别出不利渠池，关闭不利渠池下游节制闸，从而达到延长整个事故下游段的供水时间的效果。针对实例的研究结果是：事故段应急事件持续时间为 7.9h；事故段下游通过优化识别出两个不利渠池，分别延长供水时间为 6.13d 和 5.61d。

4.5.4　水资源供需双侧调控模型

实现水资源供需平衡，是水资源规划、管理的重要任务之一。如果出现"供小于需"，说明水资源短缺，需要采取一定措施，以缓解供需矛盾。随着用水量增加，"供小于需"的现象越来越常见，因此，很有必要研究与调整供需水关系。解决供需矛盾的途径，可以从供和需两方面入手，也反映了人水关系的调控问题。

如图 4.27 示意了水资源供需双侧调控的思路，从人水系统来看，一方面，人类社会和自然界对水系统有需求，是需水侧；另一方面，自然界又赋予了可更新的水资源，是供水侧。需水侧的直接表现是需水量指标，供水侧的直接表现是可

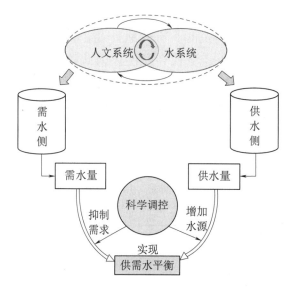

图 4.27　水资源供需双侧调控示意图

供水量指标。按照人与自然和谐共生的需求，应该实现供需水平衡，才能实现水资源可持续利用和经济社会可持续发展。但很多情况下，出现"需大于供"的情况，阻碍经济社会发展、超出水资源承载能力。为此，需要进行科学调控，可以从抑制需求、增加水源的途径，最终实现供需水平衡。

[举例] **南四湖流域水资源供需双侧调控模型。** 王宗志等[36] 以南四湖流域为例，通过来源于需水侧的"需水过程"与来源于供水侧的"可供水过程"的分解与耦合，实现供需双侧的联合调控，综合集成构建了流域水资源供需双侧调控模型，提出了南四湖上级湖、下级湖等大型湖库工程的优化调度图与不同年型下农业种植结构和水资源配置方案。通过供需双侧协调优化，枯水年水分生产效益提高了 0.70 元/m³，平水年水分生产效益提高了 0.63 元/m³；生活和工业供水保证率稳定在 95%，生态和农业供水保证率明显提升，分别由 53% 提高到 71%、由 67% 提高到 75%。

4.5.5　基于模拟-优化的闸坝群防污调控

本书 4.2.4 节已经介绍过闸坝，闸坝在兴水利、除水害方面发挥积极作用，但也会带来一定的负面影响。因此，如何进行科学的调控和运用，使其负面影响减少甚至变为正面作用，具有重要的意义。

重污染河流闸坝上游积聚的污水集中下泄，极易引起下游保护河段出现水污染事件，这一现象在淮河流域有较多的案例。淮河上修建了大量的闸坝，如果调控不合理，使得闸坝上游经常蓄积大量的工业废水和生活污水，一旦集中下泄，就会造成下游河段水污染事件。因此，需要研究闸坝群的科学调度和运用问题。

如图 4.28 表示了基于模拟-优化的闸坝群防污调控方案寻找流程。为了满足重污染河流闸坝群防污调控的需要，采用数值模拟和优化模型相结合的闸坝群调控方法，构建基于模拟的重污染河流闸坝群防污调控优化模型，通过模型优化求解，得到闸坝群防污调控方案。通过人为措施，科学调控闸坝群，以减少河流出现水污染事件的概率，降低水质指标，保护水环境。

[举例] **沙颍河闸坝群防污调控研究。** 左其亭等[37] 以淮河流域重污染河流沙颍河上的闸坝群为研究对象，基于 MIKE11 软件，构建了多闸坝河流的一维水动

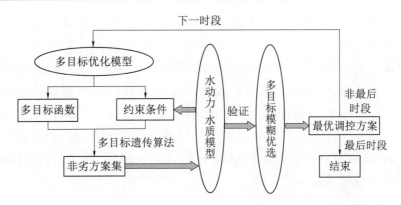

图 4.28　基于模拟-优化的闸坝群防污调控方案寻找流程[37]

力-水质模型，并在此基础上建立了闸坝群防污调控优化模型，采用多目标遗传算法和模糊优选相结合的方法对模型求解，得到该河流闸坝群优化调控方案。该优化方案是：淮河干流鲁台子的氨氮浓度为 $1.32\sim1.4\mathrm{mg/L}$，没有造成淮河干流水污染现象；该方案充分利用淮河干流的环境容量，在某些时段共削减沙颍河水体的氨氮总量约 $1272531\mathrm{kg}$，对淮河干流的纳污总量利用率均在 90% 以上，通过重新分配和适时消减重污染河流闸坝群拦蓄的污水总量，从而减少了保护河段因闸坝不合理调控所导致突发性水污染的概率。

4.5.6　多目标水库优化调度

水库调度是水库工程管理的主要内容之一，也是常见的一种人为调控水系统的措施。其基本原理是：运用水库的调蓄能力，根据水库承担任务的目标需求和实际水文情况，有计划地对水库的来水、用水、下泄、蓄存等进行安排，以达到水库调度目的，最大限度地满足国民经济各部门的需要。多数情况下水库调度是面向多目标需求，需要寻找最优方案，因此构建的是多目标优化模型。

如图 4.29 示意了一般水库/水库群优化调度研究流程。首先，需要针对调度问题，确定调度目标，构建目标函数。如果目标有多个，就是多目标优化问题。其次，根据需要满足的内部、外部条件，确定约束条件。由目标函数和约束条件组合一起就构成了优化模型。最后，针对优化模型进行求解，确定调度方案，实现水库/水库群科学调控。

［举例］赣江流域面向发电、供水、生态要求的水库群优化调度研究。陈悦云等[38] 研究了赣江流域水库群优化调度问题，将赣江流域上游至下游用水区

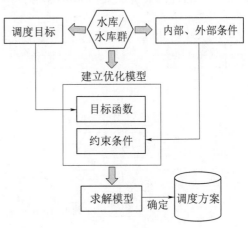

图 4.29　水库/水库群优化调度研究流程

概化成 7 个主要用水区域，综合考虑各水库的运用目标、流域主要用水区域水量需求以及河道内生态流量的要求，以水库群总发电量最大、用水区域总缺水量最小和外洲控制站调度后流量与天然流量偏差最小为目标，建立面向发电、供水、生态要求的赣江流域水库群优化调度模型，采用多目标粒子群算法进行求解，得到不同来水频率下发电、供水和生态 3 个目标的非劣解集。调控结果为：规划水平年 2030 年 50%、75%、95% 来水频率下，优化调度缺水量分别为 1.05 亿 m^3、2.92 亿 m^3 和 3.52 亿 m^3，总缺水率为 2.53%、6.15%、6.92%，整体来说缺水不算严重，综合效益较好。

4.5.7　水资源多目标优化配置

水资源优化配置，是运用系统工程理论方法，协调好各地区及各用水部门之间的利益与矛盾，尽可能地提高综合效益，建立水资源优化配置模型，以此制定水资源配置方案。实现水资源优化配置，是人们在对稀缺的水资源进行分配时的目标和愿望，具有重要的现实意义。一方面，通过控制社会发展规模、调整经济结构以及节约用水等措施，设置必要的约束条件，使开发水资源限制在允许的范围内；另一方面，通过改变水资源系统的时空分布特征，以最大可能满足经济社会发展的需要，创造最大的综合效益。因此，需要建立多目标函数和约束条件，构建优化模型。

如图 4.30 示意了水资源优化配置研究流程，与图 4.29 有些步骤类似，同样需要建立优化模型的目标函数和约束条件，通过模型求解得到水资源配置方案。

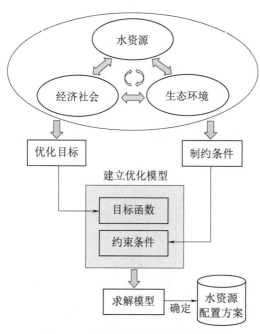

图 4.30　水资源优化配置研究流程

[举例] 甘肃省民勤县农业水资源多目标优化配置研究。谭倩等[39] 采用基于鲁棒优化方法的农业水资源多目标优化配置模型方法（MRPWU），以作物种植经济收益和碳吸收量最大化为目标、以水土资源供需平衡等为约束条件，构建了甘肃省民勤县农业水资源多目标优化配置模型。通过模型求解，得到优化配置方案，与优化前对比，减少种植面积1.6%、节省灌溉用水 3.9%，提高生态效益 1.6%。

4.5.8　水-粮食-能源-生态协同调控

水、粮食、能源是人类生存和社会稳定的三大战略性支撑要素，也是经济社会可持续发展的重要物质保障，生态是人类社会发展的基础。对应的水安全、粮食安全、能源安全、生态安全是世界关注的重大安全问题。

水、粮食、能源和生态既是相对独立又是紧密关联的耦合互馈系统，存在着复杂的相互关系，如图 4.31 所示。水系统为农田粮食生产提供水资源，农田排水/退水既为水系统提供水源又可能污染水系统。开发水资源需要耗能，能源生产也要耗水。水系统为生态用水提供水源，生态系统又能涵养和净化水资源。粮食生产可以为能源系统供应生物质发电，能源系统又为粮食生产提供能源。能源发电一般会污染生态，保护生态在一定程度上会制约能源生产规模。粮食生产一定程度上会污染生态，保护生态一定程度上会制约粮食生产。由此可以看出，水-粮食-能源-生态相互交织，息息相关，形成一个互馈的耦合系统。因此，很有必要开展水-粮食-能源-生态

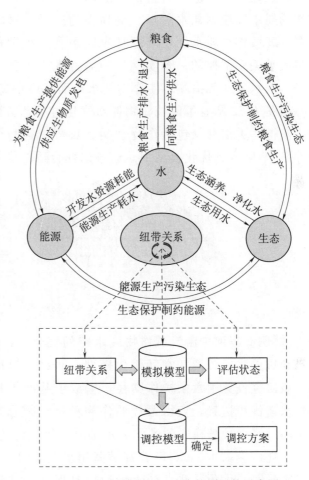

图 4.31　水-粮食-能源-生态协同调控示意图

纽带关系及协同调控研究。其研究思路大致是：基于水-粮食-能源-生态纽带关系分析，构建耦合系统模拟模型，评估其耦合系统状态，根据调控目标要求，构建调控模型，基于模型求解或模拟计算，提出协同调控方案。

[举例] **京津冀水-粮食-能源-生态协同调控应用研究。** 赵勇等[40] 构建了京津冀水-粮食-能源-生态协同调控模型，识别了耦合系统现状状态，开展未来多情景推演式模拟调控，提出基于水-粮食-能源-生态关联视角下京津冀协同调控方案。所得结果是：在保障水-粮食-能源-生态耦合系统平衡下，即使南水北调中线一期工程达效运行，京津冀仍存在 30.9 亿 m^3 的破坏性缺水；通过需求变化、生态保障和供给能力 3 个方面进行未来情景推演式模拟调控，提出了保障 2035 水平年京津冀水-粮食-能源-生态耦合系统协同发展情景，建议京津冀地区南水北调中东线后续年调水工程规模为 46.2 亿～60 亿 m^3。

4.5.9 区域作物耗水优化

农业是世界上迄今为止最大的用水行业，在水资源相对匮乏的地区，优化调控作物耗水以控制耗水总量、提高作物产量，对区域水资源管理和提升效益至关重要。区域作物耗水优化问题是农田水利工程学科中一个研究课题，实际上也明显是人水关系调控的一个实例，即通过人为干预，调整种植作物结构、种植空间布局、供水方式等措施，使作物耗水小而且产量高，实现总体最优。

如图4.32示意了区域作物耗水优化过程，大致思路是，通过一系列手段和途径，获得有关信息（包括作物种类、长势、空间分布、土壤类型、墒情、水资源条件等），输入到优化模型中，通过选择合适的优化路径，得到优化的调控方案。

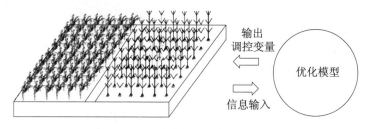

图4.32 区域作物耗水优化示意图

[举例] 黑河中游流域作物耗水空间优化。HE Liuyue等[41]采用一种基于元胞自动机的水资源消耗空间优化模型，研究了黑河中游流域作物耗水空间优化问题。该研究设置了六条操作路径，生成了基准年和规划年的一系列作物种植分布和耗水量优化情景，获得最优的作物种植空间分布。优化结果表明，当农业有效水量超过当前种植模式的灌溉需水量时，优先优化这些灌溉效益相对较高的区域，可减少耗水量1.4%，显著提高灌溉用水效益约32%；当农业有效水量低于当前灌溉需水量时，优化这些高耗水量地区是保持区域经济稳定的最佳方式，尽管它仍然比基准年低13%；无论是基准年还是规划年的优化，为了缓解当地农业用水压力，保证当地农业经济效益，都应该减少玉米的种植面积。

4.6 人水关系涉及的政策制度研究

4.6.1 人水关系涉及的政策制度研究综述

4.6.1.1 研究内容描述

人水关系学内容广泛，涉及对人水系统的认识、水资源开发、各种规划、各种管理、水资源配置、水资源利用途径、水资源保护以及水文化传承等。完成这些工作内容的任务，需要一个庞大的保障体系作支撑，其中包括一系列的政策制度。科学合理的政策制度可以促进或保障调节人水关系，引导其向着好的方向发展。因此，研究人水关系涉及的政策制度具有重要现实意义。

为了支撑人水关系的一系列工作内容，需要构建一个全面的政策制度体系，作为其主要工作内容的保障体系，如图 4.33 所示。到底政策制度包括哪些方面，一般没有太明确的界定。按照政策制度出现的形式，可以将人水关系涉及的政策制度分为法律、条例、标准、细则、文件、通知、规定等类型。

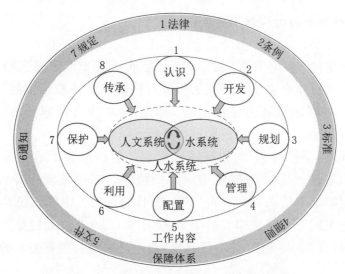

图 4.33　人水关系学主要内容与政策制度关联

4.6.1.2　研究方法

政策制度的研究多数是以定性分析或理论演绎分析为主，一般的政策制度研究方法都可以应用于人水关系涉及的政策制定研究。归纳一下，大致包括如下三大类研究方法。

（1）国内外对比方法。这是政策制度研究比较常用的一种研究方法。这类方法是通过国内外对比分析，特别是对相同内容的国内外对比，选择较好的政策制度，供我国制定相应政策制度时参考。比如，通过对比国外代表性河道管理条例，为我国制定黄河保护法所参考；对比国外河流生态补偿方法，为我国制定生态补偿制度所参考；通过比较国外流域水资源管理制度，为我国流域管理和治理提供借鉴。

（2）文献分析方法。是通过对收集到的某方面的文献资料进行研究，引出政策制度研究的思路和观点。这是社会科学中常用的一种分析手段，通过大量收集资料，对资料进行分类整理、对比分析、逻辑推导，研究得出结论。比如，通过分析国内外防洪制度的规定，为防洪法制定提供参考；通过分析国内外生态用水的制度规定，制定我国生态用水保障制度。

（3）理论分析方法。是针对人水关系某个问题，在感性认识的基础上通过理性思维认识其本质，基于一定的理论指导，分析得出相应的结论。理论分析方法属于理论思维的一种形式，是科学分析的一种高级形式，必须在一定的理论指导下进行，借助逻辑思维方法，尽量运用数学方法进行定量分析，采用理论分析与实践检验相结合的思路，得出科学合理、符合实际的结论。比如，运用和谐论、博弈论，分析跨界河流分水方案；运用协同论，制定流域协同治理制度。

4.6.2 涉及的政策制度分类举例

4.6.2.1 法律

按照一般法学的界定，法律是由国家制定或认可并以国家强制力保证实施的规范体系。法律是由享有立法权的立法机关行使国家立法权，依照法定程序制定、修改并颁布，并由国家强制力保证实施。我国的法律可以划分为：宪法、法律、行政法规、地方性法规、自治条例和单行条例。

为了合理开发、利用、节约和保护水资源，防治水害，适应国民经济和社会发展的需要，国家或地方政府制定了一系列法律，来规范或指导各种水事活动，处罚不符合规定的水事活动。1988 年 1 月 21 日通过的《中华人民共和国水法》是我国第一部有关水的综合性法律。后于 2002 年 8 月 29 日又通过修改后的《中华人民共和国水法》（自 2002 年 10 月 1 日起施行），是制定其他有关水的专项法律、法规的重要依据。

除《中华人民共和国水法》外，到目前还制定了《中华人民共和国水污染防治法》《中华人民共和国水土保持法》《中华人民共和国防洪法》等专项法律。

[**举例**]**《中华人民共和国长江保护法》**。2020 年 12 月 26 日，中华人民共和国第十三届全国人民代表大会常务委员会第二十四次会议通过《中华人民共和国长江保护法》，自 2021 年 3 月 1 日起施行。《中华人民共和国长江保护法》是为了加强长江流域生态环境保护和修复，促进资源合理高效利用，保障生态安全，实现人与自然和谐共生、中华民族永续发展而制定的法律，是我国第一部流域专门法律。适用于在长江流域开展生态环境保护和修复以及长江流域各类生产生活、开发建设活动。包括总则、规划与管控、资源保护、水污染防治、生态环境修复、绿色发展、保障与监督、法律责任和附则 9 章共 96 条。《中华人民共和国长江保护法》为实施流域综合治理提供了法律依据，为黄河及后续其他流域保护立法建设提供了完整性、系统性立法创新与实践参考。

4.6.2.2 条例

条例是国家权力机关或行政机关依照政策和法令而制定并发布的，针对某些具体事项而做出的比较全面、系统、具有长期执行效力的法规性文件。按照上述对法律的界定，条例是法律的表现形式之一。当某条例是由国家制定或批准的规定时，它具有法律的效力，是从属于法律的规范性文件，人人必须遵守，违反它就会带来一定的法律后果。

针对水问题，我国政府制定了一系列条例，如《中华人民共和国河道管理条例》（1988年）、《中华人民共和国防汛条例》（1991年）、《中华人民共和国水土保持法实施条例》（1993年）、《取水许可制度实施办法》（1993年）、《排污费征收使用管理条例》（2002年修订）、《中华人民共和国抗旱条例》（2009年）、《气象灾害防御条例》（2010年）、《太湖流域管理条例》（2011年）、《城镇排水与污水处理条例》（2013年）、《南水北调工程供用水管理条例》（2014年）、《中华人民共和国城市供水条例》（2020年修订）、《地下水管理条例》（2021年）等，与各种综合性法律相比，这些行政法规和法规性文件的规定更为具体、详细。

［举例］《地下水管理条例》。《地下水管理条例》经2021年9月15日国务院第149次常务会议通过，自2021年12月1日起施行。该条例是为了加强地下水管理，防治地下水超采和污染，保障地下水质量和可持续利用，推进生态文明建设，根据《中华人民共和国水法》和《中华人民共和国水污染防治法》等法律而制定的条例，适用于地下水调查与规划、节约与保护、超采治理、污染防治、监督管理等活动。包括总则、调查与规划、节约与保护、超采治理、污染防治、监督管理、法律责任和附则共8章64条。

4.6.2.3 标准

标准是对重复性事物和概念所做的统一规定，是以科学、技术和实践经验的综合为基础，经协商一致制定并由公认机构批准，为各种活动或其结果提供规则、指南或特性，供共同使用和重复使用的一种文件。

标准的类型有国际标准、区域标准、国家标准、专业标准、地方标准、企业标准。中华人民共和国国家标准，简称国标，强制性国家标准的代号为"GB"，推荐性国家标准的代号为"GB/T"。

针对水问题，我国制定了一系列国家标准，如《渔业水质标准》（GB 11607—89）、《景观娱乐用水水质标准》（GB 12941—91）、《地下水质量标准》（GB/T 14848—93）、《污水综合排放标准》（修订）（GB 8978—96）、《地表水环境质量标准》（修订）（GB 3838—2002）、《农田灌溉水质标准》（第二次修订）（GB 5084—2005）、《生活饮用水卫生标准》（修订）（GB 5749—2006）。还制定一些水利行业标准，如《地表水资源质量标准》（SL 63—94）、《干旱灾害等级标准》（SL 663—2014）。

［举例］《地表水环境质量标准》（GB 3838—2002）。《地表水环境质量标准》（GB 3838—83）为首次发布，1988年为第一次修订，1999年为第二次修订，2002年为第三次修订，由国家环境保护总局批准，自2002年6月1日起实施。该标准规定了水环境质量应控制的项目及限值，以及水质评价、水质项目的分析方法和标准的实施与监督。该标准项目共计109项，其中地表水环境质量标准基本项24项，集中式生活饮用水地表水源地补充项目5项，集中式生活饮用水地表水源地特定项目80项。

4.6.2.4　细则

细则也称实施细则，是有关机关或部门为使下级机关或人员更好地贯彻执行某一法令、条例和规定，结合实际情况，对其所做的详细的、具体的解释和补充。细则多是主体法律、法规、规章的从属性文件，一般由原法令、条例、规定的制定机构或其下属职能部门制定，与原法令、条例、规定配套使用，其目的是补充法律、法规、规章条文原则性强而操作性弱的不足，以利于贯彻执行。

针对水问题，我国制定了一系列实施细则，如《中华人民共和国水污染防治法实施细则》（1989 年执行，2018 年废止）、《水利产业政策实施细则》（1999 年）、《全国中小河流治理项目资金使用管理实施细则》（2011 年）、《加快推进农村水利工程建设实施细则》（2015 年）、《加快推进江河治理工程建设实施细则》（2015 年）、《水利部生产建设项目水土保持方案技术评审细则（试行）》（2018 年）。

［举例］《加快推进江河治理工程建设实施细则》（水建管〔2015〕270 号）。 为加快推进江河治理工程建设，确保如期实现建设目标，保障工程建设质量、安全和投资效益，根据水利部《加快推进水利工程建设实施意见》及有关规定，水利部于 2015 年制定了《加快推进江河治理工程建设实施细则》。包括总则、总体目标、前期工作和计划安排、建设实施、监督检查共 5 章 22 条。

4.6.2.5　文件

文件是国家机构、社会组织或单位在履行其法定职责或处理事务中形成的公文、信件等。比如，中共中央、国务院发布的文件，中共中央办公厅、国务院办公厅印发的文件，水利部等部委印发的文件，水利部办公厅等印发的文件，以及各单位向下级单位下发的文件，单位之间传送的文件等。

针对水问题，中央和地方政府以及相关部门印发了一系列文件，比如，2023 年 1 月中共中央办公厅 国务院办公厅印发《关于加强新时代水土保持工作的意见》，2021 年 11 月 2 日中共中央 国务院印发《关于深入打好污染防治攻坚战的意见》，2021 年 10 月中共中央 国务院印发《黄河流域生态保护和高质量发展规划纲要》，2020 年 3 月中共中央办公厅 国务院办公厅印发《关于构建现代环境治理体系的指导意见》。

［举例］2011 年中央一号文件《中共中央 国务院关于加快水利改革发展的决定》。 中央一号文件，是中共中央每年发布的第一份文件，通常在年初发布。1949 年 10 月 1 日，中华人民共和国中央人民政府开始发布《第一号文件》。2011 年 1 月 29 日中央一号文件发布《中共中央 国务院关于加快水利改革发展的决定》，是中华人民共和国成立 62 年来中央文件首次对水利工作进行全面部署，是中共中央审时度势提出的重大战略决策，明确了新形势下水利的战略地位，提出了新的水利改革发展指导思想和目标任务。文件指出："水是生命之源、生产之要、生态之基。兴水利、除水害，事关人类生存、经济发展、社会进步，历来是治国安邦的

大事"；"加快水利改革发展，不仅事关农业农村发展，而且事关经济社会发展全
局；不仅关系到防洪安全、供水安全、粮食安全，而且关系到经济安全、生态安
全、国家安全"；"把水利作为国家基础设施建设的优先领域"，"力争通过5年到
10年努力，从根本上扭转水利建设明显滞后的局面"。

4.6.2.6 通知

通知，是向特定受文对象告知或转达的公文，运用非常广泛，一般是用来发
布法规、规章，转发上级机关、同级机关和不相隶属机关的公文，批转下级机关
的公文，传达要求下级机关办理某项事务和有关单位需要周知或共同执行的事项，
以及任免和聘用干部等。

针对水问题，各级政府发布或转发的通知很多，比如，2022年2月《水利部
办公厅关于印发2022年河湖管理工作要点的通知》，2022年5月《水利部办公厅
关于强化小型水库安全度汛工作的紧急通知》，2022年6月《水利部办公厅关于进
一步加强流域水资源统一调度管理工作的通知》，2023年2月《水利部办公厅关于
印发2023年河湖管理工作要点的通知》等。

[**举例**]《**水利部办公厅关于进一步加强流域水资源统一调度管理工作的通
知**》。为了深入贯彻落实强化流域治理管理工作要求，强化流域统一调度，2022年
6月25日，水利部办公厅发布了《水利部办公厅关于进一步加强流域水资源统一
调度管理工作的通知》。该通知围绕六个方面，提出了十七条工作要求，提出要健
全水资源统一调度管理工作机制，有序推进水资源统一调度，抓好水资源统一调
度实施，加快水资源调度信息化建设，持续强化水资源统一调度监督管理，加强
调度组织指导和调度能力建设。

4.6.2.7 规定

规定，在法律条文中，是预先制定的、具有法律效力的规则或行为标准；或
泛指具体要求时，是指对事物的数量、质量、方式、方法、目标和内容等作出具
有约束力和权威性的决定。

针对水问题，各级政府作出许多决定，比如，《城市节约用水管理规定》
(1989年1月1日起施行)，《城市供水水质管理规定》(2007年5月1日起施行)，
《水利工程质量管理规定》(1997年12月21日发布，修正后2023年3月1日起执
行)，《水利监督规定》(2022年12月5日起施行)等。

[**举例**]《**水利工程质量管理规定**》。1997年12月21日水利部令第7号发布
《水利工程质量管理规定》，后修改的《水利工程质量管理规定》于2023年1月
12日水利部令第52号发布，自2023年3月1日起施行。该规定共9章76条，
对水利工程质量管理的相关环节作出全面系统的规定，对违反水利工程建设质量
管理的行为，明确了严格的法律责任，强调项目法人对水利工程质量承担首要责
任，勘察、设计、施工、监理单位承担主体责任，检测、监测等其他单位依据有

关规定和合同承担相应责任。

4.6.3　最严格水资源管理制度

最严格水资源管理制度是一种国家管理制度，它是指根据区域水资源潜力，按照水资源利用的底线，制订水资源开发、利用、排放标准，并用最严格的行政行为进行管理的制度[42]。最严格水资源管理制度是我国在新时期水利改革发展形势下为了系统解决水问题所采取的治水方略。

我国人多水少、人水矛盾突出，水资源成为制约经济社会发展和生态系统良性循环的重要瓶颈。为了从根本上缓解人水矛盾、解决我国日益严峻的水问题，基于我国基本的国情和水情，归纳总结以往水资源管理的经验和教训，我国政府于 2009 年创造性地提出了最严格水资源管理制度。2009 年 1 月全国水利工作会议上提出"从我国的基本水情出发，必须实行最严格的水资源管理制度"，这是我国首次明确提出最严格水资源管理制度的构想，标志着最严格水资源管理制度在我国正式拉开序幕。

2009 年 2 月全国水资源工作会议上发表了题为"实行最严格的水资源管理制度，保障经济社会可持续发展"的报告，明确指出要尽快建立并落实最严格水资源管理"三条红线"。2012 年 1 月，国务院发布了《关于实行最严格水资源管理制度的意见》文件，对最严格水资源管理制度的实施作出了具体的安排和全面部署。2013 年 1 月国务院办公厅发布了《实行最严格水资源管理制度考核办法》，具体布置相关考核事宜。2014 年 1 月，水利部等十部门联合印发了《实行最严格水资源管理制度考核工作实施方案》，对考核组织、程序、内容、评分和结果使用作出明确规定。即从 2014 年开始，对全国 31 个省级行政区进行最严格水资源管理制度考核。

最严格水资源管理制度主要体现"三条红线""四项制度"，"三条红线"是指水资源开发利用控制红线、用水效率控制红线、水功能区限制纳污红线，"四项制度"是指用水总量控制制度、用水效率控制制度、水功能区限制纳污制度、水资源管理责任和考核制度。该制度从源头管理、过程管理、末端管理三个阶段，进行用水总量控制、用水效率控制、排污总量控制，以系统应对水问题。

[举例]《关于实行最严格水资源管理制度的意见》。2012 年 1 月 12 日国务院发布《实行最严格水资源管理制度的意见》（国发〔2012〕3 号），从制度总体要求、重点任务和主要目标等方面对最严格水资源管理制度的实施作出了具体的安排和全面部署，明确提出了"三条红线"的短期、中期、长期目标以及"四项制度"的具体实施措施，包括：加强水资源开发利用控制红线管理，严格实行用水总量控制；加强用水效率控制红线管理，全面推进节水型社会建设；加强水功能区限制纳污红线管理，严格控制入河湖排污总量；建立水资源管理责任和考核制度，健全水资源监控体系，完善水资源管理体制，完善水资源管理投入机制，健

全政策法规和社会监督机制。

4.6.4　生态补偿制度

生态补偿制度，是以防止生态环境破坏、增强和促进生态系统良性循环为目的，采用经济调节手段，以法律为保障，由国家或其他受益的组织和个人对生态保护地区进行价值补偿的环境法律制度。

《环境保护法》第 31 条规定：国家建立、健全生态保护补偿制度。国家加大对生态保护地区的财政转移支付力度。有关地方人民政府应当落实生态保护补偿资金，确保其用于生态保护补偿。国家指导受益地区和生态保护地区人民政府通过协商或者按照市场规则进行生态保护补偿。

生态保护补偿主体有政府、非营利的社会团体。受偿主体有生态环境建设者、生态功能区内的地方政府和居民、环保技术的研发主体、采用新型环保技术的企业等。补偿方式有货币补偿、实物补偿、智力补偿、政策补偿等。补偿标准主要由两部分组成，即生态服务功能的价值和环境治理与生态恢复成本，一般通过协商和核算来确定。

生态保护补偿制度作为生态文明制度的重要组成部分，是落实生态保护权责、调动各方参与生态保护积极性、推进生态文明建设的重要手段。

［举例］《关于深化生态保护补偿制度改革的意见》。2021 年 9 月，中共中央办公厅 国务院办公厅印发了《关于深化生态保护补偿制度改革的意见》。该意见提出，健全以生态环境要素为实施对象的分类补偿制度，综合考虑生态保护地区经济社会发展状况、生态保护成效等因素确定补偿水平，对不同要素的生态保护成本予以适度补偿；坚持生态保护补偿力度与财政能力相匹配、与推进基本公共服务均等化相衔接，按照生态空间功能，实施纵横结合的综合补偿制度，促进生态受益地区与保护地区利益共享；合理界定生态环境权利，按照受益者付费的原则，通过市场化、多元化方式，促进生态保护者利益得到有效补偿，激发全社会参与生态保护的积极性；加快相关领域制度建设和体制机制改革，为深化生态保护补偿制度改革提供更加可靠的法治保障、政策支持和技术支撑。明确了政府主导有力、社会参与有序、市场调节有效的生态保护补偿体制机制。

4.6.5　水资源论证制度

2002 年 3 月 24 日，水利部、国家发展计划委员会联合发布《建设项目水资源论证管理办法》，标志着我国水资源论证制度正式实行。水资源论证工作服务于取水许可审批，是深化取水许可制度管理的要求，它与取水许可审批是一个整体，是紧密相连的两个环节。为了更好地开展水资源论证工作，我国相继颁布了一系列文件，比如，《建设项目水资源论证导则》（SL/Z 322—2005）、《建设项目水资源论证导则》（SL/Z 322—2013）、《建设项目水资源论证导则》（GB/T 35580—

2017）和《水利水电建设项目水资源论证导则》（SL 525—2011）。

　　水资源论证是根据国家相关政策、国家以及地方发展需求，对建设项目等各种取用水的合理性、可靠性与可行性，以及各种活动对周边水资源和其他取用水的影响进行分析论证，以确保人类活动不至于影响到水系统的完整性和区域整体的可持续发展，也是通过水资源论证制度的实施来协调好人水关系。

　　水资源论证是为贯彻落实水资源刚性约束要求和"以水定城、以水定地、以水定人、以水定产"原则，促进经济社会发展与水资源条件相适应，必须开展的一项重要工作。水资源论证制度建立以来，在推动相关规划科学决策和建设项目合理布局中发挥了重要作用，有力促进了水资源节约保护和合理开发利用（引自水利部 2020 年 11 月 3 日发布的文件《水利部关于进一步加强水资源论证工作的意见》）。

　　[举例] 水资源论证范围。水利部于 2020 年 11 月 3 日发布了《水利部关于进一步加强水资源论证工作的意见》，该文件中强调了规划水资源论证、建设项目水资源论证和水资源论证区域评估。①规划水资源论证。国民经济和社会发展相关工业、农业、能源等需要进行水资源配置的专项规划，城市总体规划，重大产业布局和各类开发区（新区）规划，以及涉及大规模用水或者实施后对水资源水生态造成重大影响的其他规划，在规划编制过程中应当进行水资源论证。已审批的相关规划，规划内容有重大调整的，应当重新开展水资源论证。②项目水资源论证。对于直接从江河、湖泊或地下取水并须申请取水许可证的新建、改建、扩建的建设项目，建设项目业主单位应当进行建设项目水资源论证。③水资源论证区域评估。各流域管理机构和地方各级水行政主管部门要按照国务院关于工程建设项目审批制度改革的决策部署，优先在自由贸易试验区、各类开发区、工业园区、新区和其他有条件的区域，推行水资源论证区域评估。

4.6.6　取水许可管理制度

　　《中华人民共和国水法》规定："国家对直接从地下或者江河、湖泊取水的，实行取水许可制度。"因此，取水许可制度是在我国境内直接从江河、湖泊或地下水取水的所有单位和个人应遵守的一项制度。取水许可制度是体现国家对水资源实施统一管理的一项重要制度，已被世界上许多国家所采用，对保障水资源合理开发、高效利用、有效保护、强化管理以及支撑经济社会可持续发展具有重要作用。

　　《中华人民共和国水法》规定："直接从江河、湖泊或者地下取用水资源的单位和个人，应当按照国家取水许可制度和水资源有偿使用制度的规定，向水行政主管部门或者流域管理机构申请领取取水许可证，并缴纳水资源费，取得取水权。"

　　《取水许可制度实施办法》是由国务院令第 119 号于 1993 年 8 月 1 日发布、

1993 年 9 月 1 日起施行，现已废止，主要内容已由《取水许可管理办法》（2017 年修正）代替。《取水许可和水资源费征收管理条例》由国务院令第 460 号于 2006 年 2 月 21 日公布，2006 年 4 月 15 日起施行，后于 2017 年修正。

　　[举例]《取水许可管理办法》（2017 年修正）。《取水许可管理办法》是由水利部令第 49 号于 2017 年 12 月 22 日发布并施行。该办法规定：水利部负责全国取水许可制度的组织实施和监督管理；水利部所属流域管理机构，依照法律法规和水利部规定的管理权限，负责所管辖范围内取水许可制度的组织实施和监督管理；县级以上地方人民政府水行政主管部门按照省、自治区、直辖市人民政府规定的分级管理权限，负责本行政区域内取水许可制度的组织实施和监督管理；流域内批准取水的总耗水量不得超过国家批准的本流域水资源可利用量；行政区域内批准取水的总水量，不得超过流域管理机构或者上一级水行政主管部门下达的可供本行政区域取用的水量。该办法共 7 章 51 条，自公布之日起施行。1994 年 6 月 9 日水利部发布的《取水许可申请审批程序规定》（水利部令第 4 号）、1996 年 7 月 29 日水利部发布的《取水许可监督管理办法》（水利部令第 6 号）以及 1995 年 12 月 23 日水利部发布并经 1997 年 12 月 23 日水利部修正的《取水许可水质管理规定》（水政资〔1995〕485 号、水政资〔1997〕525 号）同时废止。

4.6.7　人水关系相关的政策总结与分析

　　人水关系相关的政策是与水有关的行政或服务部门所制定的，服务于政策制定、政策决策、政策执行和政策结果评价整个流程的每一阶段，保障通过相关政策实施实现社会发展和大多数人的利益。人水关系相关的政策涉及的领域很广，诸如水资源开发、节约用水、水资源保护、水资源管理、防洪排涝、干旱应急、流域管理模式、水治理方略、水安全保障、水工程运行维护、水教育、水文化宣传与传承等。

　　因为人水关系相关的某一方面政策的出台，一般涉及内容比较丰富，可能存在的问题较多，需要对相关政策进行系统总结和分析，正确把握相关政策，为全面、正确贯彻政策奠定基础，同时，通过政策总结与分析，有助于政策制定者继续坚持或改进政策目标、政策实施过程或要求，促进政策效益最大化。

　　[举例] 数字孪生流域共建共享相关政策。数字孪生流域，是以物理流域为单元、时空数据为底座、数学模型为核心、水利知识为驱动，对物理流域全要素和水利治理管理全过程进行数字化映射、智能化模拟，实现与物理流域同步仿真运行、虚实交互、迭代优化。水利部把建设数字孪生流域作为推动新阶段水利高质量发展的重要路径，推动数字孪生流域建设在水利行业全面展开，按照需求牵引、应用至上、数字赋能、提升能力的要求，以数字化、网络化、智能化为主线，以算据、算法、算力建设为支撑，以数字化场景、智能化模拟、精准化决策为路径，加快建设、持续完善数字孪生流域。水利部 2022 年 3 月出台《数字孪生流域共建

共享管理办法（试行）》，并在《数字孪生流域建设技术大纲（试行）》《数字孪生水利工程建设技术导则（试行）》等技术文件中提出共建共享具体要求，将其作为"十四五"数字孪生流域建设方案审批、先行先试评估、年度网信督查的重要内容。钱峰等[43] 对数字孪生流域共建共享相关政策进行总结并对其解读。共建共享是集约节约建设、解决"信息孤岛"、实现业务协同的必由之路。

第 5 章　人水关系学与治水思路

治水思路是国家或地方政府以及团体或个人处理人水关系思路的一个直接反映。本章首先介绍我国治水思路演变及其反映的人水关系变化，其次从人水关系学的视角阐述如何看待治水思路，分析几个代表事项的解决途径。

5.1　我国治水思路及其反映的人水关系变化

5.1.1　水资源可持续利用思想

自第二次世界大战后，随着科学技术的快速发展，开发利用自然界的能力和规模大增，出现了人口快速增长、资源过度消耗、生态明显退化等问题，使自然界承受越来越大的压力。在此背景下，20 世纪 70 年代前后，国际有识之士开始反思人类的发展行为，对人类出现的发展态势提出越来越大的疑虑，随后有更多的政府官员和学者加入到这一行列，形成了可持续发展的概念和思想。保障水资源可持续利用是实现可持续发展的前提和基础，因此，在可持续发展思想提出之后，水资源学者很快就开始思考可持续发展思想指导下的水资源利用问题，自 20 世纪 90 年代始涌现出许多与可持续发展相关的水资源研究成果及应用实践。这些丰硕的成果对水资源的开发利用以及治水工作起到了科学的指导作用。在我国，从 2000 年始，可持续发展思想被应用于我国治水实践，科学指导了第二次全国水资源综合规划工作，极大地促进了我国水资源管理水平的提升和经济社会的可持续发展。水资源可持续利用思想对我国现代治水的贡献主要表现在以下三方面：①贯彻水资源可持续利用思想，是我国工程水利阶段向资源水利阶段转移的最重要标志，具有划时代意义。②水资源可持续利用思想是我国现代治水的最根本指导思想，指导和引申出具有中国特色的其他治水思想或思路。水资源可持续利用思想与其他治水思想或思路"一脉相承""异曲同工"，共同形成我国现代治水思想体系。③水资源可持续利用思想代表着先进的治水理念，在我国治水实践中取得了卓越的成就，也为世界其他国家和地区治水提供示范和借鉴。

从水资源可持续利用思想的提出背景和治水思路来看人水关系的变化：①发达国家在工业革命后带来了一系列问题，包括水资源日益短缺、环境严重污染、生态明显退化，迫使人们不得不反思人类的发展行为，逐步认识到：必须寻找一条社会、经济、资源、环境相协调的可持续发展道路。也就是，要协调好人与自然的关系。②水资源可持续利用是可持续发展思想指导下的一种水资源利用模式，是既考虑当代人公平用水又考虑后代人持续用水的方式。也就是，强调当代人与人的用水公平，也要保持当代人与后代人的用水公平。③水资源可持续利用思想的核心目标是，通过水资源可持续利用，支撑经济社会可持续发展。也就是，要保障人水关系可持续发展。

5.1.2　人水和谐思想

人水和谐思想是我国现代治水的主要指导思想，该治水思想倡导人与自然和谐共生、人与水和谐相处。人水和谐思想的出发点是通过人类的一系列努力，使人水关系逐步演变到和谐状态，实现人水和谐目标。

人水关系发展阶段一般可分为 6 个阶段：初始和谐阶段、开发利用阶段、掠夺紧张阶段、恶性循环阶段、逐步好转阶段、人水和谐阶段。人水关系自人类一出现就客观存在，这与人类生存和发展离不开水有关。人类发展的过程实际上也是不断认识和处理人水关系的过程。在人类出现早期，社会生产力低，对水系统的改造作用较少，主要以适应和被动的应对为主。随着生产力水平的提高，人类对水系统的认识不断提升，慢慢增加了对水系统的改造作用，逐渐加大了对水的开发和利用，出现了水库、塘坝、引水渠等小规模的水工程。随着生产力水平的进一步提高，特别是应用现代科学技术，对包括水系统在内的自然界的改造能力急剧增加。人类为了发展，加大对自然界的改造，甚至到破坏的地步，出现了一系列自然资源过度消耗、环境污染、生态退化的严峻问题，已威胁到人类生存环境甚至自身健康。人类为了生存和发展，又被迫限制自己的发展行为，减少资源消耗，控制环境污染，遏制生态退化。到 21 世纪初，才开始追求人与自然和谐相处，其中就包括良好的人水和谐关系。

人水和谐思想包含三方面的内容：①水系统自身的健康得到不断改善；②人文系统走可持续发展的道路；③水资源为人类发展提供保障，人类主动采取一些改善水系统健康，协调人和水关系的措施。简单来说，就是在观念上，要牢固树立人文系统与水系统和谐相处的思想；在思路上，要从单纯的就水论水、就水治水向追求人文系统的发展与水系统的健康相结合转变；在行为上，要正确处理水资源开发与保护之间的关系。

贯彻人水和谐思想的本质是，通过一系列措施改变人水关系，使人水关系适应条件变化而得到改善，变化趋势是提升总体和谐水平，最终实现人水和谐的目标。

5.1.3　节水型社会建设

节水型社会是水资源集约高效利用、经济社会快速发展、人与自然和谐相处的社会。节水是一种美德，是我国水文化的重要组成部分，节水型社会体现了人类发展的现代理念，代表着高度的社会文明，也是现代化的重要标志。

节水型社会建设主要是通过制度建设、生产变革、经济手段，构建节水机制，促进经济增长方式的转变，推动整个社会走上资源节约和环境友好的道路。

2002 年启动甘肃省张掖市为全国第一个节水型社会建设试点，到 2014 年完成 100 个试点验收。2016 年国家发展和改革委员会提出"全民节水行动计划"，2017 年上升为"国家节水行动"国家战略。"节水优先"是我国治水的重要思路和主要抓手，节水永远是治水的重要手段。

节水型社会建设反映在人水关系上的变化：①通过推行节水，减少用水量，弱化人水矛盾，是协调人水关系的直接途径；②节水型社会建设不是通常讲的节水，是通过制度建设、生产变革、经济手段等一系列措施，构建节水机制，实现全社会节水，是对人水关系的一系列调控。

5.1.4　最严格水资源管理

2012 年国务院发布了《关于实行最严格水资源管理制度的意见》，2014 年开始实施最严格水资源管理制度考核。该制度从"源头"总量控制、"过程"效率控制、"末端"限制纳污，对水资源进行系统管理，是我国现代治水主抓的具体措施。

最严格水资源管理是在遵守水循环规律的基础上面向水循环全过程、全要素的一种水资源管理模式。最严格水资源管理是对水资源的依法管理、可持续管理，其最终目标是实现有限水资源的可持续利用。

最严格水资源管理反映在人水关系上的变化：①该制度提出的出发点是为了从根本上缓解人水矛盾、解决我国日益严峻的水问题，协调好人水关系；②从"源头"总量控制、"过程"效率控制、"末端"限制纳污，都是对人们开发利用水资源的限制约束，直接表现为约束和调整人水关系；③该制度是系统协调人水关系的一个典型制度（见 4.6.3 节），通过制度建设协调好人水关系。

5.1.5　水生态文明建设

2012 年中国共产党十八大报告提出"大力推进生态文明建设"。为了贯彻落实党的十八大重要精神，水利部于 2013 年 1 月印发了《关于加快推进水生态文明建设工作的意见》，提出把生态文明理念融入水资源开发、利用、治理、配置、节约、保护的各方面和水利规划、建设、管理的各环节，加快推进水生态文明建设。

水生态文明是指人类遵循人水和谐理念，以实现水资源可持续利用，支撑经济社会和谐发展，保障生态系统良性循环为主体的人水和谐文化伦理形态，是生态文明的重要部分和基础内容。水生态文明建设是缓解人水矛盾、解决我国复杂水问题的重要战略举措，是保障经济社会和谐发展的必然选择。

水生态文明建设反映在人水关系上的变化：①生态文明思想提倡人与自然和

谐相处，水生态文明建设的核心是构建人水关系和谐的文化伦理形态；②把生态文明理念融入水资源开发、利用、治理、配置、节约、保护的各方面和水利规划、建设、管理的各环节，全方位调整面向生态文明建设的人水关系；③通过水资源优化配置、节水型社会建设、水资源节约和保护、水生态系统修复、水利制度建设和保障体系建设等措施，都是为了建设人水关系和谐的状态；④通过水文化传播、水知识普及等途径，倡导先进的水生态伦理价值观，营造爱护生态环境、合理用水、尊水、敬水的人水和谐关系新风尚。

5.1.6　河长制

河长制最早是无锡市为有效解决水环境而被提出并落实的。2007 年，太湖出现了严重的富营养化问题，给无锡市的正常用水造成了严重影响，激发了无锡市的水危机意识，迫切需要采取措施来解决和预防该类事件的再次发生。为此，无锡市率先实行河长制，指定各级党政领导分别担任无锡市内 64 条河道的河长，负责组织督办河道清淤、水污染防治等方面的工作，并取得了一系列实效。随后，无锡市的创新河湖管护理念"河长制"被其他地区相继效仿和借鉴，并得到了广泛应用，效果显著。2016 年中共中央办公厅、国务院办公厅印发了《关于全面推行河长制的意见》的通知，标志着我们全面推行河湖长制度。该制度要求各级党政主要负责人担任"河长""湖长"，下重拳推进河湖管理和治理工作。

自河长制提出以来，各省、自治区、直辖市相继出台相关文件落实河长制，并取得了一系列的成效，在一定程度上破解了"多龙治水"、责任不明的问题，有效改善了河湖的水生态环境状况，缓解了水危机问题。

河长制反映在人水关系上的变化：①通过各级党政主要负责人担任"河长""湖长"，有效调动地方政府保护河湖的主体责任，发挥主要负责人在人水关系调控中的主导作用；②明确了长效管理措施、经费和管理队伍，各级河长利用职权协调各部门，实现联防联控，通过建立良好的人水关系，有效管理好河湖水系；③强化了行政考核和社会监督，发动社会力量参与河湖治理、监督水环境，形成具有良好人水关系的全社会治理河湖的社会风尚。

5.1.7　国家水网建设

2021 年全国水利工作会议提出"十四五"时期将以建设水灾害防控、水资源调配、水生态保护功能一体化的国家水网为核心，解决水资源时空分布不均问题。2021 年 5 月 14 日习近平总书记在南阳市考察南水北调工程时提出，要加快构建国家水网，为全面建设社会主义现代化国家提供有力的水安全保障。2022 年编制完成《国家水网建设规划纲要》。国家水网建设是解决我国复杂水问题、实现人与自然和谐共生的有效手段。构建国家水网已经从国家战略提出走向国家战略实施。南水北调等工程的实施为跨流域调水以及国家水网建设积累了宝贵经验。

国家水网建设反映在人水关系上的变化：①我国水资源时空分布不均，经济社会格局与水资源分布不匹配，构建国家水网可以缓解区域水资源分布不均衡矛盾，协调好不合理的人水关系时空变化格局；②我国极端气候灾害频发，水利设施建设不完善，干旱与洪涝灾害并存，构建国家水网可以改善河湖的调蓄作用和防洪能力，增强旱涝灾害抵御能力，减少自然水灾害对人们生产生活的影响；③我国水环境污染问题依然较突出，水体生态功能受到威胁，构建国家水网可以增加区域生态用水，遏制水体恶化趋势，促进人与自然和谐共生。

5.1.8 "节水优先、空间均衡、系统治理、两手发力"的治水思路

2014年3月，习近平总书记在中央财经领导小组第五次会议上提出了"节水优先、空间均衡、系统治理、两手发力"的治水思路，为推动新时期我国治水和水利高质量发展提供了科学指南和根本遵循，具有鲜明的思想性、理论性、战略性、指导性、实践性，是科学严谨、逻辑严密的现代治水理论体系。

"节水优先、空间均衡、系统治理、两手发力"的治水思路反映在人水关系上的变化：①"节水优先"强调了人的主观能动性，人的节水行为是现代治水的首要选项，从观念、意识、措施等各方面都要把节水放在优先位置，坚决抑制不合理用水需求；②"空间均衡"强调了人们采取措施改善人水匹配关系的重要性，必须树立人口经济与资源环境相均衡的原则，把水资源作为最大的刚性约束，合理规划人口、城市和产业发展；③"系统治理"强调了人水系统综合治理的途径，不能就水论水，要采用系统论的思想方法，坚持山水林田湖草沙综合治理，从生态系统整体性和流域系统性出发，追根溯源、系统治理；④"两手发力"强调了发挥政府宏观调控和市场调节机制的作用，通过"两手发力"处理好水治理中政府和市场的关系，让保护修复生态环境和治理水系统获得合理回报；⑤从总体理论上看，"节水优先、空间均衡、系统治理、两手发力"的治水思路坚持人与自然和谐共生，更加注重尊重自然、顺应自然、保护自然，更加强调调整人的行为、采取合理的人为措施，丰富和发展了马克思主义人与自然关系的论述，深刻阐释了人与水、人与自然辩证统一的关系。

5.2 从人水关系学看治水思路

5.2.1 从人水关系学视角对治水思路的思考

(1) 必须走人与自然和谐共生的道路。无论是开发利用水资源、防治水灾害、修复水生态，还是节约用水、治理水污染，都要把水看成是一种宝贵的资源，科学开发、全面保护，实现水资源可持续利用；都要把人和水看成是自然的一部分，确保人与自然和谐共生，实现人水和谐的目标。

(2) 坚持系统的观点，进行系统治理。人水关系复杂，需要采用系统论方法

来综合分析和研究人水关系，谋划人水关系发展规划，推进人水系统调控路径；不能就水论水，要坚持山水林田湖草沙综合治理、系统治理；从"源头"总量控制、"过程"效率控制、"末端"限制纳污，对水资源进行系统管理、严格管理。

（3）坚持和谐思想，处理好人水关系。坚持用和谐的观点来处理人水关系问题，提倡以和谐的态度来处理各种不和谐的因素和问题，允许在人水关系和谐主流中存在"差异"。坚持人水和谐思想，应用人水和谐论方法来研究人水关系问题，比如跨界河流分水问题、水资源空间均衡调控问题。

（4）发挥人的主观能动性，调整人类行为。主张人水矛盾的解决主要通过调整人的行为。强调人的节水行为是现代治水的首要选项，坚持"节水优先"战略。发挥主要负责人在人水关系调控中的主导作用，推行河长制。发挥政府宏观调控和市场调节机制的作用，通过"两手发力"，使保护修复生态环境和治理水问题具有强大动力。

（5）坚持辩证思维，处理好对立和统一关系。自然界存在着作用与反作用的辩证关系，既要看到人类活动的正面作用，还要看到其负面作用。在应对干旱灾害问题时，还要考虑干旱过后可能出现的洪涝。在水资源开发利用中，需要辩证分析节水与用水关系、经济用水与水资源保护关系、保护与开发关系。

（6）坚持生态文明思想，建设生态治水。随着人民生活水平的不断提高，越来越关注生态环境质量。这是人民群众对保护生态的美好期望。因此，所有的治水工作都应考虑生态保护的需求，把生态文明理念融入水资源开发、利用、治理、配置、节约、保护的各方面和水利规划、建设、管理的各环节。

（7）坚持科技创新引领，建设智慧治水。伴随着现代信息技术快速发展，互联网广泛应用，极大地改变人们的生活和生产方式。现代信息技术应用于治水事业，已经形成显著的优势，并彰显出巨大的发展潜力。在现代治水中，应充分发挥科技作用，建设水利网络现代化，建设国家水网、数字孪生流域，实现智慧治水。

5.2.2　洪涝与干旱灾害防治问题的解决途径

5.2.2.1　缘由

洪涝与干旱是自然界常见的两种与水有关的灾害。从全球范围来看，洪涝和干旱现象时有发生，在一个地区干旱的同时，可能伴随另一地区的洪涝，一个地区某一段时期干旱，而在另一段时期又洪涝。

因为洪涝和干旱都会带来一定的损害，有时甚至是严重的人员伤亡灾害，所以人类在发展过程中也时常伴随着与洪涝、干旱的斗争，并积累了丰富的经验，但是在对待洪涝与干旱灾害态度方面一直存在一些问题。本节引自笔者在文献[5] 的论述，从人水关系学的视角，论述洪涝与干旱灾害防治存在的问题及其解决途径。

5.2.2.2 存在的问题及难点

问题一：想完全控制或消除灾害，即遇到洪涝，就想尽一切办法要完全控制住洪水；遇到干旱，就穷尽手段进行抗旱。一般公众和不了解专业的官员有这个想法非常正常，但作为专业人士需要理性思考、科学应对。其难点在于：洪涝和干旱都是普遍存在的自然灾害，人类不可能完全消灭自然灾害的存在。

问题二：把洪涝灾害、干旱灾害看成一个独立灾害事件来应对。实际上，洪水也是一种资源，可以利用；洪水过后可能就是干旱，洪水资源可以供干旱时期使用；为了抗旱，随意引水或开采地下水，可能带来水系统的破坏。这种破坏带来的影响可能远超出防灾带来的效益。其难点在于：洪涝和干旱都是水系统循环过程的一个节点，不是一个孤立事件。

问题三：把洪涝灾害、干旱灾害按突发灾害来应对。应对突发灾害的特点就是灾害来时加大应对力度，灾害去时则疏于防范。其难点在于：洪涝灾害、干旱灾害的应对既包括应急措施，还包括工程抗灾能力建设、预警预报、快速决策、紧急应对、抗灾救灾等系统性工作。

5.2.2.3 解决途径

（1）要从人水关系学基本理论出发，学会与洪涝、干旱打交道。对待洪水，首先应提升河湖水系防洪排涝能力，其次做好洪水预报预警、洪涝灾害紧急应对等工作，此外要学会避让洪水，适应洪水，给洪水一出路，与洪水共处。同样，在对待干旱问题上，首先应提高抗旱能力，其次做好干旱预报预警、干旱紧急应对等工作，此外应学会通过节水、改善农作物适应干旱品种、工业低耗水生产设备，来适应干旱。

（2）要坚持人与自然和谐共生的理念，学会和谐并存。洪涝的本质是水太多，干旱的本质是水太少，二者似乎是对立的，实际上二者可能会在一个人水系统中交替出现。在遭遇洪涝灾害之后，可能会在不远的将来再遇到干旱缺水。因此，二者可以统筹调控，实现洪涝、干旱和谐并存。

（3）要基于人水系统论的思维，构建一体化防灾救灾体系。防洪、抗旱是一个系统工程，首先应提升硬件能力，其次应加强防洪抗旱知识的科普教育，形成"政府指挥、部门主导、公众参与"的防灾救灾体系。

5.2.3 跨界河流分水问题的解决途径

5.2.3.1 缘由

跨界河流是指跨越两个或两个以上行政区的河流，比如长江跨11个省（自治区、直辖市）、黄河跨9个省（自治区）。其中，跨越两个或两个以上国家的河流又称为国际河流。因为一条河流的可利用水资源量是有限的，不同国家或行政区对水资源的需求不断增加，带来供需水矛盾、人类与自然界争水现象。一方面，是因为有限的水资源不能满足各个地区的用水需求，每个地区又都想获得更多的水资源，从而带来分水的困难；另一方面，分水问题又受到不同地区经济社会发展水平、科技实力、民族和政治等因素的影响，不是一个单纯的分水事宜。因此，跨界河流分水问题历来都是一个难题。以黄河分水为例，随着黄河流域 9 省（自治区）经济社会发展，对水需求不断增加，引用黄河水量急剧增长，导致 20 世纪 80 年代到 90 年代黄河断流，带来了严重的河流健康危机，1987 年国家颁布实施了黄河分水方案（即黄河"八七"分水）。30 多年之后，河流状态和外部条件发生非常大的变化，重新进行黄河分水势在必行，但因其难度太大，至今没有制定新的分水方案。本节引自笔者在文献［5］的论述，从人水关系学的视角，论述跨界河流分水存在的问题及其解决途径。

5.2.3.2　存在的问题及难点

针对跨界河流分水问题，常出现以下问题：

问题一：基于水资源供需分析，进行水资源优化分配，来计算确定河流分水量。总体思路正确，但实际操作很难进行。跨界河流分水涉及因素多，很难用统一的标准来计算，不能仅仅考虑水资源供需关系，也不可能完全按照水资源总体最大效益来优化确定。其难点在于：河流水资源是有限的，而各个地区都希望拥有更多的水资源，导致分水的困难性。如果按照各地区的用水需求，肯定不够分。

问题二：从某一有利角度，制定跨界河流特别是国际河流的分水方案。此种分水方案往往带来上下游紧张关系，最终导致河流开发的无序。在紧张的关系中，自然界用水需求容易被忽视，难以保障留有足够的水来满足河流生态环境与支撑河流健康。其难点在于：自然界用水需求与人类用水需求之间的矛盾、不同地区用水需求之间的矛盾都难以协调。国际河流分水除考虑用水的协调外，还涉及政治、经济、军事、外交和国际地位等方面，其分水问题显得更加复杂。

5.2.3.3　解决途径

（1）要基于人水系统论的思维，来计算和确定跨界河流分水量。要综合考虑影响分水的多种因素，对比分析国内外已经执行的跨界河流分水方法，采用大范围专家抽样打分的方法，制定分水计算方法和流程。

（2）要基于人水和谐论，树立和谐分水思想。采用和谐分水思路和计算方法，一方面，确保河流生态用水，实现人与自然和谐共生；另一方面，协调好不同地区的关系、用水问题与经济社会以及其他因素的关系，实现和谐共处。

5.2.4　面向"双碳"目标的水资源行为调控

5.2.4.1　缘由

2020 年 9 月 22 日第 75 届联合国大会一般性辩论上，我国政府提出：我国二氧化碳排放量力争于 2030 年前达到峰值，努力争取 2060 年前实现碳中和（统称"双碳"目标）；在 2021 年 10 月 12 日《生物多样性公约》第十五次缔约方大会领导人峰会上提出：为推动实现碳达峰、碳中和目标，我国将陆续发布重点领域和行业碳达峰实施方案和一系列支撑保障措施,构建起碳达峰、碳中和"1+N"政策体系。

水资源领域与气候变化休戚相关,是受气候变化影响最敏感的领域之一。水资源是经济社会发展的基础性资源,与减碳、控碳有着密切的关系。因此,水资源行业应积极全方位服务于"双碳"目标的实现[44]。水资源行为是与水资源的开发、配置、利用、保护等相关的一系列活动的统称,一般可分为水资源开发行为、配置行为、利用行为、保护行为四类,其可能会产生二氧化碳排放或吸收效应,对"双碳"目标起到抑制或促进作用[45]。

为了实现"双碳"目标,需要采取水资源行为调控措施,这反映了人水关系的调控问题。比如,工业生产中,应严格遵循节水减排的理念,引进先进、高效的节水工艺和设备,减少污水的产生,提高水资源的重复利用率;农业生产中,应提高灌溉效率,采用先进的农业生产方式和优化农作物的种植结构,使其能最高效利用水资源;水工程建设中,应加大水电开发、推进抽水蓄能电站建设、加大地热资源开发利用[44]。但因水资源行为与"双碳"目标的相互关系比较复杂,其研究刚起步,存在较多的问题。

5.2.4.2 存在的问题及难点

问题一:水资源行为对"双碳"目标的作用机理比较复杂,多数情况下其机理还不清晰,特别是针对其间接的作用关系难以描述。在水资源开发行为中,由于水泵机组、水轮机、水处理设备、净水设备、海水淡化设备等用电机械装置的使用,消耗电能,相当于产生二氧化碳排放效应。水力发电行为,相当于减少化石能源发电量,以降低二氧化碳排放效应,间接等于吸收二氧化碳排放量。其难点在于:有些水资源行为对降碳增汇的作用是间接作用,导致其分析和计算的困难性。

问题二:目前关于水资源行为二氧化碳排放的计算,多局限于某一方面,不能涵盖常见的水资源行为;度量方法针对性太强、数据获取难度较大,较难复现。排放因子及数据的选择上存在较大不确定性,生命周期法计算工作量较大,投入产出法多被用于隐含二氧化碳排放的计算且准确度相对较低。其难点在于:水资源行为对"双碳"目标作用的定量描述比较困难。

问题三:在水资源行为作用定量计算的基础上,进行水资源行为调控是支撑"双碳"目标实现的有效途径。其难点在于:如何在考虑多重驱动因素的作用下,定量描述面向"双碳"目标的水资源行为调控模型。

5.2.4.3 解决途径

(1)要从人水关系学基本理论出发,分析复杂的人-水-碳互馈关系,在水资源行为实施到二氧化碳排放的多环节转化过程中,阐述水资源行为与"双碳"目标之间的直接和间接关系,辨识影响二者作用关系的主要因子。

（2）基于人水关系分析，从水资源开发、配置、利用、保护 4 个维度，采用水资源行为的二氧化碳排放当量分析方法（简称 CEEA 方法），以及二氧化碳排放当量分析函数表（简称 FT - CEEA）的 16 种水资源行为的二氧化碳排放当量计算公式（简称 CEE 计算公式），可以计算各水资源行为的二氧化碳排放量（计算举例可参见 8.5 节），为水资源领域的二氧化碳排放和吸收效应核算提供一个参考"标尺"[45]。

（3）基于水资源行为的二氧化碳排放量和吸收量计算，判断系统状态与"双碳"目标的差距，确定模型边界条件、调控准则、目标函数和约束条件，构建面向"双碳"目标的水资源行为调控模型。通过寻优算法求解模型，可以得到优选的水资源行为调控方案。

第 6 章 人水关系学与水工程建设

水工程是人类开发利用水资源、防治水患、治理水问题的一系列工程的总称，是处理人水关系所采用的重要工程措施，也是反映国家水安全保障能力的重要基础。但因为工程建设影响因素复杂，多多少少都会带来一定的影响，有时影响还很大，需要认真分析论证。本章首先介绍水工程建设的影响及研究难点，其次从人水关系学的视角阐述如何看待水工程建设，并分析几个代表事项的解决途径。

6.1 水工程建设的影响及研究难点

6.1.1 水工程概述

《中华人民共和国水法》第八章第七十九条注明，水工程是指在江河、湖泊和地下水源上开发、利用、控制、调配和保护水资源的各类工程。水工程在人类生存和发展中扮演着不可替代的重要作用，人类早期的进步就已与水工程建设密切相关。在漫长的历史进程中，兴建了防洪治河、农田水利、航运水运等各种类型的水工程，极大地推动了人类社会的发展，也留下了大量具有重要科学价值的水文化遗产，比如，都江堰、郑国渠、京杭大运河等举世闻名的古代水工程。中华人民共和国成立后，水工程建设的规模、数量、科技水平迅速提高，取得了卓越的成就，兴建了一大批特大型水工程，比如，长江三峡水利枢纽工程、黄河小浪底水利枢纽工程、南水北调调水工程等现代世界著名水工程。

人水关系可能是和谐的，也可能是不和谐的，为了实现调控目标，需要对人水关系进行调控，调控措施包括工程措施和非工程措施。其中，工程措施就是人类建设的一系列水工程，比如，地表水资源开发利用工程、地下水资源开发利用工程、防治洪涝灾

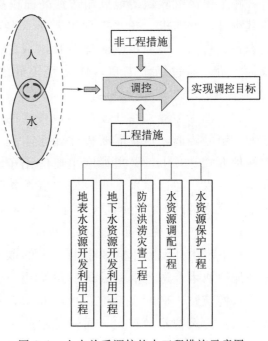

图 6.1 人水关系调控的水工程措施示意图

害工程、水资源调配工程、水资源保护工程等，如图 6.1 所示。

6.1.1.1　地表水资源开发利用工程

　　常见的地表水资源开发利用工程主要有河岸引水工程、蓄水工程、扬水工程和输水工程。

　　（1）河岸引水工程。从河道中引水通常有两种方式：一是自流引水，二是提水引水。自流引水可采用有坝与无坝两种引水方式。当河流水位、流量在一定的设计保证率条件下，能够满足用水要求时，即可选择适宜的位置作为引水口，直接从河道侧面引水，这就是无坝引水方式。当天然河道的水位、流量不能满足自流引水要求时，须在河道上修建壅水建筑物（坝或闸），抬高水位，以便自流引水，保证所需的水量，这就是有坝引水方式。提水引水，是利用机电提水设备（水泵）等，将水位较低水体中的水提到较高处，满足引水需要。提水引水工程也称为扬水工程。通过河岸引水工程，方便人们用水，改善人水关系。

　　（2）蓄水工程。主要形式为水库蓄水工程，一般由挡水建筑物（又称拦河坝）、泄水建筑物、引水建筑物三类基本建筑物组成。当河道的年径流量能满足用水要求，但其流量过程与所需的水量过程不相适应时，则需修筑拦河坝，形成水库。水库具有一定的调节库容，可起到径流调节作用，把丰水月份或年份的径流量储存在水库中，再供枯水月份或年份使用，以满足用水的要求。通过水库蓄水工程，对河道内水量进行科学调节，满足枯水期用水需求，改善人水关系。

　　（3）扬水工程。是利用机电提水设备（水泵）及其配套建筑物，给水增加能量，将水由高程较低的地点输送到高程较高的地点，或给输水管道增加工作压力，使其满足供水需求。扬水工程主要指水泵站工程，水泵与其配套的动力设备、附属设备、管路系统和相应的建筑物组成的总体工程设施称为水泵站，亦称扬水站或抽水站。通过扬水工程，使高程较低的水输送到高程较高的用水位置，实现"低水高用"，改善人水关系。

　　（4）输水工程。在开发利用地表水的实践活动中，水源与用水户之间往往存在着一定的距离，这就需要修建输水工程。输水工程主要采用渠道输水和管道输水两种方式。其中，渠道输水主要应用于农田灌溉，管道输水主要用于城市生产和生活用水。通过输水工程，使水资源按照用水需求进行分配，协调供水系统与用水系统之间的不匹配问题，同样改善人水关系。

6.1.1.2　地下水资源开发利用工程

　　地下水的开发利用需要借助一定的取水工程来实现，其主要任务是从地下水水源地中取水，送至水厂处理后供给用户使用。一般地下水资源开发利用工程包括取水构筑物、输配水管道、水厂和水处理设施。其中，地下水取水构筑物与地表水取水构筑物差异较大，而输配水管道、水厂和水处理设施基本上与地表水供水设施一致。

地下水取水构筑物的形式多种多样，综合归纳可概括为垂直系统、水平系统、联合系统和引泉工程四大类型。当地下水取水构筑物的延伸方向基本与地表面垂直时，称为垂直系统，如管井、筒井、大口井、轻型井等类型的水井；当取水构筑物的延伸方向基本与地表面平行时，称为水平系统，如截潜流工程、坎儿井、卧管井等；将垂直系统与水平系统结合在一起，或将同系统中的几种联合成一个整体，称为联合系统，如辐射井、复合井等。

地下水储存于地下，并且赋存于含水层孔隙、裂隙或岩溶中，一般需要根据实际情况采取经济合理、技术可行的取水工程措施，从地下含水层中取水，改善人与地下水的关系，满足用水之需。

6.1.1.3 防治洪涝灾害工程

洪涝灾害是洪水灾害和雨涝灾害的总称。因河水或湖水泛滥淹没城市和农村所引起的灾害，称为洪水灾害。按照成因，洪水灾害可分为暴雨洪水、融雪洪水、冰凌洪水、风暴潮洪水灾害等。因降雨使土地过湿造成农作物生长不良而减产的现象，或因雨后地面排泄不畅而产生大面积积水使社会财产受损，称为雨涝灾害。根据雨涝发生季节和危害特点，雨涝灾害可分为春涝、夏涝、夏秋涝和秋涝等。

我国是洪涝灾害频繁的国家。自古以来，洪涝灾害一直是困扰人类社会发展的主要自然灾害之一。洪涝灾害会对人民生活、经济发展、自然生态环境、国家事务等产生一定的影响，甚至严重影响到人民生命财产安全。因此，开展防洪减灾工作具有重要意义。

防洪减灾措施包括工程措施和非工程措施。工程措施有：修建水库枢纽，起到滞洪、蓄洪作用；修造堤坝，疏浚与整治河道，提高洪水过流能力；建设分洪、滞洪、蓄洪区，减轻洪涝灾害风险和损失；建设水土保持工程，减少水沙量等。非工程措施有：防洪法律法规、洪水预警预报、洪水风险分析与管理、洪水保险制度、防汛指挥调度、抢险救灾与灾后恢复、防洪宣传教育等。

洪涝灾害产生的基本原因是：某一区域、某一时段来水过多，导致下泄或排水不及时，出现洪涝险情，进一步讲，是人水关系在此地区、此时段出现严重问题。因此，防洪减灾措施也是通过一定的措施来减缓人水关系矛盾以及带来的损失。

6.1.1.4 水资源调配工程

因为水资源分布在时间、空间上存在不均衡性，导致某些地区需要水但水资源不足，某些时候需要水而没有足够的供水，出现时间、空间上供需水不匹配。为了解决这一问题，常用的方法是建设水资源调配工程，对水资源进行调蓄、输送和分配，实现水资源合理调配。这一工程措施由来已久，效果立竿见影。其中，用于调整水资源时间不均衡的工程有水库、湖泊、塘坝和地下水等蓄水工程，用于调整水资源空间不均衡的工程有河道、渠道、运河、管道、泵站等输水、引水、提水、扬水和调水工程。

水资源调配工程的基本原理是：通过蓄水工程、调水工程，使水资源按照时间、空间上的用水需求进行分配，使供水系统与用水系统相匹配，以改善人水关系。

6.1.1.5　水资源保护工程

水资源保护，是通过行政、法律、工程、经济等手段，保护水资源的质量和供应，防止水污染、水源枯竭、水流阻塞和水土流失，以尽可能地满足经济社会可持续发展对水资源的需求。水资源保护是一项十分重要、十分迫切也是十分复杂的工作，一般来讲，其措施分为工程措施和非工程措施两大类。其中，工程措施包括水利工程、农林工程、市政工程、生物工程等。

水利工程措施是通过引水工程、调水工程、蓄水工程、排水工程、江河湖库的底泥疏浚工程等措施，提升水资源状况，以有效保护水资源，改善人水关系。

农林工程措施是通过植树造林涵养水源，建设养殖业、种植业、林果业相结合的生态工程，减少肥料的施用量与流失量，涵养水源、调节径流、改善水质，改善人水关系。

市政工程措施是通过污染源控制和综合治理，建设城市污水/雨水截流工程，建设城市污水处理厂和中水回用工程，实现水环境治理和水生态修复，改善人类生存环境。

生物工程措施是利用水生生物及其食物链系统，去除水体中氮、磷和其他污染物质，以建立良性水生生态循环系统，改善人类生存环境。

6.1.2　水工程建设对人水系统的影响

水工程建设是人类活动改造自然水系统的重要体现。人类建设水工程的出发点是为了改善人水关系，是正面的，但由于事情的两面性，也可能会带来负面的影响。因此，需要从正面和负面来系统分析水工程建设对人水系统的影响作用。

6.1.2.1　对水系统的影响

（1）带来水流速度的变化。在河流上修建水库、大坝，会改变原本流淌的河流状态，可能会把急流的水体储蓄起来变得水面更宽阔，导致水流速度减缓。水流速度变缓会使水体所含的泥沙沉积。修建河流堤防，会把河流水面集中到大堤之内，缩小洪水水面，导致河流水流速度加快，会对河流中行船或防洪设备冲击更大，带来不利影响。

（2）带来径流量或水量的变化。建设的水工程会改变水流状态，具有一定调蓄能力的水库可以把丰水期多余的水储存在水库中，供枯水期使用，改变了原来河流不同月径流过程，以方便用水，带来正面效益。如果水库向外引水或外调水量，导致下泄水量减少，甚至会导致下游河道退化、断流。

（3）带来水库中水体温度的变化。建设的大型水库改变了原有河道形态，也改变了河道径流的年内分配，引起水库水温变化，表现出水温分层现象。一般情况是，水库水体表面的水温随着地面气温变化而变化，沿深度方向向下越来越趋于相对恒温。比如，在冬季，水库水体表面温度较低，向库底温度不断增加到某一个范围；在夏季，水库水体表面温度较高，向库底温度不断降低到某一个范围。水库水温变化会对下游河道水温产生影响，使其呈现升温期间滞冷、降温期间滞温的延迟现象。水库中水体温度的变化会在一定程度上影响水生态环境，比如，影响鱼类的产卵繁殖。

（4）带来水体中水质的变化。水工程建设对河流水质的影响较大，既有正面影响，也有负面影响。比如，水库建设使得水流速度减缓，带来水体滞留时间增长，水中泥沙等杂质沉降，使得水体的浑浊度减少。反过来，由于水流速度减缓，又带来河流的自净能力减弱，水中污染物得不到扩散，容易带来水华等现象的发生，导致水质变差。此外，如果在水工程建设过程中产生一定的污染物质又得不到及时处理，也会影响水质。

6.1.2.2 对经济社会的影响

（1）促进经济社会发展。水工程建设是重要的基础产业和基础设施投资领域，对国民经济发展具有一定的拉动作用，特别是对就业、工程建设相关的材料加工以及建筑行业的影响作用较大。在防洪、排涝、防灾、减灾等方面建设的水工程对社会稳定、经济发展保障做出了重大贡献。在居民生活、工业生产、农业灌溉、生态环境保护等方面，建设了一大批水工程，也发挥了巨大作用。比如，如果防洪工程没有做好，不仅仅威胁到人身安全，还会严重损害工业生产、农业生产以及生态环境。再比如，如果供水工程无法保障居民生活用水，不仅仅威胁到用水安全，也会影响到城市人口规模和城市发展水平。

（2）制约经济社会发展。水工程除上面的正面作用外，如果水工程规划、建设或运行不当，也会带来负面影响，制约甚至威胁经济社会的发展。比如，无序地修建水库或调水工程，导致河流水资源大量被利用，会带来河流径流量减少甚至断流，引发生态环境问题，影响下游地区的经济社会用水；大规模地引用水，可能会带来地下水位抬升，当地下潜水位过高就会引起土壤盐碱化，反过来影响到农业发展；拦河大坝修建会切断上下游之间水力和生物的联系，影响河流中水生物繁衍和水环境质量，在一定程度上又延伸影响到水资源的利用，影响到经济社会效益；因为修建大型水库，需要移民搬迁，影响到库区人民生活，甚至带来长期不安定的社会稳定问题。

6.1.2.3 对生态环境的影响

（1）对水体物种造成的影响。长期以来，受到地质条件、地貌形态、气候特征以及水流冲刷堆积等作用的交互影响，形成了河流系统稳定的水循环规律和水质特征，给河流的生物繁衍以及生物多样性提供了适宜的生存条件和生存空间。

但由于人类修建的水工程，改变了原来水体水生物的生存空间和生存条件，从而影响到水体生物繁衍和生存。比如，拦河大坝修建，切断了某些鱼类的洄游路径，导致其无法繁衍甚至物种灭绝。再比如，水库修建，改变了水体温度分层，影响到某些生物的生存和繁衍。此外，由于调水工程的运行，引入了某些外来物种，有可能带来生物的灾难。有些水生生物因为不能适应生存环境的改变而灭绝，而一些适应性较强的水生生物物种存活下来并大量繁殖，导致当地稳定的食物链产生破坏，威胁当地生物的生存。当然，这种威胁可能是灾难性的，也可能是一个生物群落优化的过程，形成更优的生物系统。

（2）对周边土壤环境的影响。因为水工程建设，改变了水循环条件和路径，可能会波及周边土壤。比如，修建水库、调水工程，由于水体的渗漏，可能会抬高周边地区地下水位，引起次生盐碱化和沼泽化；有时也会因为河流水质变差，影响地下水水质、土壤质地和土壤含盐量等；相反，由于修建调水工程，把河流中水量外调，导致水面水位下降，导致下渗水量减少，土壤湿度降低，形成土壤板结，影响对作物水分的供给。

（3）对河流泥沙淤积的影响。由于水工程建设，改变了原来的水流流场，使水体中的泥沙在流速变小时沉积下来，形成淤泥。当然，在水体流速达到一定程度时又有可能使淤泥再悬浮。此外，由于水工程运行带来的水流的冲刷作用，也能使河道不断受到冲刷。

（4）对环境地质的影响。大型水库蓄水后，水体压力引起地壳应力增加，水渗入断层，导致断层间润滑程度增加，增加岩层中空隙水压力，容易诱发地震。水库蓄水后，水位升高，岸坡土体抗剪强度降低，易发生塌方、山体滑坡及危险岩体失稳。由于人类大量抽取地下水，容易形成地下水位降落漏斗，导致地面沉降、岩溶塌陷、海水入侵、咸水入侵。由于大量用水，导致自然界用水被挤占，地下水埋深不断增加，易形成植物生长衰退、生态系统退化，产生沙漠化。

6.1.3　水工程建设反映的人水关系问题及研究难点

（1）认识问题：水工程建设改变了人水系统，使人水关系更加复杂，但到底如何揭示人水关系演变机理和规律？

一般的人水系统比较复杂，对其认识较困难。再加上人类活动的影响，使认识人水系统更加困难。因此，第一个重要基础问题是对水工程建设后人水系统的认识问题，只有科学认识其人水系统变化才能更准确地判断其应对措施。但是，由于人水系统问题本身的复杂性，真正揭示其本质仍比较困难。

（2）模拟问题：水工程建设改变了人水系统，如何定量模拟水工程建设背景下的人水系统？

为了定量表征人类活动影响下的人水系统变化过程和演变趋势，需要构建定量化的模拟模型，作为对其分析问题、解决问题和预判水工程建设的影响评价的重要基础。但是，由于人水关系机理复杂、参数多、不确定性广泛存在，构建其模拟模型仍是难点问题。

（3）判别问题：水工程建设投资大，有正面影响也有负面影响，如何判断是否需要进行水工程建设？

由于大型水工程建设本身的复杂性，再加上影响因素众多，其影响后果难以推演，一旦出现问题难以消除影响或要付出巨大的代价。因此，对是否进行水工程建设的判断必须小心谨慎、详细论证。但由于所处立场不同，对水工程的影响分析结果不同，经常出现对立的观点，难以判断其结论。

（4）布局问题：水工程建设与社会发展需求、经济投入和产出、生态环境保护有关联，如何规划布局水工程？

一般的水工程不是一个孤立的工程，可能涉及人水关系的许多方面，需要根据其影响范围从国家、省级区、地级市或县级区层面，综合考虑经济投入、社会稳定、生态环境等因素，进行系统分析、综合规划，提出水工程的布局思路和方案。这一布局对水工程建设至关重要。其难点在于：如何布局才能使水工程建设效果最优。

（5）管理问题：水工程运行是一个系统工程，可能会产生不同的正面效益或负面影响，如何管理水工程？

水工程管理是水工程建设整个环节中的重要组成部分，直接关系到工程带来的社会效益、经济效益和生态效益，应高度重视水工程运行管理规范化、标准化、信息化，保障水工程运行安全、效益充分发挥。其难点在于：水工程运行涉及因素多、学科多、系统性强、作用关系复杂、影响后果严重、关注度高，需要科学化管理。

6.2 从人水关系学看水工程建设

6.2.1 从人水关系学视角对水工程建设的思考

（1）科学认识水工程建设的必要性，寻求水资源开发与保护的平衡。水工程建设问题复杂，必须坚持一切从实际出发，坚持理论联系实际，实事求是地探索和认识其人水关系的变化特征，寻求水资源开发与保护的平衡，寻找人类需求和自然界需求的一种平衡。绝不能在没有搞清楚的情况下作出草率决策。

（2）通过水工程建设，调控人水关系，走向人水和谐目标。建设水工程的目的是，通过工程措施调控人水关系，不断实现人水和谐的目标。因此，实现人水和谐目标就成为判断是否进行水工程建设的主要标准。如果水工程建设违背这一标准，就不能建设。

（3）坚持系统观点，综合分析和研究水工程建设问题。针对水工程建设问题，不能就工程论工程，需要综合考虑不同区域的差异，综合考虑不利因素和有利因素，综合考虑社会发展、经济效益、生态保护等目标需求，采用系统论方法，基于人水系统定量模拟，综合分析和研究水工程建设可能产生的问题。

（4）理性地分析水工程建设带来的问题，正面和负面综合考虑。任何一项工程建设都有其不利的影响，一定要主动认识和重点关注水工程建设的不利因素，同时又要看到其有利因素，理性地分析水工程建设带来的正面和负面问题，不可掩盖其负面问题。既不主张盲目乐观，掩盖其负面影响；也不主张过于消极，对自然界无能为力。在支持水工程正面影响研究的同时，最好能专门设立其负面影响的研究，以形成讨论的氛围。通过综合分析，选择的水工程建设方案，其总体应满足人水和谐目标。

（5）坚持客观规律性与主观能动性相结合，科学布局水工程方案。人水系统是客观存在的，具有客观规律性，人们应尽可能地揭示其客观规律。但是人水系统非常复杂，需要充分发挥人的主观能动性，利用客观规律，科学布局水工程，造福于人类。一般大型水工程建设，投资大，回报时间长，影响范围广，一旦出现问题往往无法补救或难以挽回损失，因此，要科学布局规划建设水工程。

（6）调整好人的行为，科学化管理水工程，保障水工程运行安全、效益充分发挥。水工程建成后的运行管理非常重要，是水工程发挥效益的关键，让管理出效益。一方面，要充分发挥人的主观能动性；另一方面，要协调好人与人之间的关系，共同管理好水工程安全高效运行；再一方面，要构建科学化管理体系，利用现代智能化管理系统，实现管理规范化、标准化、信息化、智能化，保障水工程运行安全、效益充分发挥。

6.2.2　跨流域调水工程论证问题的解决途径

6.2.2.1　缘由

为了解决水资源空间分配不均、供需水矛盾，可以通过跨流域人工调水工程，实现水资源空间再分配。调水工程古今中外都大量存在，如我国早期的邗沟工程、鸿沟工程、都江堰引水工程、郑国渠、灵渠等；国外如古埃及的尼罗河引水灌溉工程、现代的以色列北水南调工程等。

目前我国推行的国家水网建设，在一定程度上也是通过调水工程实现水系连通、水资源空间均衡。无论古代还是现代，通过调水工程，使水资源优化分配，发挥水资源的最大效益，取得了瞩目的成就。当然，如果论证不充分，可能会带来规划设计和建设运行的重大问题。本节引自笔者在文献［5］的论述，从人水关系学的视角，论述跨流域调水工程论证存在的问题及其解决途径。

6.2.2.2　存在的问题及难点

针对跨流域调水工程论证，常出现以下问题：

问题一：绝大多数论证工作都强调调水工程的必要性，对不利地区、群体的影响重视不足。如果主要从受益方来考虑，调水的必要性是肯定的。其难点在于：受益方的呼声较大，主要基于有利推论来做论证工作；不利方的呼声较弱，形成了不对称局面。一般是，先有受益方或政界学界对调水的提议，再有不利方的反对，后者处于守势。

问题二：从专业论证或行业资助情况来看，没有或极少设立反方课题进行专门研究。尽管很多项目会有一部分内容论述调水工程带来的影响（比如环境影响评价），但相对其论证调水必要性来说，明显相对弱化。其难点在于：专业论证或行业资助的出发点从开始就偏向支持调水，反对方则支持渠道较少。

问题三：从个人、地区、部门利益出发，长期有一群人致力于相关方面的研究、游说，甚至影响学术界和政府决策，而反对阵营常常难以形成长期、一贯的声音。其难点在于：因为所处位置和立场不同，多数从有利于自己一方出发，难以客观、系统、科学地分析论证。

问题四：跨流域调水工程涉及面广，一般的研究深度和有限的经费支持，难以从全局高度进行系统分析，有时还存在急迫上马的心态，往往会做出实施调水的决策。其难点在于：因为论证的复杂性、艰巨性，往往在论证深度不足的情况下做出决策。

6.2.2.3 解决途径

以上问题归根结底都可以认为是对人水关系认识方面存在不足。基于人水关系学视角，对应提出以下解决途径：

（1）要从人水系统的总体来分析论证，特别要关注"小因素带来的大问题"。在论证调水工程必要性时，要重点论证其带来的不利影响以及解决途径，更多听取不利方的呼声，解决不利方的诉求。

（2）要基于人水关系交互作用原理，从正面和负面两方面来分析论证。应专门设立反方科研项目，形成学术讨论的两个阵营，通过讨论慢慢形成趋于一致的意见，有利于政府作出更科学的决策。

（3）要基于人水系统论、人水博弈论的思维来独立、科学分析论证。在最终决策前政府部门不宜提出导向性意见，由科学技术界进行自由充分的论证，最好由第三方进行分析论证，主管部门不宜插手太多，防止以个人、地区、部门名义进行游说和宣传。

（4）要坚持人与自然和谐共生的理念，科学论证。因为跨流域调水工程影响大、问题复杂、论证困难，要长期支持论证工作，贯穿人与自然和谐共生的理念，从全局高度系统分析论证，确保论据充分、科学，杜绝调水工程草率上马。

6.2.3 大江大河干流水利枢纽建设问题的解决途径

6.2.3.1 缘由

人类为了更多地利用水资源和水能资源，从早期拦河取水，到现代大江大河拦河水利枢纽建设，为人类开发利用水资源和水能资源提供了便利，大大促进了经济社会的发展。随着人类建设能力的提升，拦河建设水利枢纽工程的规模也越来越大。比如，长江上的三峡水利枢纽、黄河上的小浪底水利枢纽等。

由于拦河水利枢纽的建设，把原本自然通畅的河流改造为由人类控制的、有限联系的河流连通。因为有高坝阻隔，下游鱼类难以洄游到上游，形成不可逆回的水力连通状态。因此，大型水利枢纽工程建设必然会带来自然水系比较大的结构改变，这也是拦河筑坝建设受到反对和质疑的主要原因之一。但是，为了开发利用水资源，又需要进行大型水利枢纽建设。到底如何科学论证和选择，一直是焦点问题。本节引自笔者在文献［5］的论述，从人水关系学的视角，论述大江大河干流水利枢纽建设存在的问题及其解决途径。

6.2.3.2　存在的问题及难点

问题一：过于乐观，即积极主张在河流干流上修建骨干水利枢纽。认为筑坝拦截河流对某些生物特别是特殊鱼类的影响，可通过人工鱼道或人工放养等措施来解决。其难点在于：因为自然界的复杂性，人类对自然的认知非常有限。必须承认，人类的任何活动都是对自然界的扰动甚至破坏。那么，在什么阈值情况下可以允许这种扰动？很难给出答案。

问题二：过于消极，即因为骨干水利枢纽拦截河流，对水生态系统带来较大影响，因此就极力否决水利枢纽工程建设，没有看到自然界本身具有的自恢复功能和自适应能力。其难点在于：人类在生存和发展过程中一定程度上必然要改造自然，自然界本身对人类活动和气候变化有一定的适应能力，会从一种平衡状态转移到另一种平衡状态。那么，在什么条件下转移到的平衡状态是可接受的？比较难以把握。

问题三：以人类需求导向为主。在工程规划和论证阶段，更多强调人类的需求，而对自然界的需求了解有限，甚至研究不深入，还存在较大偏差。其难点在于：如何寻找人类需求和自然界需求的一种平衡？还存在较大困难。

6.2.3.3　解决途径

（1）要从人水关系的正面和负面两方面来分析论证。必须认识到人类对自然界的改造作用，既有有利方面，也有不利方面；尽可能地采取一系列措施，把不利方面降到最低，采用可以实施的措施来弥补对自然界的伤害，比如对洄游鱼类的影响。

（2）要遵循人水系统自适应原理和平衡转移原理，努力使人水系统向良性方向转移。自然界具有一定的自恢复、自适应能力，在受到人类活动的作用后，在一定范围内可以再恢复，也可能逐渐形成一种新的平衡状态。拦河水利枢纽建设必然会带来河流水生态系统的变化，需要调控和论证其转变后的系统是可接受的。

（3）要基于人水和谐论，坚持人与自然和谐共生的理念，来科学论证。实现人与自然和谐共生是新时代的重大需求，在论证是否建设水利枢纽工程时，要充分考虑自然界的需求，鼓励和支持一部分人站在自然界角度，与工程论证者对话。

6.2.4 国家水网建设的关键问题与解决途径

6.2.4.1 缘由

本书5.1.7节介绍了国家水网建设的提出过程以及反映在人水关系上的变化。我国水资源时空分布不均，长期呈现"夏汛冬枯、北缺南丰"的时空分布特征。为缓解这一状况，自中华人民共和国成立以来，我国就陆续修建了一大批水利工程。南水北调工程作为我国跨流域跨区域配置水资源的骨干工程，更是发挥了重大作用，为我国今后其他大型调水工程的建设积累了宝贵经验。国家水网建设已成为解决我国复杂水问题、实现人与自然和谐共生的有效手段。但是，目前我国水利基础设施存在短板，水网建设仍处于初级阶段，距离国家水网建设预期目标还有很大的差距。本节基于笔者在文献［46］的论述，从人水关系学的视角，介绍国家水网建设关键问题的解决途径。

6.2.4.2 关键问题

国家水网建设存在三个关键问题：

（1）明确三大功能目标，回答"为什么要建"。针对我国水资源时空分布不均衡、水资源分布与经济社会发展格局不匹配的现实，为了提升我国全面建设社会主义现代化的水安全保障能力，提出加快建设国家水网的战略布局要具有三大功能目标，即着力提高水资源统筹调配能力、改善水生态环境状况、增强水旱灾害防御能力。

（2）建立三个判别准则，回答"能不能建"。国家水网建设是一个系统工程，在建设之前要对建成后可能带来的影响作出科学评估，在建设完成后仍需要定期评估，高效预警。根据对国家水网建设的理解，提出"保证安全、综合有效、影响可控"三个判别准则，这三个准则都满足了才认为水网建设是可行的。应从这三个方面入手构建评估指标体系，全面评估国家水网的功效和影响，以便作出综合分析、及时响应，确保水网安全、综合效益最大、各种影响可控，以此支撑国家水网的管理决策。

（3）立足"两个网"建设，回答"如何建"。一是"虚拟水网"，构建人与自然和谐共生的水利现代化网络平台，为水网运行管理提供支撑系统平台；二是"物理水网"，按照"确有需要、生态安全、可以持续"的重大水利工程论证原则，在尊重水系自然演变的基础上，构建支撑高质量发展和生态文明建设的国家水系网络。

6.2.4.3 解决途径

（1）要坚持人水和谐思想，构建国家水网理论技术体系，科学认识和分析国家水网的功能。通过国家水网建设，是要提升我国全面建设社会主义现代化的水安全保障能力，包括其三大功能，即提高水资源统筹调配能力、改善水生态环境状况、增强水旱灾害防御能力，最终目标是实现人与自然和谐共处。要构建国家水网理论技术体系，国家水网建设必须要有一系列理论作指导和支撑，比如，人水和谐理论、河流健康理论等；必须采取一系列技术手段，比如，问题识别技术、适应性分析技术、效果评估技术等。

（2）要系统分析、综合评估，遵循"保证安全、综合有效、影响可控"判别准则，对国家水网建设做出科学决策。建设国家水网，需要保证供水、防洪、生态安全，保障经济、社会、生态效益综合最大，确保对水安全、生态环境影响可控。国家水网前期建设及后期管理耗资巨大。在遵循三大判别准则下，才能启动对国家水网建设的规划论证工作，不可"一蹴而就""草率上马"。

（3）要坚持客观规律性与主观能动性相结合，科学布局国家水网，系统构建"物理水网"和"虚拟水网"。要充分发挥人的主观能动性，利用客观规律，科学布局国家水网；"物理水网"和"虚拟水网"两手抓，保障国家水网三大功能正常发挥、系统运行安全、效益充分发挥。国家水网建成后，全国水系及水资源条件将发生极大改变，水资源空间分布、生态环境质量及地区发展模式将相应发生显著变化，在水问题改善、经济效益增长的同时，也可能产生不可预见的负面影响。因此，构建国家水网需慎重考量"利弊"关系，预测对未来区域发展、生态条件改变的各种影响，需要"物理水网"和"虚拟水网"及时做出应对策略。

第 7 章　黄河流域人水关系分析与调控

为了说明人水关系学的应用，本章以黄河流域为例，在笔者所带领的团队研究成果[6~7,47-53] 的基础上，阐述黄河流域人水关系演变过程及其存在的问题，简要介绍人水关系学的研究途径及定量研究成果，包括水资源利用水平与经济社会发展的关系研究、城镇化与水资源利用耦合协调分析、城镇化与生态安全相关性评价、资源-生态-经济和谐发展水平及耦合协调分析、黄河分水问题及和谐分水方案研究。

7.1　黄河流域研究区范围及概况

黄河是中华民族的母亲河，孕育了世界上最古老灿烂的中华文明，保护黄河是实现中华民族伟大复兴的重要举措。黄河流域具有丰富的战略性和基础性资源，在促进我国经济社会发展和保障生态、粮食、能源安全方面均发挥着十分重要的作用。本节主要引自文献［47］来介绍黄河流域研究区范围及概况。

7.1.1　黄河流域不同尺度研究区范围

以黄河流域自然范围为基础，同时考虑流域与行政区在资源开发利用、经济社会发展和生态环境保护等方面的关联性，总结得到黄河流域研究范围的 4 种界定方案，分别是黄河流域区、黄河干流流经区、黄河流域涉及区和黄河全行政区（图 7.1）。黄河流域区，指黄河从源头到入海区间内水系所影响的地理上流域范围的区域（包括内流区），是以黄河干支流为骨干、控制面积为空间范围而划定的区域，主要依据水系特征和地形地貌进行确定。黄河干流流经区，指 9 个省（自治区）境内黄河干流流经的所有地级行政区（市、州、盟）组成的区域，其主要地理特征是由黄河干流向两侧扩张。黄河流域涉及区，指黄河流域自然边界涉及的所有地级行政区，包括干流流经区的同时向外侧进一步辐射，将整个流域全部包括在内。黄河全行政区，是指黄河流经的 9 个省（自治区）全境的所有行政区域。

7.1.2　黄河流域区范围及概况

流域区是研究黄河干支流及流域的自然地理范围和贯彻黄河重大国家战略的最直接区域，东西长约 1900km，南北宽约 1100km，地势西高东低、海拔差异明显。从西到东横跨青藏高原、内蒙古高原、黄土高原和黄淮海平原 4 个地貌单元，

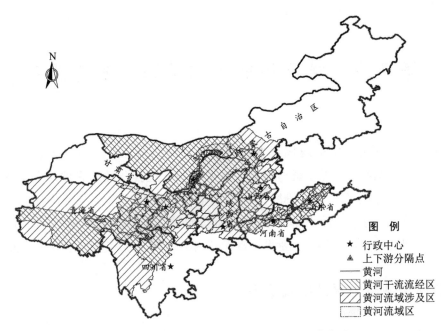

图 7.1　黄河流域不同尺度研究区范围[47]

以内蒙古河口镇、郑州桃花峪为界，分为上、中、下游 3 部分，在此基础上又细分为 8 个二级流域区（表 7.1）和 29 个三级流域区。其中，上游流域包括龙羊峡以上、龙羊峡至兰州、兰州至头道拐、内流区 4 个二级流域，面积约占 52.5%；中游包括头道拐至龙门、龙门至三门峡、三门峡至花园口 3 个二级流域，面积约占 44.6%；下游流域主要为花园口以下区域，占比仅约 2.9%。黄河流域区涉及的 9 个省（自治区）中，豫、鲁两省省会紧邻黄河，青、甘、宁、内蒙古、晋、陕六省（自治区）的省会或自治区首府均在流域内，与黄河的关系十分密切。流域内共有龙羊峡、刘家峡、海勃湾、万家寨、三门峡、小浪底等大中型水库 219 座，包括小型水库共计 3100 余座，总库容约 580 亿 m^3。河套平原、汾渭盆地及引黄灌区等诸多农业生产基地遍布于流域内，同时也是我国重要的水电、煤炭、石油、天然气、有色金属储备基地。

表 7.1　　　　　　　　　　　　黄河流域区范围及基本情况

流域分段	二级流域分区	流域面积 /万 km^2	面积占比 /%	2012—2019 年平均降水量 /mm	2010—2019 年平均耗水量 /亿 m^3	大型水库 /座	中型水库 /座
上游	龙羊峡以上	13.12	16.5	537.4	1.62	1	0
	龙羊峡至兰州	9.14	11.5	545.4	22.79	9	5
	兰州至头道拐	15.26	19.2	303.1	126.39	2	30
	内流区	4.21	5.3	330.6	4.10	0	1

流域分段	二级流域分区	流域面积/万 km²	面积占比/%	2012—2019 年平均降水量/mm	2010—2019 年平均耗水量/亿 m³	大型水库/座	中型水库/座
中游	头道拐至龙门	12.24	15.4	513.1	16.78	3	42
	龙门至三门峡	19.08	24.0	552.3	84.49	11	59
	三门峡至花园口	4.14	5.2	615.3	31.69	4	24
下游	花园口以下	2.31	2.9	587.0	135.51	4	24
全流域		79.50			423.37	34	185

注 资料来源于《黄河水资源公报》。

7.1.3 黄河干流流经区范围及概况

黄河干流自河源至入海口流经了青海 1 个市 4 个州、四川 1 个州、甘肃 2 个市 2 个州、宁夏 4 个市、内蒙古 5 个市 1 个盟、山西 4 个市、陕西 3 个市、河南 8 个市、山东 9 个市，共计 44 个地级行政区。从地形地貌上看，黄河流经了黄土高原水土流失区、五大沙漠地区，沿河两岸分布有东平湖和乌梁素海等湖泊、湿地，跨越了我国的青藏地区、西北地区和北方地区三大地理区域，涉及了干湿分区中的干旱、半干旱和半湿润地区。干流流经区总面积为 142.18 万 km²，是黄河流域面积的 1.79 倍，约占 9 个省（自治区）总面积的 39.8%，其中河南和山东流经的地级行政单元较多，而四川则仅有阿坝州。干流流经区域是 9 个省（自治区）的人口相对聚集地和重要的经济带，也是高新产业发展中心和创新示范区重点发展基地，拥有多个国家公园、水利风景区和重点生态功能区。区域内各地级行政区在充分享受黄河带来的发展机遇和综合效益的同时，也担负着河流生态环境治理、洪涝灾害防控、物种多样性保持等诸多责任，其对黄河的管理水平和能力直接影响河流的健康状态。

7.1.4 黄河流域涉及区范围及概况

黄河流域涉及区包括 69 个行政单元，总面积为 228.23 万 km²，约占 9 个省（自治区）总面积的 64.0%，其中包括了青海和宁夏的全部区域，其他省（自治区）的大多数地市也均被划分在内。黄河流域涉及区是黄河开发利用与保护的主要影响范围，具体来说，将使黄河带来的经济、社会、生态效益惠及流域涉及地区。各地区在黄河重大国家战略贯彻落实中也发挥着重要的作用，均需将黄河流域保护与发展纳入各自发展规划中，结合区位特点切实开展相关工作，将其一体化考虑有利于实现多地区的协同发展。

7.1.5 黄河全行政区范围及概况

黄河流域涉及 9 个省（自治区）的全行政区总面积约为 356.86 万 km²，是黄河流域面积的 4.49 倍，大多数省（自治区）的流域面积远小于行政区面积，如四川和山东，而宁夏、陕西和山西的流域面积占行政区面积较大，均超过了 60%。流域尺度上，青海和山东的流域面积分别为最大值（15.22 万 km²）和最小值（1.36 万 km²），占流域总面积的 19.1% 和 1.7%。全国尺度上，9 个省（自治区）行政面积、人口、耕地面积和粮食产量均占全国 30% 以上，但 GDP 仅占 25.0%，甘、青、宁和内蒙古 4 个省（自治区）的风能和光伏发电装机总和均占到全国总量的 45% 以上。9 个省（自治区）经济社会发展差异明显，呈阶梯状分布，上游地区发展相对滞后，黄河源头的青海玉树藏族自治州与入海口的山东东营市人均地区生产总值相差超过 10 倍。从系统的角度看，黄河流域生态保护和高质量发展目标的实现，不只是某些地区或某个省（自治区）的事情，政策制度、法律法规、文化教育、科技创新、工程建设等诸多方面都需要 9 个省（自治区）共同行动、团结合作。尽管部分省（自治区）黄河干流河段较短，且仅有小部分流域面积，但把 9 个省（自治区）作为一个研究整体考虑，能够有效解决涉及多部门、多行业、多层次、多区域的复杂现实问题。

7.2　黄河治水历史及代表观点

黄河治理工作一直以来都是中华民族生存发展的大事，一部黄河治理史就是一部中华民族发展史。黄河治水过程实际上就是发挥人的主观能动性来调整人水关系。本节主要引自文献 [48] 来介绍黄河治水历史和代表性观点。

7.2.1　黄河治水历史

黄河各类水问题复杂严峻，周期性的洪涝灾害和旱灾频发，严重阻碍了黄河流域及其周边地区的健康发展。"黄河宁，天下平"，作为世界公认的最难治理的大河之一，黄河流域的兴利除害在中华民族历朝历代都有着举足轻重的地位，中国的历史在某种程度上就是一部"治黄"史。

远古时期，人类生产力低下，且对黄河认识程度不够，更多只能"择丘陵而处之"，被动地躲避黄河洪水等灾害。原始社会时期，人类开始学会采取垒土挡水等主动措施抵御水害。封建社会时期，人们对黄河的认识程度不断深化，在大规模筑建堤防抵御洪水的同时，也采取各类措施疏通河道、调控水沙，但由于对河流生态系统的整体性认识不足，治水的主要精力还是侧重于与洪水的"对抗"，且治理措施更多局限于下游，缺乏整体性。进入近现代时期，人们逐步实现了由偏重下游治理向全流域治理转变，由被动治理向主动治理转变，走出了一条独特的河流保护治理之路，在一定程度上改变了黄河的面貌。

7.2.2　黄河治水代表性观点

随着社会形态的演进，人们对黄河的认识程度逐步深化，治理黄河的思想方法也不断发生演变,为现代治黄提供了重要参考。东汉以前,黄河治理的主要思想是以疏为主、以堵为辅,人们遵循水流的自然规律,所建堤防也大都顺河势而筑,疏于对已建堤防的修缮加固。随后,分流思想逐渐占据主流,一定程度上遏制了愈发严峻的黄河水患,但在具体实践过程中仍存在不少弊端。明清以后的治河者充分认识到治黄关键在于治沙,由此提出了束水攻沙的思想,极大地改善了黄河下游泥沙淤积问题,然而这一阶段仍忽视了黄河上下游的整体性和协同性。近现代以来,人们开始意识到黄河中上游的水土保持与下游的综合治理具有密不可分的联系,全流域综合治理的思想也就应运而生。面对不断演化的流域状况以及水沙关系不协调等根本症结,勤劳勇敢的中华儿女始终以抵御水患并使流域造福人民为目标,谱写了一部部利用黄河、改造黄河的宏伟历史(图 7.2)。在这一过程中,也形成了一系列具有里程碑意义的治黄代表性观点:

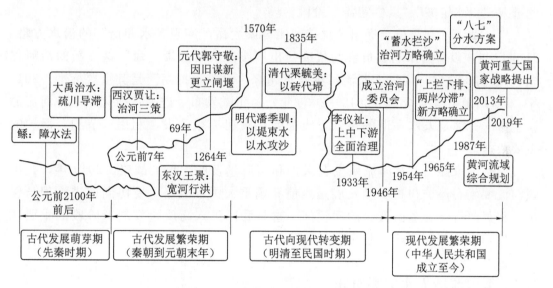

图 7.2 黄河治水历史及代表事件[48]

(1)大禹“疏川导滞”的“天人合一”思想。传说在约 4000 多年前,大禹吸取其父鲧“障水法”的失败教训,改“堵”为“疏”,以疏导为主,“疏川导滞”是其主要治水思想。大禹利用水向低处流的自然趋势疏通九河,最终历时 13 年完成治水大业,其“三过家门而不入”的典故也流传至今。

(2)西汉贾让提出“治河三策”。西汉时期,黄河下游河道已成为“地上悬河”,贾让提出治河三策,即改道、分流、巩固原有堤防。其三策较为全面地提出了黄河治理的不同方案并进行论证,首次提出了在黄河下游设置滞洪区的思想,对后世影响深远。

(3)明代潘季驯主张“以堤束水、以水攻沙”。认为水流分散不能带走大量泥沙,黄河含沙量较大,需进行大规模的堤防建设以实现束水,从而提升泄洪排沙能力。潘季驯还创造性地筑建不同种类的堤防，使它们相互配合以维护河流安全。

（4）近代水利学家李仪祉首次提出上中下游全面治理的主张。认为"中上游不治，下游难安"，只有对全流域进行综合治理才能实现黄河长治久安，逐渐改变了历代治黄只注重下游的观念。

（5）现代水利学家王化云提出"宽河固堤""蓄水拦沙""上拦下排"等治河主张。作为新中国成立以后的首任人民治黄机构的负责人，王化云长期致力于黄河治理，其提出的治黄措施为后续黄河相关研究打下了坚实的基础。

（6）国家提出"全流域水资源统一调度"的治水思想。黄河流域水资源相对匮乏，且长期无序开发，缺乏统一调度，导致黄河断流现象时有发生，严重影响人民群众生活。在此背景下，国务院于 1987 年批准颁布《关于黄河可供水量分配方案的报告》，综合考虑各地区各产业发展状况对黄河水权进行分配，黄河流域从此进入"以水定城""以供定需"阶段。

（7）黄河水利委员会提出"维持河流健康生命，实现人水和谐"的治水方略。21 世纪初，以黄河水利委员会为代表提出"维护黄河健康生命"这一新的治河理念，"堤防不决口，河道不断流，污染不超标，河床不抬高"是其重要标准。2013年，《黄河流域综合规划（2012—2030 年）》正式发布，进一步强化了维持河流健康生命的目标及人水和谐的愿景，成为当代黄河流域开发、利用、节约、保护的重要依据。

（8）国家提出"黄河流域生态保护和高质量发展"重大战略。2019 年，提出黄河流域生态保护和高质量发展是当前我国重大国家战略，要协同推进治理与保护，将黄河打造为造福人民的幸福河。这是我国进入高质量发展新阶段的重要战略布局，也是黄河治理史上的一个里程碑。

7.3　黄河流域人水关系分析

黄河流域人水关系复杂且涉及要素众多，探究其作用机理和问题具有重要意义，人水关系学是解决人水关系研究难点问题的有力工具。本节主要参考文献［6］来论述黄河流域人水关系的复杂性，总结其演变过程及存在的问题；参考文献［7］来阐述其难点问题和人水关系学的解决途径。

7.3.1　黄河流域人水关系复杂性

（1）人文系统与水系统自身的复杂性。黄河流经沿线 9 个省（自治区），涉及全国 30% 以上的人口，经济、人口和能源等复杂多变；黄河自古以来就是一条善淤泥、善决堤、善迁徙的河流，含沙量高，水沙关系不协调，水文情形复杂，治理难度极大，都体现出黄河流域人文系统与水系统自身的复杂性。

（2）人文系统与水系统的耦合系统复杂性。黄河流域高质量发展的人文需求和脆弱生态系统的约束、水沙关系失调的现实和人民幸福安康的期望、水资源短缺和能源-粮食用水的迫切等一系列矛盾问题凸显出人文系统与水系统耦合系统的复杂性。

（3）人水系统相互作用复杂性。在历史发展进程中，黄河沿线人民经历了依存、开发、掠夺等相互作用过程，直至今日，国家提出"黄河流域生态保护和高质量发展"重大国家战略，也是寄希望于其能改善流域人水系统间复杂的相互作用。

7.3.2 黄河流域人水关系演变过程

在中华文明 5000 年的历史长河中，黄河有 3000 年是经济文化中心，沿线人民与黄河的关系是我国人水关系演变过程的缩影。黄河流域人水关系演变过程可分为以下 5 个阶段。

（1）低层次和谐阶段。原始社会时期至封建社会初期，人类生产力低下，对水系统影响较小，水系统在人水关系中呈现绝对的主导作用，黄河流域人水关系处于低层次的和谐阶段。在该阶段，黄河流域人文系统与水系统采用简单的交互方式，人类探索出一些治理黄河的措施，比如：大禹采用开挖渠道的方法疏浚河道，一定程度上缓解了洪水威胁。然而，由于生产力水平的限制，人类还不具备与黄河洪水抗争的能力。中国延续千年的"黄河祭祀"正是发源于该阶段。

（2）探索性发展阶段。从封建社会初期到封建社会末期，随着社会文明的发展和黄河流域生产力的不断提高，人文系统在人水关系中的作用逐渐增强，黄河流域人水关系处于探索性发展阶段。在该阶段，人文系统与水系统的联系更加紧密，表现为对水系统由浅入深的治理与开发能力。西汉时期，治河专家贾让提出"治河三策"，主张分流固堤并举；东汉时期，水利专家王景开辟了一条新河道，形成了水流畅通、输沙能力强的洪水通道；明朝治河专家潘季驯主张"以堤束水、以水攻沙"，这种治水思想对后来的黄河治理产生了深远影响。相较于上一阶段，该阶段人文系统对水系统的主观能动性得到充分发挥，黄河流域人水关系的复杂性在这种探索性发展的过程中不断加深。

（3）失调性恶化阶段。从封建社会末期到 20 世纪末期，随着工业文明飞速发展，人文系统对水系统的能动作用进一步增强，在黄河流域人水关系中占据主导地位。但同时也为水系统带来一系列严重问题，黄河流域人水关系处于功能失调的恶化阶段。在该阶段，黄河流域处于水资源利用需求高峰期，人类对流域水系统开发的强度空前高涨，但黄河也逐渐进入洪水与断流并存、水生态恶化的恶性循环。20 世纪 70 年代，黄河出现长期断流，1997 年黄河河南段断流长达 226d，河流生态系统濒临崩溃。20 世纪末期黄河有 70% 以上的水体基本丧失净化能力。相较于上一阶段，该阶段人文系统对水系统呈现出掠夺式开发趋势，人水系统之间的各种冲突相继出现。黄河流域人水关系在这种不可持续的开发过程中持续恶化。

（4）保护性协调阶段。20世纪末期至21世纪30年代，随着河流管理理念的变化，黄河水资源开发利用模式经历了由"资源水利"向"生态水利"的转变，人文系统开始注重对水系统的保护，人水系统之间的矛盾得到一定缓解，黄河流域人水关系处于保护性协调阶段。20世纪末黄河流域出现的一系列水灾害，为协调黄河流域人水关系提供了新的需求和动力。进入21世纪之后，中国政府采取了一系列有效措施去调控黄河流域人水关系。2001年，人水和谐正式纳入中国现代水利体系中。2013年，中国国务院批复《黄河流域综合规划（2012—2030年）》，明确要求坚持人水和谐，全面维护黄河健康生命。2019年，黄河流域生态保护和高质量发展上升为重大国家战略，为黄河流域人水关系翻开新篇章。相较于上一阶段，该阶段人文系统对水系统呈现保护性开发状态，在人文系统的主观调控下，黄河流域人水关系得到较大改善。按目前发展态势，到21世纪30年代，黄河流域人水关系基本能够实现初步协调，但仍存在诸多难点问题有待解决。

（5）高质量和谐阶段。参照《黄河流域综合规划（2012—2030年）》和《黄河流域生态保护和高质量发展规划纲要》，2030年被视为高质量和谐阶段与保护性协调阶段的分界点。21世纪30年代之后，黄河水资源利用和保护开始由"生态水利"向"智慧水利"的转变，人文系统将能够在保护水系统健康的前提下，进行黄河流域的开发和保护。人水矛盾基本解决，人水关系进入高质量和谐阶段。相较于上一阶段，该阶段人类已经能够充分利用现代信息技术开展水资源利用和保护工作，人水关系学的理论方法和应用实践也积累了丰硕成果。以丰富的水资源利用和保护经验为基础，以先进的信息和网络空间技术为支撑，以人水关系学科的原则和方法论为指导，逐步解决传统的人水关系难题。黄河流域将实现人文系统与水系统的和谐共生。

从黄河流域人水关系的历史演变过程可以清晰地看出人水关系极其复杂。也正是人水关系的复杂性，为黄河流域带来了一系列棘手的问题。从古至今，中国历代人民为处理好黄河流域人水关系进行了艰苦探索，取得了辉煌成就。

7.3.3　黄河流域人水关系存在的问题

基于人水关系分析，考虑黄河流域实际，总结黄河流域人水关系存在的主要问题：

（1）人类活动加剧，引用水增多，供需水矛盾突出，导致人水关系总体不和谐问题。随着人类活动增强，黄河沿线区域引用水不断增加，部分地区产生了不同程度的供需水矛盾。其根源在于日益增长的用水端需求与供水端有限性之间的矛盾，这一矛盾是人水关系存在问题的突出体现。

（2）资源开发利用、生态环境保护、经济社会发展存在冲突或矛盾，带来开发与保护的不协调问题。黄河流域存在水资源短缺、生态系统脆弱、水沙关系失调等一系列现实问题，其根本原因是资源开发和生态保护之间难以协调的冲突或矛盾，这一冲突或矛盾也是阻碍流域生态保护和高质量发展的重要制约因素。

（3）上下游、左右岸以及不同区域间的协同发展局面尚未形成，争水形势严峻，存在棘手的争水和分水问题。黄河涉及沿线 9 个省（自治区），其流域范围、供水范围和影响范围十分复杂，但采用的"八七"分水方案已经实行 30 余年，各地区经济社会快速发展，外部环境和本区域发展都发生很大的变化，重新调整分水方案的呼声越来越大。但是流域上下游、左右岸以及不同区域之间的协同发展局面尚未形成，存在严峻的争水问题，需要更大智慧来解决。

黄河流域人水关系的和谐稳定对中国未来发展起着至关重要的作用，因此，解决黄河流域人水关系难点问题是实现高质量发展的必经之路。目前仍存在诸多棘手的前沿问题有待解决，比如南水北调西线工程的论证问题、黄河分水问题、大型水利枢纽建设问题、洪涝与干旱灾害防治问题等。

上述问题的根源可以认为是人水关系的复杂性，但同时也暴露了人类对人水关系科学认识方面存在严重不足。对人水系统交互作用、水资源适应性利用、人水系统平衡、人水关系和谐演变等人水关系核心问题缺乏系统认知。此外，黄河流域人水关系问题涉及学科众多，仅从单一学科角度出发难以解决，需要从更高层面，从人水关系学上寻找突破点。

7.3.4 基于人水关系学视角对人水关系难点问题的解决途径

人水关系学在解决人水关系难点问题时具有突出优势，选择黄河流域几个代表性问题，从人水关系学视角分析其难点问题的解决途径。

（1）南水北调西线工程论证问题。结合人水关系的模拟方法，根据人水关系的相互作用原理，从正面和负面两方面来分析论证，形成两个学术阵营，通过讨论形成共识，有利于政府作出更科学的决策。基于人水博弈论的思维，从全局角度分析论证，避免在论证深度不足的情况下做出决策。

（2）黄河分水问题。基于人水系统适应性原理，考虑人水系统间的动态适应性，结合和谐评价方法，制定分水计算方法和流程，确定黄河分水量。基于人水系统论，树立和谐分水思想，确保水系统各项生态功能的稳定，实现人与自然和谐共生。协调好不同用水地区之间的关系、协调好水资源承载与经济社会发展之间的关系，推动黄河流域人水系统和谐发展。

（3）大型水利枢纽建设问题。要遵循人水系统平衡转移原理，努力使人水系统向良性方向转移，水利枢纽建设必然会带来河流水生态系统的变化，需要调控和论证其转变后的系统是可接受的。基于人水和谐论，结合和谐调控方法，坚持人与自然和谐共生的理念来进行科学论证，鼓励一部分人站在自然界角度，与工程建设者对话。

（4）洪涝和干旱灾害防治问题。从人水关系和谐演变原理出发，应对水旱灾

害。基于人水系统理论，结合和谐调控方法，构建一体化防灾救灾体系。防汛抗
旱是一项系统工程，首先应提升硬件能力，其次应加强防洪抗旱知识的科普教育，
最后要形成"政府指挥、部门主导、公众参与"的防灾救灾体系。

上述探讨的解决途径，仅仅是从宏观层面上的概括介绍，仅涉及人水关系学
的基本原理和方法，并未从应用层面开展更深入、细致的论述。为了进一步验证
人水关系学指导解决实际问题的能力，下面将介绍几个具体应用研究实例。

7.4   黄河流域水资源利用水平与经济社会发展的关系

本节以黄河流域经济社会发展与水资源利用水平之间的关系分析为例，介绍
人水关系定量分析的一种研究方法，作为应用举例参考。本节主要引自文献
[49]，应用全新投入视角（Super – SBM）模型和 Tapio 弹性脱钩模型，分析黄河
流域水资源利用水平与经济发展、社会发展的作用关系。

7.4.1   研究方法

7.4.1.1   Super – SBM 模型

全新投入视角（Super – SBM）模型集成了效率测度（SBM）模型和超效
率（DEA）模型的优点，既充分考虑了各决策单元（DMU）中投入产出指标的松
弛变量，又能避免多个 DMU 同处生产前沿无法进一步比较效率高低的问题。假设
有 n 个决策单元，每个决策单元有 m 项投入 x，有 s 项产出 y，Super – SBM 模型
可以表示为

$$\min\rho = \frac{\dfrac{1}{m}\sum_{i=1}^{m}\overline{x}_i / x_{i0}}{\dfrac{1}{s}\sum_{r=1}^{s}\overline{y}_r / y_{r0}} \tag{7.1}$$

$$\text{s.t}\quad \left.\begin{array}{l}\overline{\boldsymbol{x}} \geqslant \sum_{j=1,\neq 0}^{n} \lambda_j \boldsymbol{x}_j, \\[2mm] \overline{\boldsymbol{y}} \leqslant \sum_{j=1,\neq 0}^{n} \lambda_j \boldsymbol{y}_j \\[2mm] \overline{\boldsymbol{x}} \geqslant \boldsymbol{x}_0, \overline{\boldsymbol{y}} \leqslant \boldsymbol{y}_0, \overline{\boldsymbol{y}} \geqslant 0, \lambda \leqslant 0\end{array}\right\} \tag{7.2}$$

式中：ρ 和 λ 分别为决策单元的效率值和权重。

目标函数 ρ 是关于 $\overline{x}_i$、$\overline{y}_r$ 的严格单调递减函数，若 $\rho \geqslant 1$，则代表该 DMU 处
于生产前沿，属于有效决策单元；若 $\rho < 1$，则代表该 DMU 投入存在冗余或产出
存在亏缺，决策单元存在效率损失，需要优化投入产出，避免产生松弛变量。

7.4.1.2   Tapio 弹性脱钩模型

Tapio 弹性脱钩模型可用于探究不同对象在不同尺度下的适配程度，判别适配

关系，细化解耦状态。本节将应用该模型探究水资源利用与经济社会发展之间的适配程度，模型如下：

$$M_1 = \frac{\Delta WUE}{\Delta RGDP} = \frac{(WUE_t - WUE_{t-1})/WUE_{t-1}}{(RGDP_t - RGDP_{t-1})/RGDP_{t-1}} \tag{7.3}$$

$$M_2 = \frac{\Delta WUE}{\Delta UR} = \frac{(WUE_t - WUE_{t-1})/WUE_{t-1}}{(UR_t - UR_{t-1})/UR_{t-1}} \tag{7.4}$$

式中：M_1、M_2 分别为水资源利用效率与人均 GDP、城镇化率之间的适配指数，用于量化资源利用与经济社会发展之间的适配程度；ΔWUE、$\Delta RGDP$、ΔUR 分别为某时段水资源利用效率变化率、人均 GDP 变化率、城镇化率变化率；WUE_{t-1}、$RGDP_{t-1}$、UR_{t-1} 分别为时段初的水资源利用效率、人均 GDP、城镇化率；WUE_t、$RGDP_t$、UR_t 分别为时段末的水资源利用效率、人均 GDP、城镇化率。适配状态界定标准见表 7.2，其中，扩张性负脱钩是水资源利用水平与经济社会发展最佳的适配状态。

表 7.2　　　　　　　　　　　　适配状态界定标准

适配状态	ΔWUE	$\Delta RGDP$（ΔUR）	M
扩张性负脱钩	>0	>0	>1.2
强负脱钩	>0	<0	<0
弱负脱钩	<0	<0	[0, 0.8)
衰退性脱钩	<0	<0	>1.2
强脱钩	<0	>0	<0
弱脱钩	>0	>0	[0, 0.8)
扩张性连接	>0	>0	[0.8, 1.2)
衰退性连接	<0	<0	[0.8, 1.2)

7.4.2　指标选取与数据来源

在运用 Super-SBM 模型进行效率测算时，投入产出指标选取的科学性将直接影响最终测算结果的合理性。水资源利用效率的基本思想是同时满足资源消耗最小化与生产价值最大化。基于此思想指导，选取用水总量、固定资产投资、从业人员数量作为反映自然资源、资本要素、人力资源消耗的投入指标，选取 GDP 作为反映生产效益的产出指标。为了更科学全面地评估地区水资源利用效率，需要在投入产出指标中考虑环境污染，目前大多数 Super-SBM 模型是利用非期望产出的形式考虑环境污染，本研究将环境污染纳入新的投入视角，即将废水中 COD 排放量作为反映环境承载投入的指标参与模型计算，形成资源-经济-社会-环境多元投入指标体系，同时避免了不同产出指标的权重分配合理性问题。指标选取结果见表 7.3。其中，GDP 和固定资产投资均以 2008 年为基期通过各省（自治区）

GDP 指数和固定资产投资价格指数进行处理，以消除价格影响。选取人均 GDP、城镇化率作为表征 9 个省（自治区）经济社会发展程度的代表性指标。

表 7.3　　　　　　　　黄河流域水资源利用效率投入产出指标体系

类　　型	名　　称	单　　位	选取理由
投入指标	地区用水总量	亿 m³	反映自然资源投入
	固定资产投资	亿元	反映资本要素投入
	地区从业人员数量	万人	反映人力资源投入
	废水中 COD 排放量	万 t	反映环境承载投入
	废水排放总量	万 t	
产出指标	地区 GDP	亿元	反映经济效益产出

以 2008—2018 年为研究时段，用水量数据来自水资源公报，9 个省（自治区）从业人员数量、COD 排放量数据来自 9 个省（自治区）统计年鉴，GDP 数据来自《中国统计年鉴》，固定资产投资及其价格指数、GDP 指数、人均 GDP 来自国家统计局网站；城市尺度 GDP 数据来自《中国城市统计年鉴》，从业人员数量和固定资产投资数据来自 EPS 数据平台，废水排放量数据来自《中国城市建设统计年鉴》。

7.4.3　计算结果与分析

7.4.3.1　9 个省（自治区）水资源利用效率测算结果分析

利用 Super-SBM 模型测算黄河流域 9 个省级行政单元 2008—2018 年的水资源利用效率（WUE），结果如图 7.3 所示。9 个省（自治区）水资源利用效率的峰值和谷值分别出现在 2018 年和 2009 年，说明 2018 年 9 个省（自治区）水资源利用整体水平与该年生产前沿面最为接近，而 2009 年水资源利用整体水平与生产前沿存在最大程度偏离；2017 年和 2018 年山东、内蒙古、山西 3 个省（自治区）同处于生产前沿，2009 年、2013 年、2014 年仅有山东省处于生产前沿面。山东省以较少的资源环境和人力资本投入获得远超其他省（自治区）的经济产出，因此其水资源利用效率 11 年间均处于生产前沿面上，在研究时段内均为有效 DMU；内蒙古自治区在 11 年间有 7 年水资源利用效率超过 1，与山东省同处生产前沿面；山西省在研究时段内有 3 年水资源利用效率值超过 1，其余研究时段内未能达到生产前沿。除以上 3 个省（自治区）外，其余省（自治区）均存在投入松弛变量，投入冗余较高，水资源利用水平相对较低，2008—2018 年间均未能达到生产前沿。从效率值本身来看，河南、青海、陕西、四川、甘肃、宁夏 6 个省（自治区）多年间水资源利用效率值均呈不同程度的下降趋势，9 个省（自治区）水资源利用水平提升的整体协调性较差。

2008—2018 年间水资源利用效率变动情况，内蒙古、山西、山东、甘肃 4 个

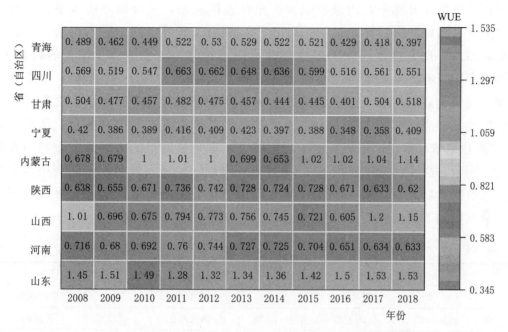

图 7.3 2008—2018 年黄河流域 9 个省（自治区）水资源利用效率测算结果[49]

省（自治区）2018 年的效率值相较于 2008 年均有所提升，内蒙古涨柱线最为明显，说明内蒙古水资源利用水平在 9 个省（自治区）中提升程度较大，得益于资源、环境、人力三项投入的有效缩减。青海、河南、四川、陕西、宁夏 2018 年的效率值相较于 2008 年有所下降，青海的跌柱线最为明显，原因是经济产出增长相对较慢，而人力和资产两项投入的松弛变量在不断增加，说明其水资源利用效率提升的程度低于 9 个省（自治区）生产前沿面推进的程度，需加快水资源利用水平的提升，缩小与生产前沿面的距离。9 个省（自治区）多年平均水资源利用效率空间分布呈现空间差异性，水资源利用水平从高到低排名依次是：山东、内蒙古、山西、河南、陕西、四川、青海、甘肃、宁夏，山东是唯一多年有效 DMU，水资源利用水平相较于其他省（自治区）有突出优势，宁夏是唯一多年平均水资源利用效率值低于 0.4 的地区。从不同区域角度分析，上中下游省（自治区）的水资源利用水平依次升高，与黄河流域上中下游地区的经济社会发展水平分布特征基本一致。

7.4.3.2 9 个省（自治区）水资源利用水平与经济发展关系分析

利用 Tapio 模型探讨 9 个省（自治区）水资源利用水平与经济社会发展水平间的关系，为了尽可能反映研究时段内真实状态，首先以 3 年为窗宽（首尾年除外）进行适配指数计算，然后再研究整个研究时段的适配状态。3 年为窗宽的适配状态计算结果见表 7.4，2009—2011 年，青海、四川、甘肃、宁夏、陕西、山西、河南 7 个省（自治区）的水资源利用效率与经济发展水平适配状态均为弱脱钩，即二者时间尺度上的变化存在一定协同性，但水资源利用水平的提升速率要低于经济发展水平的提升速率，内蒙古呈现扩张性连接状态，水资源利用水平提升与经济发展具有更好的协同性。2012—2014 年，除山东省外，其余省（自治区）的水资源利用水平提升速率均未跑赢生产前沿面的推移，在经济稳步增长的趋势下，水资源利用与经济发展水平均呈现出强脱钩适配状态。2015—2017 年，山东省仍然保持弱脱钩适配状态，但适配指数出现明显提升，水资源利用水平提升与经济发展的动态协同性持续向好，山西、甘肃的水资源利用效率提升明显，远超人均GDP 提升速率，呈现扩张性负脱钩适配状态，也是最理想的水资源高效利用发展状态，内蒙古由于该阶段人均 GDP 出现小幅衰退，经济发展与水资源利用水平呈现出强负脱钩状态，其余 5 个省（自治区）仍处于强脱钩适配状态，水资源利用与经济发展动态协同性较差。

表 7.4   9 个省（自治区）水资源利用与经济发展水平适配状态（以 3 年为窗宽）

省（自治区）	2009—2011 年		2012—2014 年		2015—2017 年	
	M_1	适配状态	M_1	适配状态	M_1	适配状态
青海	0.25	弱脱钩	−0.08	强脱钩	−2.92	强脱钩
四川	0.55	弱脱钩	−0.22	强脱钩	−0.30	强脱钩
甘肃	0.02	弱脱钩	−0.33	强脱钩	1.49	扩张性负脱钩
宁夏	0.15	弱脱钩	−0.20	强脱钩	−0.48	强脱钩
内蒙古	1.05	扩张性连接	−3.11	强脱钩	−0.18	强负脱钩
陕西	0.23	弱脱钩	−0.12	强脱钩	−0.65	强脱钩
山西	0.31	弱脱钩	−0.83	强脱钩	3.26	扩张性负脱钩
河南	0.30	弱脱钩	−0.14	强脱钩	−0.52	强脱钩
山东	−0.48	强脱钩	0.18	弱脱钩	0.60	弱脱钩

以整个研究时段为窗宽对黄河流域 9 个省（自治区）适配指数进行计算，11年间 9 个省（自治区）水资源利用与经济发展适配状态呈现出显著空间差异，青海、四川、宁夏、陕西、河南 5 个省（自治区）为强脱钩状态，其中青海省适配指数最差，脱钩程度最大，推动水资源节约集约利用势在必行；甘肃、山西、山东为弱脱钩适配状态，二者之间仍保持有正向的关联，山西省关联性较强；内蒙古为扩张性连接状态，水资源利用水平提升与经济发展之间动态协同性最好。

7.4.3.3   9 个省（自治区）水资源利用水平与社会发展关系分析

同样以 3 年为窗宽，利用 Tapio 模型，计算的黄河流域 9 个省（自治区）水资源利用效率与社会发展水平适配状态见表 7.5。2009—2011 年，适配状态整体良好，仅山东和甘肃为脱钩状态，6 个省（自治区）达到扩张性负脱钩的适配状态，9 个省（自治区）水资源利用水平的提升速率整体高于城镇化速率，与表 7.4 结果对比发现，除山东外，其余省（自治区）的适配指数均有所提升，适配状态也有较大改善，原因是该阶段黄河流域 9 个省（自治区）城镇化进程相对较慢，尤其是内蒙古，适配指数达到 8.07，与水资源利用效率呈现出显著的扩张性负脱钩适配状态。2012—2014 年，除山东为弱脱钩外，其余省（自治区）适配状态均为强脱钩，原因同样是在城镇化趋势下，水资源利用水平提升速率落后于生产前沿推移，导致了 9 个省（自治区）水资源利用与社会发展整体的脱钩状态。2015—2017 年，甘肃、山西、山东由强脱钩状态转变为扩张性负脱钩状态，内蒙古由强脱钩转变为弱脱钩状态，水资源利用效率提升明显，与社会发展的适配状态相较于前一阶段有较大改善，动态协同性较好，但青海、四川、宁夏、陕西、河南 5 个省（自治区）仍处于强脱钩适配状态，在推动城镇化进程的同时，需加快水资源利用水平的进一步提升。

表 7.5　9 个省（自治区）水资源利用效率与社会发展水平适配状态（以 3 年为窗宽）

省（自治区）	2009—2011 年		2012—2014 年		2015—2017 年	
	M_2	适配状态	M_2	适配状态	M_2	适配状态
青海	1.26	扩张性负脱钩	−0.32	强脱钩	−3.73	强脱钩
四川	3.43	扩张性负脱钩	−0.64	强脱钩	−0.97	强脱钩
甘肃	0.16	弱脱钩	−0.87	强脱钩	1.80	扩张性负脱钩
宁夏	0.93	扩张性连接	−0.53	强脱钩	−1.56	强脱钩
内蒙古	8.07	扩张性负脱钩	−11.36	强脱钩	0.65	弱脱钩
陕西	1.41	扩张性负脱钩	−0.49	强脱钩	−2.45	强脱钩
山西	1.75	扩张性负脱钩	−0.72	强脱钩	15.78	扩张性负脱钩
河南	1.55	扩张性负脱钩	−0.39	强脱钩	−1.40	强脱钩
山东	−2.80	强脱钩	0.65	弱脱钩	1.29	扩张性负脱钩

对整个研究时段整体进行 Tapio 模型计算，9 个省（自治区）水资源利用与社会发展适配状态呈现出强脱钩、弱脱钩、扩张性负脱钩三种适配状态，青海、四川、宁夏、陕西、河南 5 个省（自治区）为强脱钩状态，水资源利用水平提升未能与社会发展程度保持较好动态协同性，甘肃、山西、山东为弱脱钩适配状态，内蒙古为扩张性负脱钩状态，水资源利用水平提升与社会发展之间动态协同性最好。

7.5　黄河流域城镇化与水资源利用耦合协调分析

本节以黄河流域城镇化与水资源利用耦合协调关系分析为例，介绍人水关系定量分析的另一种研究方法，作为应用举例参考。本节主要引自文献［50］，构建基于人口、经济、土地和社会的城镇化水平综合指标体系，以及基于生活、工业、农业和生态的水资源利用水平综合指标体系，应用耦合协调度模型，研究二者耦合协调关系。

7.5.1　研究方法与数据

主要研究思路分为 4 步：①指标体系设计；②指标数据的收集和预处理；③建立耦合协调度分析模型；④耦合协调度计算与分析。

7.5.1.1　指标体系设计

关于城镇化指数量化可大致有两种方法：一种为单一指标表示的城镇化程度，一般采用城镇人口比例；另一种是建立城镇化综合指标体系。前者便于操作，缺点在于仅能反映人口方面的城镇化程度，不能代表全面的城镇化水平。因此，这里选择以城镇化内涵为基础考虑不同的维度，构建指标体系进行计算。

城镇化是指随着国家或地区社会生产力发展、科学技术进步以及产业结构调整，其社会由以农业为主的传统乡村型社会向以工业和服务业等非农产业为主的现代城市型社会逐渐转变的历史过程。它包含有多维的概念，内涵涉及人口城镇化、经济城镇化（主要是产业结构的城镇化）、地理空间城镇化和社会文明城镇化（包括生活方式、思想文化和社会组织关系等的城镇化）。因此，可以人口、经济、土地、社会 4 方面为维度选取指标，建立城镇化水平评价指标体系。

在水资源利用水平评价方面，通常采用两类指标：一类采用比值分析方法，根据水资源消耗系数来间接表征水资源利用水平，比如使用万元 GDP 用水量、吨钢产量的水资源消耗量等分析用水效率的区域差异、影响因素和收敛特征；另一类是基于全要素用水效率框架对用水效率进行测算，包括参数方法和非参数方法。这里选择比值分析方法，根据用水类型构建包含生活、工业、农业以及生态用水 4个维度及对应指标的水资源利用水平指标体系（表 7.6）。

表 7.6　　　　　　　　　城镇化水平-水资源利用水平综合指标体系

目标层	结构指标层	具体指标	单位	指标含义
城镇化水平	人口城镇化 x_1	城镇人口比例		城镇人口除以总人口
	经济城镇化 x_2	非农产业产值占比		第二、三产业产值除以生产总值
	土地城镇化 x_3	建成区面积比例		建成区面积除以市区面积
	社会城镇化 x_4	非农从业人员比例		非农就业人口除以总就业人口
水资源利用水平	生活用水 x_5	人均生活用水量	$m^3/$人	人均用水量乘以生活用水占比
	工业用水 x_6	万元工业增加值用水量	$m^3/$万元	工业用水量除以工业增加值
	农业用水 x_7	农田实际灌溉面积用水量	m^3/hm^2	农业用水量除以有效灌溉面积
	生态用水 x_8	单位面积生态用水量	m^3/km^2	生态用水量除以城区面积

7.5.1.2　数据收集与处理

选取 2007 年和 2017 年为研究截面，以黄河流域地区 9 个省（自治区）为研究对象。所用数据均来源于 2007—2017 年各省（自治区）的《水资源公报》《中国水资源公报》以及《中国统计年鉴》。

指标体系中包括正向指标和负向指标，较高的正向指标有助于提高指数水平，而较高的负向指标则降低指数水平。为统一指标的特征和范围，有必要对所选指标进行标准化：

正向指标为

$$r_{ij} = (x_{ij} - \min\{x_i\}) / (\max\{x_i\} - \min\{x_i\}) \tag{7.5}$$

负向指标为

$$r_{ij} = (\max\{x_i\} - x_{ij}) / (\max\{x_i\} - \min\{x_i\}) \tag{7.6}$$

式中：x_{ij} 为指标 i 在第 j 个省（自治区）的原始数值；r_{ij} 为归一化后的标准值；$i = 1, 2, 3, \cdots, m; j = 1, 2, 3, \cdots, n$。

7.5.1.3 耦合协调度计算

耦合度是度量系统要素协调状况的定量指标，城镇化与水资源利用水平二者可看作耦合系统，通过建立城镇化与水资源利用水平的耦合度模型来进行计算。

构建城镇化水平指数及水资源利用水平指数对流域省（自治区）城镇化及用水水平进行衡量：

$$I_u = \sum_{i=1}^{4} \omega_i r_{ij} \tag{7.7}$$

$$I_w = \sum_{i=5}^{8} \omega_i r_{ij} \tag{7.8}$$

式中：I_u 和 I_w 分别为研究对象城镇化水平指数及水资源利用水平指数；ω_i 为使用熵权法计算得到的权重值；$0 \leqslant I \leqslant 1$，将其等分为优、良、中、差 4 个级别。

耦合协调度计算式为

$$C_w = [4 I_u I_w / (I_u + I_w)^2]^{1/2} \tag{7.9}$$

式中：C_w 为城镇化与水资源利用耦合度，反映了在 I_u 与 I_w 之和一定的条件下城镇化和水资源利用水平耦合协调的数量程度。

为了进一步反映不同区域城镇化和水资源利用水平交互耦合的协调程度，在 C_w 值基础上加入表示总体发展水平的成分，构建耦合协调度模型为

$$D_w = \sqrt{C_w T_w} \tag{7.10}$$

$$T_w = \alpha I_u + \beta I_w \tag{7.11}$$

式中：T_w 为城镇化与水资源利用水平综合调和指数；α、β 为待定系数，由于系统中城镇化与水资源利用水平情况同等重要，所以取 $\alpha = \beta = 1/2$；D_w 为耦合协调度，表征系统城镇化与水资源利用水平耦合协调程度，D_w 值越大，表明城镇化与水资源利用水平一致性越高，也表示二者之间的耦合关系越和谐，D_w 值越小，表明二者水平高低差距明显，在这一情况下，需要提升水平较低一方的发展水平。

一般可将耦合协调发展类型划分为"优质协调、高度协调、中度协调、低度协调、弱度协调、弱度失调、低度失调、中度失调、严重失调、极度失调"10小类。

7.5.2　耦合协调关系时空分析

7.5.2.1　城镇化水平时空变化

在研究时段内，黄河流域 9 个省（自治区）城镇化水平普遍提升。城镇化指数区间由 2007 年的"0.35～0.50"上升到 2017 年的"0.45～0.65"。流域整体平均水平从 0.430 提升到 0.559，提升了 30%。

从空间变化看，上游地区城镇化差异缩小、下游地区城镇化水平提高明显。山东、河南、四川城镇化水平提高 2 个等级，其余省（自治区）均提高 1 个等级。河南和山东两省是中部地区发展的重点省份，我国中部地区正处于城镇化发展的关键时期，近年来承接了大量沿海地区的产业转移，尤其是河南省，作为中原城市群的中心省份，经济发展势头迅猛，处于城镇化快速发展阶段。同时，城镇化呈现明显的东西分布态势，流域东部高于西部、下游高于上游。中等水平范围向西扩大，涵盖了中原城市群的几个主要省份，反映了西部大开发、中原城市群建设等国家战略发展的成果在城镇化水平方面的初步成效。同时，城镇化的发展也对实现中原崛起和西部地区发展的国家战略具有重要支撑作用。黄河流域各省（自治区）的城镇化发展水平可以分为 3 个层次：第 1 层是位于流域下游的山东省，处于领先地位；第 2 层是山西、宁夏、内蒙古、陕西、河南、四川、青海 7 个省（自治区），属于流域内中等水平；第 3 层是流域上游的甘肃省，由于地理位置特殊及生态环境脆弱，其发展的基础和动力相比流域内其余省（自治区）较低，城镇化发展速度较慢。

7.5.2.2　水资源利用水平时空变化

从时间变化上看，水资源利用水平总体发展稳定。在 4 类用水中，生活、工业用水量降低，农业、生态用水量升高，说明在城镇化进程中，流域整体的生活节水水平与工业生产用水效率提高，农业用水需要进一步进行节水改造，生态用水方面正逐步加强。

从空间上看，水资源利用水平的地区差异缩小，且由复杂分布转变为东高西低的分布态势，中下游省（自治区）处于"优秀、良好"类别，上游省（自治区）大部分为"中等"水平。以内蒙古为分界，黄河流域水资源利用水平可分为 2 个层次，山东、河南、山西、陕西、内蒙古、宁夏处于第 1 层次，水平较高但差异明显。其中山东、山西、河南省农业、工业与生活用水量均远低于其他省（自治区），陕西省在占比较大的工业用水方面，万元工业增加值用水量较低，对于整体用水水平有决定性作用。上游青海、甘肃、四川处于第 2 层次，水平较低但相对统一。青海省工业发展稳定，结合生态环境保护及绿色制造观念，其工业领域节能明显。四川省推进工业绿色化升级发展，加强了资源综合利用，并实施工业节能节水重点项目，但其在生活用水及农业用水方面应进一步重视，提高农业、生活用水效率。

7.5.2.3 城镇化与水资源利用耦合协调关系时空分析

从城镇化和水资源利用水平分析看，二者空间格局有相似的分布特征，但并不完全吻合，且城镇化发展水平的动态变化相对于水资源利用水平更为激烈。因此，有必要对二者耦合协调关系进一步分析。从时间变化来看，各省（自治区）耦合协调度变化平稳，流域平均水平上升，从 0.579 提高至 0.658。其中，分别有 2 个"弱度失调"状态省（自治区）和 1 个"弱度协调"状态省（自治区）提高为"中度协调"状态。

从空间变化看，流域内各省（自治区）耦合协调度差异缩小且大致呈西高东低态势，上游省（自治区）水平高且一致，下游省（自治区）水平稍低且存在差异，其中甘肃、四川、青海、内蒙古的耦合协调度较高，山东省最低。由此可以发现，山东省在城镇化及水资源利用水平上均处于流域内第 1 层次，耦合协调度却最低，上游地区城镇化及水资源利用水平均处于较低水平，但耦合协调度较高。说明山东省城镇化水平与用水水平不相匹配，在高的水资源利用水平上，其城镇化发展实际稍有落后，或者说在其城市发展过程中，用水水平超前于城镇化水平，在现状基础上可以将城镇化发展水平进一步提高。同时也说明西部地区充沛的水资源禀赋对当地城镇化进程起到一定的支撑和促进作用，保障了西部地区社会发展。

7.6 黄河流域城镇化与生态安全相关性评价

本节以黄河流域城镇化与生态安全相关性评价为例，介绍人水关系定量分析的另一种研究方法，作为应用举例参考。本节主要引自文献 [51]，以黄河 9 个省（自治区）为研究区，研究城镇化与生态安全之间的相互作用关系。

7.6.1 研究方法与数据

研究思路是：从人口、经济、社会、空间四个维度构建了城镇化水平评价指标体系，从压力、治理、环境三个维度构建了生态安全评价指标体系；采用多指标综合评价法，计算黄河 9 个省（自治区）各年城镇化发展指数（UDI）和生态安全指数（ESI）；运用灰色关联和解耦模型研究城镇化与生态安全之间的相互作用关系。

（1）指标体系构建。按照科学性、通用性、层次性和易于收集的原则，对出现频率较高的指标进行统计。然后对指标进行筛选，构建评价指标体系，包括目标层、准则层和指标层三个层次，共选择 16 个指标。其中，表征城镇化有 8 个指标：城镇人口比重（U_1），第二、三产业就业人口比重（U_2），人均 GDP（U_3），城镇居民人均可支配收入（U_4），每万人卫生机构床位数（U_5），教育科学支出占地方财政比重（U_6），建设用地占行政区面积比重（U_7），人均道路面积（U_8）。涵盖人口、经济、社会和空间城镇化四个方面，每个方面包含两个指标。表征生态安全有 8 个指标：人均废水排放量（E_1）、每万人二氧化硫排放量（E_2）、污水处理率（E_3）、生活垃圾无害化处理率（E_4）、环境污染治理占 GDP 比重（E_5）、建成区绿化覆盖率（E_6）、人均公园绿地面积（E_7）、森林覆盖率（E_8），包括生态压力、治理和状态三个方面。

（2）多指标综合评价方法。首先，按照隶属度函数计算方法，对指标进行标准化，以保证各维度下计算结果可对比。其次，采用层次分析法（SDM）和熵权法（ODM）确定权重，再按均值法计算得到最终组合权重。再按照加权方法，计算综合指数 S，分别表示城镇化发展指数（UDI）和生态安全指数（ESI）。

（3）灰色关联计算模型。针对城镇化发展指数（UDI）序列和生态安全指数（ESI）序列，计算指标之间的相关系数：

$$\xi_{ij}(t) = \frac{\min_i \min_j |Z_i^U(t) - Z_j^E(t)| + \rho \max_i \max_j |Z_i^U(t) - Z_j^E(t)|}{|Z_i^U(t) - Z_j^E(t)| + \rho \max_i \max_j |Z_i^U(t) - Z_j^E(t)|} \quad (7.12)$$

式中：$\xi_{ij}(t)$ 为周期 t 的灰色关联系数；$Z_i^U(t)$ 和 $Z_j^E(t)$ 分别为城镇化和生态安全体系指标的标准化值；ρ 为分辨系数，这里选取 0.5。

计算关联度：

$$\gamma_{ij} = \frac{1}{k} \sum_{t=1}^{k} \xi_{ij}(t) \quad (7.13)$$

式中：γ_{ij} 为指标 i 与指标 j 的关联度；k 为第 k 个周期。

7.6.2   计算结果与分析

由于黄河流域地理跨度大，各省（自治区）地形、气候、经济社会发展程度等都不相同，导致城镇化与生态安全指标的相关性存在显著差异。比如，青海和四川的 E_7（人均公园绿地面积）和 U_7（建设用地占行政区面积比重）之间存在较强的相关性，其范围为（0.85，1]。结果表明，青海、四川等地扩大建设用地时，绿地的占用对人均公园绿地面积的影响更大。

相反，河南、陕西、宁夏、甘肃和山东的 E_7 与 U_7 的相关性较弱，相关程度在（0.35，0.60）。宁夏、陕西、山东的 E_8（森林覆盖率）与 U_7 的相关性在（0.65，1）。结果表明，科学的土地规划建设直接影响着绿化程度和生态环境状况。

从流域不同地理位置来看，黄河流域上、中、下游的 UDI 和 ESI 总体趋势相似，城镇化水平总体上从低到高依次为上游、中游、下游。流域上、中游的第一个转折点是 2011 年，UDI 和 ESI 重叠。在此之后，UDI 呈现出快速增长的趋势，ESI 则停滞不前并有所下降。充分说明，在城镇化快速发展的同时，生态环境压力会加大，生态安全形势不容乐观。上、中游的 ESI 在 2016—2017 年分别下降了 12.2% 和 31.7%，2017—2018 年快速恢复；UDI 在 2017 年达到较高值。流域下游的拐点发生在 2009—2010 年，比上、中游出现得早。转折点过后，UDI 增长更快，整体水平更高，ESI 则呈现下降趋势。

在上游省份，较高的相关值集中在 E_1（人均废水排放量）与各生态安全指标的相关性上。E_1 和 U_4（城镇居民人均可支配收入）之间相关值最大，达到 0.84，相关性较强。结果表明，随着人均收入、生活质量和需求的提高，生活污水和垃圾的产生量会增加。基于上述 UDI 和 EDI 的分析，上游省份的城镇化水平相对较低，居民处于追求生活质量的阶段，导致 E_1 和 U_4 的相关性显著。中游省份高相关值多集中在 E_5（环境污染治理占 GDP 比重）与生态安全指标的相关性上。其中，E_5 与 U_8（人均道路面积）的相关值达到 0.84，表现出较强的相关性。U_8 指标直接反映了区域的城镇化程度，城镇化水平会影响环境治理的投入。中游城市化程度高于上游，因此 E_5 和 U_8 之间的相关性相对突出。在下游省份，E_1（人均废水排放量）与 U_5（万人医院床位数）、E_6（建成区绿化覆盖率）和 U_6（教育和科学支出占地方财政的比例）的相关性最强（0.85）。由于下游省份人口密集，城镇化的快速发展、医疗体系的逐步完善、教育和科学支出的不断增加，都对生态安全产生了不同程度的影响。

城镇化发展与生态安全的关系错综复杂。就整个黄河 9 个省（自治区）而言，UDI 从 2008 年的 0.24 增长到 2018 年的 0.58，增长趋势逐渐放缓，年均增长率为 9.23%。ESI 从 2008 年的 0.30 上升到 2018 年的 0.41，年均增长 3.2%，增速有所放缓。UDI 和 ESI 的上升趋势逐渐减弱，说明上述两个方面已经相互抑制。根据关联度分析，各指标之间的相关性比较均衡，差异很小，总体关联度区间为 [0.60，0.88]。结果表明，黄河流域城镇化与生态安全指标之间存在中度和强相关性。

一方面，城镇化对生态安全的胁迫作用相对明显。各准则层与生态安全的关联度大小依次为人口城镇化（0.74）、社会城镇化（0.73）、空间城镇化（0.72）、经济城镇化（0.71）。深入分析各项指标之间的相关性可以发现，城市人口占比（0.77）、万人医院床位数（0.76）和建设用地占比（0.73）较高。结果表明，人口聚集、建设用地扩张和工业垃圾排放是威胁生态安全的主要因素。因此，流域相关部门应适当疏散城市人口，加强环境治理投入。此外，为了减少对生态环境的破坏，还需要限制建设面积的不断扩大，优化土地利用结构。

另一方面，生态安全对城镇化有一定的制约作用。生态安全各子系统与城镇化发展的关联度由高到低依次为生态治理（0.73）、生态状态（0.72）、生态压力（0.71）。由于污染物排放量不断增加，生态治理体系是城镇化发展的最大障碍。这是因为有关部门需要将部分财政资源用于污染治理，以达到生态安全标准，导致产业资本投入减少，一定程度上制约了城镇化发展。通过分析各指标的交互作用可以看出，环境污染治理占 GDP 比重指标和建成区绿化覆盖率指标对城镇化进程的影响最大。此外，污染治理投入比例过高，导致其他行业的经济投资受到限制，不利于城镇化水平的提高。因此，有关部门应努力加强自然净化修复能力，扩大绿化面积，限制污染排放，以节省污染治理投入，更好地发展高新技术产业。

7.7　黄河河南段资源-生态-经济和谐发展水平及耦合协调分析

本节以黄河河南段资源-生态-经济和谐发展水平及耦合协调分析为例，介绍人水关系定量分析的另一种研究方法，作为应用举例参考。本节主要引自文献[52]，以黄河河南段 15 个地级市为研究区，评估研究区资源-生态-经济系统的和谐发展水平以及耦合协调关系。

7.7.1　研究方法与数据

黄河河南段战略实施区是指河南省境内黄河战略辐射到的所有地级市行政区域，总面积为 10.66 万 km²，占河南省全省面积的 63.8%，涉及豫中（郑州市、平顶山市、许昌市、漯河市）、豫东（开封市、商丘市、周口市）、豫西（三门峡市、洛阳市）、豫北（济源市、焦作市、新乡市、鹤壁市、安阳市、濮阳市）等 4个分区 15 个地级市。

研究思路是：从资源、生态、经济 3 个维度构建评价指标体系，通过基于最小二乘法的 AHP-熵权法组合权重模型确定指标权重；采用"单指标量化-多指标综合-多准则集成"评价（SMI-P）方法评估研究区资源-生态-经济系统（简称REE 系统）的和谐发展水平，将 SMI-P 方法与耦合协调度模型相结合，综合评价研究区资源-生态-经济系统的耦合协调关系。

（1）指标体系构建。基于科学性、时效性、代表性、完备性及数据可获取性等原则，在黄河流域目前已有的研究基础上，综合考虑资源、生态、经济均衡发展的多维因素，从资源、生态、经济 3 个维度选取 21 个评价指标，构建研究区REE 系统和谐发展水平及耦合协调关系评价指标体系。

资源系统指标（A）用于反映人类在从事社会生产、生活活动时的资源条件及利用状况，选择 7 个指标：A_1 人均水资源量（m³）、A_2 人均用水量（m³）、A_3 人均耕地面积（hm²）、A_4 万元 GDP 用水量（m³）、A_5 万元 GDP 能耗（标准煤 t）、A_6 万元 GDP 电耗（kW·h）、A_7 单位面积粮食产量（kg）。

生态系统指标（B）用于反映区域污染状况及生态投资和建设水平，选择 7 个指标：B_1 万元 GDP 废水排放量（t）、B_2 万元 GDP 二氧化碳排放量（t）、B_3 人均公园绿地面积（m²）、B_4 建成区绿化覆盖率（%）、B_5 污水处理率（%）、B_6 生活垃圾无害化处理率（%）、B_7 环保支出占公共预算支出比重（%）。

经济系统指标（C）用于反映社会经济基础、发展、差距及效益状况，选择 7 个指标：C_1 人均 GDP（元）、C_2 登记失业率（%）、C_3 城镇化率（%）、C_4 进出口额占 GDP 比重（%）、C_5 城乡居民人均可支配收入比值、C_6 人均公共财政预算收入（%）、C_7 第三产业产值占 GDP 比重（%）。

（2）指标权重确定。采用基于最小二乘法的 AHP -熵权法组合权重模型，计算各指标组合权重。

（3）SMI - P 方法。采用"单指标量化-多指标综合-多准则集成"方法（即 SMI - P 方法），计算 REE 系统和谐发展指数 I_{REE}。SMI - P 方法已在本书 3.2 节中介绍。

（4）REE 系统耦合协调度计算方法。耦合协调度是表征系统间在发展过程中由无序走向有序的趋势，采用 SMI - P 方法计算得到和谐发展指数，再与耦合度模型相结合，构建 REE 系统耦合协调度模型，来计算 REE 系统耦合协调度。

耦合度模型为

$$Y = 3 \times \frac{\sqrt[3]{I_R \times I_{E,1} \times I_{E,2}}}{I_R + I_{E,1} + I_{E,2}} \quad (7.14)$$

式中：Y 为 REE 系统耦合度。

耦合协调度模型为

$$Z = \sqrt{Y \times I_{REE}} \quad (7.15)$$

式中：Z 为 REE 系统耦合协调度。

7.7.2 计算结果与分析

7.7.2.1 REE 系统和谐发展水平

计算得到 2008—2019 年黄河河南段豫东、豫西、豫北、豫中 4 个地区 15 个地级市的和谐发展指数 I_{REE}。总体上，研究区 15 个地级市 I_{REE} 值均处于上升趋势，说明随着当地居民综合素质的提升、政府政策的不断调整，和谐发展水平正在逐年提高，系统整体发展向好。其中，整体和谐发展水平最优为郑州市（$I_{REE} = 0.68$），最差为濮阳市（$I_{REE} = 0.51$），15 个地级市在研究时段内均未达到和谐水平，说明黄河流域生态保护和高质量发展水平还不足，管理制度及监管力度尚有欠缺。

豫东地区，周口市和谐发展水平较平稳且为最先达到较为和谐水平的地级市，其人均水资源量（A_1）、人均耕地面积（A_3）、人均 GDP（C_1）等指标直线上升。

豫西地区，洛阳市和谐发展速度高于三门峡市，但整体和谐发展水平落后于三门峡市，其归因于洛阳市人均水资源量（A_1）、人均公园绿地面积（B_3）、人均公共财政预算收入（C_6）、城镇化率（C_3）等指标较低，拉低了其和谐发展水平。

豫北地区，焦作市 I_{REE} 在 2019 年达到区域时空最优值 0.72；濮阳市 I_{REE} 在 2008 年为区域时空最差值 0.39，这与其当时人均水资源量（A_1）、建成区绿化覆盖率（B_4）、城镇化率（C_3）及第三产业产值占 GDP 比重（C_7）较低，万元 GDP 二氧化碳排放量（B_2）及城乡居民人均可支配收入比值（C_5）较高有关。

豫中地区，郑州市和谐发展水平一直处于领先地位，除资源系统中的人均水资源量（A_1）、人均耕地面积（A_3）及单位面积粮食产量（A_7）指标值较差外，其他 18 个指标的值均接近于较优值或最优值，这说明其作为国家中心城市，对资源-生态-经济系统的均衡发展较为重视；平顶山市和谐发展水平最差，在 2008—2015 年一直处于接近不和谐水平，但到 2016 年达到了较为和谐水平，这与其进出口额占 GDP 比重（C_4）、人均公共财政预算收入（C_6）、第三产业产值占 GDP 比重（C_7）等指标逐渐提升有关。

进一步统计计算豫东、豫西、豫北、豫中及 15 个地级市区域平均 I_{REE} 值，2008—2019 年研究区和谐发展水平总体呈现上升趋势。2013 年之前，豫西地区和谐发展水平在各地区中排名最优，主要得益于其明显的区位优势、丰富的生物和矿产资源以及快速发展的旅游业；2013 年以后，豫中地区和谐发展水平稳步上升且处于领先地位；豫东、豫北地区和谐发展水平一直低于 15 个地级市平均水平，主要由于豫东地区地处黄河泛滥区，其生态环境急剧恶化，一直以来对其经济造成一定影响；豫北地区随着资源型城市发展的衰落，河南省内经济重心的转移，其经济发展受到阻碍、比重明显下降。

7.7.2.2　REE 系统耦合协调关系时间演变特征

15 个地级市 REE 系统耦合协调等级进入优质协调阶段的地级市数量在逐年增多。2008—2011 年，除周口市外，其他地级市协调发展速度均呈现显著增长，说明 14 个地级市 REE 系统正处于相互促进发展局面，其归因于当地政府进一步完善社会主义市场经济体制，并逐渐提高对资源节约利用及生态环境保护工作的重视程度，充分发挥资源、生态对全省经济社会发展的宏观调控作用；2011—2014 年，开封市协调发展增速最高，其他地级市协调发展速度较为平稳，说明 REE 系统仍在向相互促进的状态发展；2014—2017 年，各地级市基本保持稳定增速，其归因于各地级市坚持贯彻落实"大力推进生态文明建设及经济结构战略性调整"等相关政策的实施；2017—2019 年，各地级市 REE 系统耦合协调发展关系均为良好及优质协调型，协调发展增速虽较前几年减缓，但仍然呈现稳步提高的趋势。

7.7.2.3　REE 系统耦合协调关系空间演变特征

各地级市 REE 系统耦合协调关系空间分布情况为"中部优，周围劣"，存在显著差异。从整体来看：良好协调型地级市于 2011 年明显增多，中级协调型地级市与其数量相当，且已减少至 8 个；2017 年，15 个地级市均达到良好协调及以上阶段，主要得益于国家"十二五""十三五"规划的实施，河南省深入推进资源节约集约利用，加强生态文明建设，加快经济发展方式转变，更加注重资源-生态-经济的协调发展。从局部来看：除 2008 年外，郑州市、许昌市一直处于领先地位，且于 2017 年优先进入优质协调阶段，说明两个地级市 REE 系统协调发展水平较高，系统间相互作用关系较强，其归因于当地资源、生态、经济各系统发展水平均较高，且当地政府对三系统间的均衡发展较为重视；三门峡一直处于良好协调阶段，是由于其地处黄河河南段入口，具有得天独厚的区位优势，自然资源基础相对较好，这在很大程度上提高了当地资源利用和经济发展水平，进一步促进了生态建设的发展速度及当地政府对生态保护的重视；濮阳市协调发展速度相对缓慢且落后于其他 14 个地级市，主要原因是其处黄河河南段尾段，地理区位劣势，经济发展支撑力不足且发展滞慢，这在一定程度上减弱了当地政府及其他企业对资源开发及生态保护的投资力度，削弱了其资源利用及生态环境改善程度，致使其 REE 系统耦合协调关系较弱。

7.8 黄河分水问题及和谐分水方案

跨界河流分水问题关系着河流健康、人水关系，影响着区域协调发展甚至安全稳定。黄河水量分配事关国计民生的大事，是黄河重大国家战略实施需要攻克的主要难点问题之一。目前国内外关于跨界河流分水的研究较多，但一直没有科学、合理的定论，黄河"八七"分水已经经历了 30 多年，急需要调整却难以进行。

本节针对跨界河流分水难点问题，以黄河分水计算为例，介绍人水关系定量分析的另一种研究方法，作为应用举例参考。本节引自文献 [53]，介绍一种跨界河流分水计算方法，并应用该方法计算得到黄河分水新方案。

7.8.1 跨界河流分水思想

(1) 可承载分水思想。跨界河流分水首先要保证水资源系统可承载，因此，"可承载"是分水工作的主要指导思想。跨界河流水量分配，对于生态环境的良性发展，既可能是助推剂，也可能是绊脚石，其主动权在于人，在可承载范围内开发利用水资源是跨界河流水量分配最基本的要求。对有限的水资源进行水量分配是人文系统与水系统相互联系的关键一步，需协调用水与生态系统良性循环之间的平衡；对于河流水资源不能无限制开采，同时也需要人们的爱护，以达到合理用水、创造美好环境的目的。

(2) 和谐分水思想。人水关系复杂、矛盾突出的难题，需要贯彻和谐思想来破解；和谐社会在水资源利用方面也需要和谐思想，具体表现在分水上也要贯彻和谐思想，进行合理的河流水量分配，走和谐发展道路。分水要合理、有度，地区经济社会发展不能以牺牲周边生态环境为代价，以水定产、适水发展是核心。

跨界河流水量分配不是依据某一要素进行分配，更不是随意分配，而是以实际发展规模、用水需求为基础，综合考虑各种影响因素，达到发展与需求相匹配，实现经济社会与生态环境的共同促进与协调发展。

（3）公平分水思想。跨界河流分水是一件非常严肃的事情，必须坚持公平公正的分配原则。当然，这里的公平分水并不是平均分水，而是基于多种影响因素下的分水，是自身用水不能影响其他地区用水的水资源分配。坚持公平分水思想就是要做到沿岸各地区以公平合理的方式开发利用跨界河流水资源，不仅要避免过度开采水资源，还要重视对水资源的高效利用，不能浪费水资源，要从实际用水需求出发，最终实现公平合理用水和水资源高效利用。

（4）共享用水思想。"公共性"是水资源的基本特性之一，跨界河流的沿岸各地区都享有对该河流水资源开发利用的权利，人人都有共享水资源的基本需求。跨界河流并不属于某一国家或地区所有，因此，对于跨界河流的水资源利用要坚持共享用水思想，以实现有限水资源下各方利益的最大化。综合考虑参与分水的各个国家或地区，全面调查、深入研究、科学预测，最终制定出一套公平、合理的河流水资源分配方案，形成互惠互利、共同发展的良好关系。

（5）系统分析思想。跨界河流水量分配是水资源管理工作中的一部分，是一个复杂的系统工程。因此，分水工作要坚持系统分析思想，统筹考虑上下游、左右岸、干支流以及各地区发展，从经济、实用等角度系统考虑全流域可供水量和干支流径流量、取水工程和取水用途、发展规模和长期规划，做到合理取水和用水，既要开发又要保护，在保护中谋发展，在发展中求保护。

7.8.2　跨界河流分水规则

分水规则是在分水思想指导下制定的一系列分水依据，指导着分水方法的实施。要想做好跨界河流分水，必须做到以下两点：一是参考和借鉴目前已有的跨界河流分水经验；二是各分水国家或地区经过反复协商，达成一致意见。综合考虑各种因素和以往的经验，总结主要有以下分水规则：

（1）按照原分水方案分水。现状分水方案是从实施到目前正在执行的方案，该方案是基于前期深入细致的基础性工作，经过专家论证、全面协调得出的，长期以来经受住历史的考验，发挥巨大的作用。因此，按照现状分水方案不变在一定程度上也能够满足需求。

（2）随可分配水量变化而同比变化。一般来讲，河流径流量存在或多或少的年际变化，有些河流甚至受气候变化和人类活动影响导致径流量减少，因此，为了保障水资源合理利用、防止河流断流、满足生态基流需求，在分水时应考虑可分配水量的变化。跨界河流分水，可以平水年为基准，计算得出分水方案，再根据来水径流量变化，确定相对于平水年的调节系数，按同比例进行计算。

（3）考虑最小需水和用水效率约束。为了保护河流生态系统健康循环，必须考虑河流最小需水约束，满足生态环境用水的需求。此外，还要考虑人的最基本生存需求，分配的水量要高于合理的最小需水量。同时，也要考虑用水效率，不能过于浪费，严格控制在一定的用水红线范围内。

（4）按照现状用水并考虑未来用水分水。目前的跨界河流分水多以实际用水需求为基础，以最近的某一年为基准年，另外根据长期规划结合未来发展情况确定具体分水量。这样才能避免因为各种因素影响导致的用水偏差，更能贴合实际，有效缓解用水不足和浪费水资源的现象。

（5）按照实际用水人口比例分水。人口是经济社会规模的主要指标之一，也是影响甚至决定用水规模的主要指标之一。随着地区人口的增加，用水需求也在不断增大，因此按照实际用水人口比例分水也是重要的一方面。该规则是沿岸各地区在保证河流生态环境保护目标的条件下，按照各地区的人口数量分配水量。

（6）按照地区 GDP 比例分水。GDP 是一个地区经济发展规模的主要指标之一，也是影响地区总生产用水量大小的重要指标。因此，考虑地区生产发展的需求，可采用在保证河流生态环境保护目标的条件下，按照各地区的 GDP 比例分配水量。

（7）按照地区流域面积或产水量分水。为了体现不同区域对流域产水的贡献大小，采用流域面积或产水比例分水也较为合理、公平。该规则是沿岸各地区在保证河流生态环境保护目标的条件下，按照各地区境内的流域面积或产水比例分配水量。

（8）按照总体和谐度最大分水。跨界河流水量分配应坚持和谐分水思想，针对河流水资源的开发利用，综合协调上下游、左右岸、干支流的需水问题，避免因争水而激化矛盾。可根据取水用途、地理位置、人均用水量等因素合理分配水量，促进河流水资源的有序开发，实现总体和谐度最大。

7.8.3 跨界河流分水计算方法

目前国内外跨界河流分水方法主要有：按流域内国家或区域数量平均分配水量、按流域面积或产流量比例分配水量、按流域内人口比例分配水量、协商分水方法以及其他分水方法。基于上述的分水思想和分水规则，在参考以往跨界河流分水方法的基础上，总结提出跨界河流分水计算方法和详细过程。

7.8.3.1 按照规则计算得到各要素下分水方案

（1）按照原分水方案分水。即不需要再重新计算。

（2）按照现状用水并考虑未来用水分水。

$$Q_{kp} = \omega Q_{现状k} + (1-\omega) Q_{未来k} \qquad (7.16)$$

式中：Q_{kp} 为第 k 个地区第 p 种分水方案下的分水量，k 为地区编号，$k=1,2,\cdots,n$，$p=2$（代表规则 2）；ω 为现状用水的调节系数；$Q_{现状k}$ 为现状用水量；$Q_{未来k}$ 为考虑未来发展规模得到的未来用水量。在计算黄河分水方案时采用 $\omega=0.5$，即现状用水量和未来用水量各占一半的比重。当然，也可以调整 ω 值大小以区别其重要程度。

（3）按照实际用水人口比例分水。

$$Q_{kp} = \frac{P_k}{P_总} \cdot Q^1_{总可分} \tag{7.17}$$

式中：P_k 为第 k 个地区的实际用水人口数；$P_总$ 为该流域内总的实际用水人口数；$Q^1_{总可分}$ 为可分配水量；$p=3$（代表规则 3）。其他符号同前。

（4）按照地区 GDP 比例分水。

$$Q_{kp} = \frac{G_k}{G_总} \cdot Q^1_{总可分} \tag{7.18}$$

式中：G_k 为第 k 个地区的 GDP；$G_总$ 为该流域内总 GDP；$p=4$（代表规则 4）。其他符号同前。

（5）按照地区流域面积比例分水。

$$Q_{kp} = \frac{S_k}{S_总} \cdot Q^1_{总可分} \tag{7.19}$$

式中：S_k 为第 k 个地区的流域面积；$S_总$ 为该流域内总的流域面积；$p=5$（代表规则 5）。其他符号同前。

（6）按照总体和谐度最大分水。

$$HD = ai - bj \tag{7.20}$$

$$a = \frac{\sum\limits_{k=1}^{n} G_k}{\sum\limits_{k=1}^{n} A_k}, \quad b = 1 - a$$

式中：HD 为某一因素所对应的和谐度，这里的因素可以是实际用水量、人均用水量等；a、b 分别为统一度和分歧度；i、j 分别为和谐系数、不和谐系数；A_k 为第 k 个地区的和谐行为，即实际用水量；G_k 为第 k 个地区符合和谐规则的和谐行为，即不超过分配水量下的用水量。

7.8.3.2　考虑动态变化进行动态校正——随可分配水量变化而同比变化

$$Q^1_k = Q^0_k \cdot \frac{Q^1_{总可分}}{Q^0_{总可分}} \tag{7.21}$$

式中：Q^1_k 为随可分配水量而变的新的分水方案；Q^0_k 为原分水方案；$Q^0_{总可分}$ 为原可分配水量。

7.8.3.3　考虑各区域用水约束进行校正——考虑最小需水和用水效率约束

$$Q_{最小需} \leqslant Q_k \leqslant Q_{最大需} \tag{7.22}$$

式中：$Q_{最小需}$为满足地区生态、生活和生产的最小需水量；$Q_{最大需}$为在用水效率定额控制下的最大需水量；Q_k为第 k 个地区的分配水量。

7.8.3.4 计算确定分水方案

（1）采用专家咨询法确定各分水方案的综合权重 u_p。为了广泛综合不同学者的意见，笔者团队利用水科学 QQ 群、水科学微信群、黄河论坛专家微信群，共收到 180 份调查问卷，进行统计分析，并考虑笔者的研究结论，最终得到六个分水规则的权重，分别为：0.170、0.255、0.130、0.090、0.080、0.275。当然，针对不同的河流，可以采用类似的方法得到具体的权重。

（2）计算得到第 k 个地区的分配水量 Q_k。

$$Q_k = \sum_{p=1}^{6} u_p Q_{kp} \tag{7.23}$$

式中：p 为规则编号，$p = 1, 2, 3, 4, 5, 6$。

（3）再判断可分配水量是否变化，如果变化，按同比变化计算得到新的 Q_k。

（4）再判断 Q_k 是否满足最小需水和用水效率约束。

如此计算得到分水方案，示意如图 7.4 所示，该方法可概括为一种基于分水思想、分水原理及分水规则，综合考虑自然要素及人文要素，协调人水关系的动态的、和谐的跨界河流水量分配方法，把这种分水方法称为"基于分水思想-分水原理-分水规则的多方法综合-动态-和谐分水方法"，简称为 SDH 方法（Synthetic - Dynamic - Harmonious Water Allocation Method）。

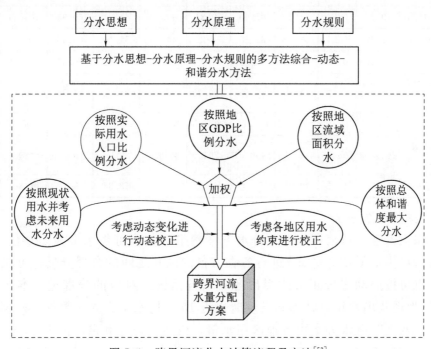

图 7.4 跨界河流分水计算流程及方法[53]

7.8.4　黄河分水新方案计算结果

7.8.4.1　数据来源

黄河流经青海、四川、甘肃、宁夏、内蒙古、山西、陕西、河南、山东 9 个省（自治区），另外还要兼顾河北和天津用水。各省（自治区）水资源、经济社会以及用水情况差异明显，依据跨界河流水量分配方法，对各省（自治区）进行合理分水。根据计算需要，从黄河水资源公报及各地市统计年鉴等途径搜集到的黄河流域各地区原始数据见表 7.7，其中黄河流域各地区 2030 年预测用水量主要依据《实行最严格水资源管理制度考核办法》中用水总量控制目标，并结合各地区水资源综合规划及水资源公报数据得到。

表 7.7　　　　　　　　　　黄河分水新方案计算原始数据

关键指标＼省（自治区）		青海	四川	甘肃	宁夏	内蒙古	山西	陕西	河南	山东	河北、天津
用水量/亿 m³	2008 年	13.82	0.24	34.46	41.76	75.24	33.18	46.95	54.22	76.37	7.30
	2009 年	12.54	0.25	33.91	40.76	81.03	32.19	45.21	57.77	80.25	8.66
	2010 年	12.07	0.25	34.30	38.49	80.96	35.25	43.93	58.18	81.28	10.15
	2011 年	12.15	0.24	37.21	40.27	83.14	39.03	45.37	65.30	84.96	13.60
	2012 年	10.09	0.26	36.55	41.31	76.51	39.42	49.53	70.75	87.90	6.80
	2013 年	10.56	0.36	34.70	42.67	85.45	40.60	51.30	70.45	87.19	3.47
	2014 年	10.50	0.33	33.97	42.55	83.67	40.89	51.14	63.26	98.37	6.38
	2015 年	10.78	0.34	33.26	42.50	79.34	43.47	51.63	60.93	104.61	5.19
	2016 年	11.24	0.33	33.43	39.85	76.23	44.65	51.10	60.46	91.99	3.71
	2017 年	11.17	0.21	33.78	40.95	74.97	44.79	52.68	65.32	90.92	2.30
预测 2030 年用水量/亿 m³		19.96	0.52	41.80	87.59	120.23	67.63	83.01	81.74	130.19	6.10
人口总数/万人		598.58	94.01	2318.52	681.78	1265.76	3702.39	3203.77	4397.27	5408.92	—
生产总值 GDP/亿元		2656.53	295.16	5987.29	3490.61	11204.35	14911.15	19383.97	26668.66	36479.96	
流域面积/万 km²		15.22	1.70	14.32	5.14	15.10	9.71	13.33	3.62	1.36	—

7.8.4.2　按照规则分水

经过深入论证，黄河"八七"分水方案确定的黄河可供水量为 370 亿 m³。这里先对黄河可供水量 370 亿 m³ 进行各省（自治区）之间的合理分配；可供水量如有调整，也可按照动态校正公式得出各省（自治区）对应的分水量。本次计算时以 2017 年为现状用水年；计算和谐度时以近 10 年用水量为原始数据，根据和谐度大小调整"八七"分水方案中各地区用水量，以达到总体和谐度最大。

首先，按照第①、②方案分别计算得到河北和天津的分水量，见表 7.8，根据权重得到河北与天津的最终分水量为 9.76 亿 m^3；其次，将剩余的可供水量 360.24 亿 m^3 按照 6 个方案分配给流域内 9 个省（自治区），结果见表 7.9；最后，根据得到的各方案权重，计算出各省（自治区）最终的分水量及分水比例，结果见表 7.10。

表 7.8　　　　　　　　　两个分水方案下的分水量及权重计算结果　　　　　　单位：亿 m^3

省（自治区）分水方案	青海	四川	甘肃	宁夏	内蒙古	山西	陕西	河南	山东	河北、天津	权重
①按照"八七"分水方案分水	14.10	0.40	30.40	40.00	58.60	43.10	38.00	55.40	70.00	20	0.40
②按照现状用水并考虑未来用水分水	10.92	0.26	26.49	45.04	68.40	39.39	47.55	51.53	77.48	2.94	0.60

表 7.9　　　　　　　　　六个分水方案下的分水量及权重计算结果　　　　　　单位：亿 m^3

省（自治区）分水方案	青海	四川	甘肃	宁夏	内蒙古	山西	陕西	河南	山东	合计	权重
①按照"八七"分水方案分水	14.51	0.41	31.29	41.17	60.32	44.36	39.11	57.02	72.05	360.24	0.170
②按照现状用水并考虑未来用水分水	10.71	0.25	25.99	44.21	67.13	38.66	46.67	50.58	76.04	360.24	0.255
③按照实际用水人口比例分水	9.95	1.56	38.54	11.33	21.04	61.55	53.26	73.10	89.91	360.24	0.130
④按照地区 GDP 比例分水	7.90	0.88	17.81	10.39	33.34	44.36	57.67	79.35	108.54	360.24	0.090
⑤按照地区流域面积比例分水	68.97	7.70	64.89	23.29	68.42	44.00	60.40	16.40	6.17	360.24	0.080
⑥按照总体和谐度最大分水	9.99	0.21	32.94	38.12	74.25	31.88	43.51	53.70	75.64	360.24	0.275

表 7.10　　　　　　　　370 亿 m^3 水量下的黄河分水新方案最终计算结果

省（自治区）	青海	四川	甘肃	宁夏	内蒙古	山西	陕西	河南	山东	河北、天津	合计
分配水量/亿 m^3	15.47	1.09	32.81	33.03	59.00	41.68	47.46	55.31	74.39	9.76	370
与"八七"方案对比/亿 m^3	+1.37	+0.69	+2.41	−6.97	+0.40	−1.42	+9.46	−0.09	+4.39	−10.24	0

7.8.4.3 动态调整分水量

该分水方案是动态的，随可分配水量变化而同比变化，因此可根据式（7.21）进行动态校正。这里仅以黄河可分配水量 300 亿 m^3 作为一个例子，进行简单说明，其计算结果见表 7.11。如果可分配水量不是 300 亿 m^3，同样可以采取类似思路进行计算和判断。

表 7.11   300 亿 m³ 水量下的黄河分水新方案最终计算结果

省（自治区）	青海	四川	甘肃	宁夏	内蒙古	山西	陕西	河南	山东	河北、天津	合计
分配水量/亿 m³	12.54	0.88	26.60	26.78	47.84	33.80	38.48	44.85	60.32	7.91	300

第8章 河南省人水关系分析及调控

为了进一步说明人水关系学的应用，本章以河南省区域为例，介绍河南人水关系演变过程及存在的问题；在笔者带领的团队研究成果[54-56]的基础上，简要介绍人水关系学的定量研究成果，包括人水关系和谐评估与调控、水-能源-粮食协同安全评价及优化、水资源行为与二氧化碳排放量分析。

8.1 河南省概况及水资源问题

8.1.1 河南省概况

8.1.1.1 自然地理概况

河南省位于我国中东部，处于北纬 31°23′～36°22′和东经 110°21′～116°39′，东部与山东、安徽省相邻，西界陕西、山西省，南连湖北省，北接河北省，南北纵跨 550km，东西横越 580km，总面积 16.6 万 km²，约占全国总面积的 1.73%。河南地形地貌复杂多样，有明显的过渡性特征，总体地势西高东低，处于我国第二和第三两级地貌台阶。其中，山地面积约为 6.14 万 km²，占 37.1%；丘陵面积约为 1.94 万 km²，占 11.7%；平原面积约为 8.47 万 km²，占 51.2%。河南省地势自西向东呈阶梯状分布，地形由中山、低山、丘陵过渡到平原，其中，中山海拔在 1000m 以上，平原海拔在 200m 以下。

河南省处于南温带和北亚热带的过渡地带，气候类型为北亚热带向暖温带气候过渡的大陆性季风气候，具有气候四季分明、雨热同期、复杂多样、气象灾害频繁的基本特点。以伏牛山和淮河干流为界，省内南阳市、信阳市以及驻马店市的部分地区为亚热带，面积约占全省总面积的 30%，其余市为暖温带。受到季风气候的影响，南北气候差异较大，南部呈现湿润半湿润特征，北部呈现半湿润半干旱特征。全省气候大致可以概括为春季干旱而多风沙，夏季炎热而易水涝，秋季晴朗而日照长，冬季寒冷而少雨雪。全省年平均气温为 13～15℃，1 月平均气温为 0℃，7 月平均气温为 28℃，气温从南向北，从东向西呈递减趋势。全省多年平均降水为 771mm，年际变化大，年内分布不均，从北向南、从东向西呈递增趋势。受季风影响，年降水量的 60%～70%集中于 6—9 月。水旱灾害频繁且旱涝交错，经常出现春旱秋涝、久旱骤涝、涝后又旱现象。

河南省地跨长江、淮河、黄河、海河四大流域，其中淮河流域面积为 8.83

万 km²，占全省总面积的 52.8%；黄河流域面积为 3.62 万 km²，占全省总面积的 21.7%；海河流域面积为 1.53 万 km²，占全省总面积的 9.2%；长江流域面积为 2.72 万 km²，占全省总面积的 16.3%。河南省内河流众多，大小河流 1500 多条，河川年径流量为 303.99 亿 m³。

河南省辖 17 个省辖市和 1 个省级示范区（济源市）（这里统称"18 市"）。河南省行政及流域分界如图 8.1 所示。

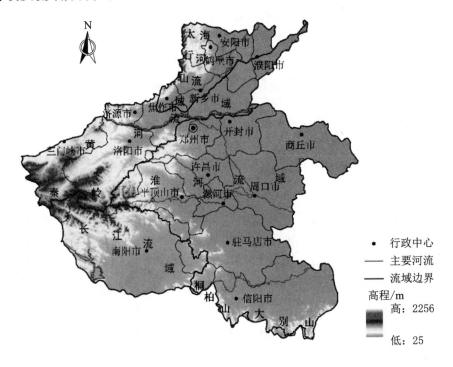

图 8.1　河南省行政及流域分界图

8.1.1.2　经济社会概况

河南省是全国第一人口大省，人口基数大。2022 年末全省常住人口为 9872 万人，人口密度每平方公里约 600 人。其中，城镇常住人口为 5633 万人，乡村常住人口为 4239 万人。城镇常住人口占全省常住人口的比重即城镇化率为 57.07%，低于全国平均水平。

河南省近 30 年来，国民生产总值增长迅速，尤其是 2000 年以后，年增长均在 10% 以上。2022 年全省 GDP 为 61345.05 亿元，人均 GDP 为 62140 元。第一产业增加值为 5817.78 亿元，对 GDP 增长的贡献率为 15.2%；第二产业增加值为 25465.04 亿元，对 GDP 增长的贡献率为 52.4%；第三产业增加值为 30062.23 亿元，对 GDP 增长的贡献率为 32.4%。三次产业结构为 9.5∶41.5∶49.0。

河南省是农业大省，是我国重要的粮食生产核心区，2022 年全省粮食播种面积为 1.62 亿亩，全年粮食产量为 1357.88 亿斤。人均耕地面积基本不变，约为 0.07hm²/人，但是随着灌溉效率的提高，亩均粮食产量增加，人均粮食产值稍有增加。农业用水比例高，除郑州市、洛阳市、平顶山市等少数市外，其余市农业用水比例都超过 60%。

8.1.2 河南区位及发展优势

（1）地理位置优越、交通体系发达，是连接东西、贯穿南北的重要交通枢纽。河南省位于中国中东部、华北平原南部的黄河中下游地区，地处华夏之中，素有"九州腹地、十省通衢"之称，是东西向经济带和南北向经济带的结合点，也是中部崛起的前沿阵地，还是连接东、西、南、北、中部地区的重要交通枢纽，拥有铁路、公路、水路、航空等相结合的综合交通运输体系，全国"十纵十横"综合运输大通道中有五个途经河南。河南省作为中原大地、内陆开放高地，可以充分发挥贯通南北、连接东西的区位优势和四通八达的发达交通体系，加速国内外人流、物流、信息流等循环畅通，促进各项事业高质量发展。

（2）地处南北过渡带、自然资源丰富，是全国重要的资源大省。河南省地处我国南北过渡带，地跨长江、淮河、黄河、海河四大流域，既有南方"洪涝灾害"的特征，又有北方"干旱少雨"的特征，形成独特的气候特征和资源特征，拥有丰富的耕地、水、植物、动物、林业、矿产等自然资源。河南省不仅是中国重要的资源大省和矿业大省，还是重要的能源和原材料基地。

（3）人口规模大、劳动力充裕，是全国教育大省和重要的人口聚散地。河南是我国的人口大省，2022 年末全省常住人口 9872 万人，同时也是劳动力输出大省，劳动力市场充满活力，在全国各个地方，各个行业，各个工作岗位上，都能看到河南人的身影。河南省也是教育大省，每年的高考人数居全国前列，平均受教育年限持续提高，高学历人口不断增长，整体文化素质不断提高，聚集了大量的高素质专业人才。

（4）地势开阔、沃野千里，是全国重要的粮食生产核心区及农产品主产区。河南省地势西高东低，北、西、南三面太行山、伏牛山、桐柏山、大别山沿省界呈半环形分布，中东部为黄淮海冲积平原，西南部为南阳盆地。河南平原面积约占全省总面积的 51.2%，地势开阔，有利于农业生产和工程建设。河南是全国粮食第二大生产省份，是最大的小麦生产省份，是全国重要的农产品主产区。河南省的农业，特别是粮食生产，在全国占有举足轻重的地位，为经济和社会发展提供了重要的物质条件。

（5）产业供给体系完备、门类齐全，是全国重要的产业集聚地。河南省是中国重要的农业生产基地、工业基地，多元产业集聚，资源市场广阔丰富。河南省不仅是中原粮仓，也是新能源、新材料、装备制造、食品加工、轻工纺织、汽车及零部件产业的重要区域之一，还是钢铁、建材、冶金、化工等重要的工业基地；

不仅坐拥中国中部最大的煤炭储备和煤炭产业基地，同时还拥有优质的电子信息、现代物流和航空制造等战略新兴产业，是中部地区重要的产业集聚地。河南省具有完备的产业供给体系和能力，能够满足规模经济和集聚经济需求，也可有效提升以国内大循环为主的经济效益。

（6）科技体制机制完善、科技资源禀赋，是全国重要的科技创新高地。河南省科技体制机制改革深入，科技基础研究支撑体系完善，创新平台建设完备，创新人才引育高效，科技人才梯队完整，科研机构数量众多，拥有较为完整的创新生态系统，成为推动地方高新技术产业高质量发展的重要平台。

（7）历史文化悠久、人文底蕴深厚，是中华民族和华夏文明的重要发祥地。在五千多年的中华文明史中，中华文明的起源、文字的发明、城市的形成和统一国家的建立，都与河南有着密不可分的关系。河南省历史悠久、连绵不断，作为国家的政治、经济、文化中心长达三千多年，20多个朝代定都河南，中国八大古都中河南占有 4 个，是中国古都中数量最多的省份。悠久的历史给予了河南丰富多彩的文化。河南省既是中国历史文化名城，又是中国传统文化和中华文明的重要发源地之一，拥有众多的历史文化遗址和名胜古迹。河南还是古代科技高地，我国三大发明指南针、造纸、火药均发源于河南。河南省文化灿烂，人杰地灵、名人辈出，是世界华人宗祖之根、华夏历史文明之源。

8.1.3　河南水资源特点及问题

（1）水资源总量较丰富，但人均水资源占有量少，一直存在水资源短缺问题。河南省地跨长江、淮河、黄河、海河四大流域，是全国唯一跨 4 大流域的省份，地形地貌多样，资源禀赋良好，河渠发达、湖库众多，省内河流大多发源于西部、西北部和东南部山区，流域面积 $100km^2$ 及以上河流 560 条。河南省多年平均水资源量为 403.5 亿 m^3，人均水资源量不足 $400m^3$。当地水资源可利用量不能满足生产、生活和生态用水的需求，需要大量引用黄河水、跨流域引用长江水。解决用水需求一直是河南省水利部门的工作重心。

（2）水资源地区分布不均，水资源分布与土地资源和生产力布局不匹配，实施水资源空间均衡调控一直是重点工作。豫东、豫北平原地区人口密集，是河南省乃至全国的粮食主要产区，但是该区域水资源严重匮乏。豫北、豫东平原 10 个市（安阳、鹤壁、濮阳、新乡、郑州、开封、商丘、许昌、漯河、周口）人口约占全省总人口的 56.2%，耕地约占全省的 50.5%，生产总值约占全省的 59.8%，但水资源量约占全省水资源总量的 27.7%。总体表现为水资源分布与土地资源和生产力布局不匹配，需要实施水资源空间均衡调控。

（3）降水量年内分布不均匀，年际变化大，防洪和抗旱一直是防御自然灾害的重点领域。河南属北亚热带向暖温带过渡的大陆性季风气候，同时还具有自东向西由平原向丘陵山地气候过渡的特征，具有四季分明、雨热同期、复杂多样和

气候灾害频繁的特点。降水量年际变化较为剧烈，丰水年和干旱年降水量相差达
2.5～3.5 倍。降水量年内季节分配不均匀，夏秋多发洪涝，冬春少雨多发旱情，
雨量集中在 6—9 月，降水量为 350～700mm，占全年降水量的 60%～70%。特殊
的气候特征导致河南省具有洪水灾害和干旱灾害并存的显著特征，防洪和抗旱一
直是河南省防御自然灾害的重点。

（4）水环境质量整体良好，但部分水体受人类活动影响，污染较严重，治理
水污染一直是提升人民生活质量的重要方面。据统计数据显示，2021 年河南省河
流水质级别为轻度污染，205 个省控河流监测断面中，Ⅰ～Ⅲ类水质断面占比
72.1%，Ⅳ类水质断面占比 24.0%，Ⅴ类水质断面占比 3.4%，劣Ⅴ类水质断面占
比 0.5%；全省水库水质级别为优，营养状态为中营养，25 个省考核的大、中型
水库中，Ⅱ类水质水库占比 56.0%，Ⅲ类水质水库占比 40.0%，Ⅴ类水质水库占
比 4.0%；全省城市地下水质量为良好，3 个城市地下水水质级别为优良，11 个城
市为良好，4 个城市为较差。尽管水环境质量不断改善，但是和人民群众不断增长
的环境需求相比，仍然存在着不小的差距。部分河段河流、湖泊水库、地下水受
到污染，仍需要加大治理力度，改善水环境质量。

（5）治水投入不足，水资源开发利用效率不高，推行水资源节约集约利用一
直是努力的方向。河南省位于我国中部地区，经济总体不算发达，处于全国中等
偏上水平。对治水的投入不足，水利基础设施建设仍是短板，现代骨干水网体系
尚未形成，灌区输配水体系不完善，部分灌溉工程老旧失修，农田水利末级渠系
问题仍然存在，节水灌溉普及率低，高效节灌率仅为 27.7%，万元工业增加值
用水量是国内先进水平的 2～3 倍。与全国先进地区相比，水资源利用效率和集
约程度还有一定差距。因此，要强化水资源利用指标刚性约束，把节约用水作为
水资源开发利用的前提，严格用水全过程管理，强化节水监督考核，抑制不合理
用水需求，倒逼发展规模、发展结构、发展布局优化，全面促进水资源节约集约
利用。

8.2 河南人水关系分析

8.2.1 河南治水史及人水关系演变过程

河南是华夏文明的主要发祥地，历来是兵家必争之地，曾几度成为中华民族
政治、经济、文化中心，中国八大古都河南就有 4 个。境内河流众多，是全国唯
一跨长江、黄河、淮河、海河四大流域的省份。由于特殊的气候和地貌"过渡带"
特征，河南水旱灾害频繁，"除水害，兴水利"历来是治国兴邦的大事，也因此出
现可歌可泣的治水人物和治水事件。河南治水历史悠久，据考古发掘的水利设施，
可追溯到 4000 年以前。由于有十多个王朝在河南境内建都，治水发展随着列代王

朝的兴衰而起伏，治水史内容丰富。为了叙述上方便，按照以下 4 个阶段来简要介绍，其代表事件见表 8.1。

8.2.1.1　古代治水（1840 年之前）

中国古代史包括三个阶段：原始社会阶段（距今约 170 万年前至约公元前 2070 年）、奴隶社会阶段（约公元前 2070 年—公元前 475 年）和封建社会阶段（公元前 475 年—公元 1840 年）。自从人类一出现，人类就与水打交道，自觉不自觉地形成了人水关系。因为早期人类活动的能力有限，对自然界的改造和影响有限。因此，人水关系总体表现为近自然的和谐。

根据考古发现，在 4000 多年前的夏代，就已开始了"兴水利，除水害"治水历史。比如，在伊、洛河三角平原龙山文化的矬李遗址中，发现圆筒式水井；在汤阴县龙山文化的白营遗址中，发现木构架支护的深水井；在淮阳平粮台古城遗址中，发现陶制管道的排水设施工程。

表 8.1　　　　　　　　　　　**河南治水阶段及代表事件一览表**

治水阶段	代　表　事　件
古代治水 （1840 年之前）	（1）春秋战国时期，农业水利工程兴起。公元前 605 年，孙叔敖兴建期思陂灌溉工程，修建雩娄灌区。公元前 422 年，西门豹修建漳河十二渠。公元前 360 年，魏惠王开通古运河鸿沟。 （2）秦汉时期，河南治水史上兴盛时期。公元前 210 年，秦修建沁河枋口渠。公元前 140 年，修建鸿隙陂灌溉工程；公元前 40—公元前 36 年，又修建马仁陂、六门碣、钳庐陂灌溉工程。公元前 7 年，贾让提出黄河治理"贾让三策"。公元 69 年，王景治理黄河和汴渠。 （3）魏晋南北朝时期，连年战乱，水利失修。公元 195 年，开掘"枣祇河"，修建运粮河。公元 202 年曹操修建睢阳渠，公元 204 年建成白沟运渠。 （4）隋唐和北宋时期，水利大发展。公元 605 年，隋炀帝开通济渠。在唐代，修建了南北利人渠、湛渠、观省陂、枋口堰、雨施陂、李氏陂、葛陂、大剂陂等灌溉工程。 （5）北宋时期，统一全国政权，河南又一次成为全国政治、经济和文化中心。1069 年，颁布了《农田利害条约》法令。开封附近兴建了水网工程。 （6）金元明清时期，是河南社会历史发展的中衰时期。经历不断的战争破坏，运河淤废、水患频繁。1351 年，贾鲁治理黄河洪泛区取得成功。 （7）明代，黄河夺淮河持久，河患严重。有一些农田灌溉工程建设，如清河灌区。 （8）清代。明末清初 40 多年战乱，黄河堤防失修。康熙、乾隆盛世时重视水利。清嘉庆、道光年间，吴其浚著《治淮上游论》，提出具有远见卓识的治淮方略
近代治水 （1840—1948 年）	（1）我国近代水利科学的奠基人和水利事业的开拓者李仪祉先生（1882—1938 年），1933 年被任命为黄河水利委员会委员长。对黄河治理主张上、中、下游全面治理的思路。 （2）1904 年颁布《奏定大学堂章程》，设有水利方面课程。1928 年创建河南水利专科学校。1942 年成立国立黄河流域水利工程专科学校，1947 年其部分资源改建为私立中原工学院。 （3）1913 年河南省河防公所改为河南省河防局。1915 年成立河南省水利委员会，1920 年改组为河南省水利分局，1927 年改为河南省水利局。 （4）1888 年，架通了山东济宁至河南开封的电报线路，河南开始使用电报传递汛情。1928 年，开启黄河抽水灌溉。 （5）1934 年，修建了河南省第一座水电站——莲花水电站

续表

治水阶段	代 表 事 件
中华人民共和国 50 年治水 (1949—1999 年)	(1) 1949—1953 年，集中力量整修加固江河堤防、农田水利灌排工程。对豫北的卫河、孟姜女河、豫东的颍河等关键河道进行疏浚，修建了石漫滩水库等 5 座大型水库，人民胜利渠竣工放水。 (2) 1953—1965 年，开始了大规模的水利工程建设。修建贾鲁河、惠济河综合治理工程，伏牛山综合治理工程，三门峡水利枢纽、昭平台水库、鸭河口水库等。 (3) 1966—1976 年，水利建设基本处于停滞状态，仍有一些工程建设。修建水库、引黄工程、沱河干支流治理、豫东王引河及巴清河的治理工程。 (4) 1978—1987 年，以经济建设为中心，水利投入减少，有些小型水利工程老化失修。水利工作的重点是抓好水电站的配套和管理。 (5) 1988—1999 年，水利投资不断增加。复建了石漫滩、竹沟水库和杨庄滞洪区，完成孤石滩、白龟山、弓上水库除险加固，完成淮干芦集、王岗、淮滨城郊圩区加固和包浍河治理工程，完成红旗渠、鲇鱼山灌区技术改造，开工建设金堤河、新三义寨、大功引黄灌区及许昌引汝补源、窄口灌区二期、引丹灌区二期等工程
21 世纪以来治水 (2000 年以来)	(1) 完成南水北调中线河南段、燕山水库、河口村水库等大型水利工程开工建设，全面启动农村饮水安全工程建设。 (2) 全面贯彻 2011 年中央一号文件关于水利工作的战略部署，实施一系列工程建设。 (3) 2013 年起，以推进生态文明建设为主要目标的水利建设工作全面展开，全面贯彻实行最严格水资源管理制度。 (4) 2017 年，河南省全面推行河长制湖长制。 (5) 2018 年，河南省提出"四水同治"的治水新思路。 (6) 2019 年起，河南省全面贯彻落实黄河流域生态保护和高质量发展重大国家战略

春秋战国时期，铁制工具出现，方便大规模施工，农业水利工程兴起。春秋前期，公元前 605 年，楚相孙叔敖主持兴建期思陂灌溉工程（在今河南商城一带），修建雩娄灌区（在今河南固始县），是我国有记载的最早大型引水自流灌溉工程。战国时期，公元前 422 年，西门豹修建漳河十二渠，灌溉安阳和河北磁县等地农田。考古发掘的战国时期的登封古阳城供水工程，距今已有 2500 多年，是我国最早的城市供水系统工程。公元前 360 年，魏惠王开通古运河鸿沟，建成黄河、淮河水道交通网，兼有灌溉作用。

秦汉时期，国家统一，社会比较稳定，水利有了较大发展。这一时期出现了统一的黄河防洪大堤，标志着我国治水进入了一个新阶段。该时期北部以治理黄河为代表、中南部以发展灌溉为代表，取得了防洪、兴利的巨大进步，是河南治水史上的一个兴盛时期。公元前 210 年，秦修沁河枋口渠，位于济源县五龙口，经历代修缮，灌溉效益经久不衰，至今仍在使用。公元前 140 年，汉武帝时修建了鸿隙陂大型蓄水灌溉工程，位于汝河平原地区，曾发挥长期显著的灌溉效益。公元前 40—公元前 36 年汉元帝时，南阳郡太守召信臣在泌阳修建马仁陂，在邓县修建六门碣、钳庐陂蓄水灌溉工程。西汉末至东汉初，黄河泛滥，公元前 7 年，贾让应诏上书，提出著名的黄河治理"贾让三策"。公元 69 年，汉明帝命王景治理黄河和汴渠,发挥防洪、航运和稳定河道的重要作用,使黄河从此以后的 800 多年中没有发生过重大改道。

魏晋南北朝时期,中原连年战乱,人民流离失所,土地荒芜,水利失修。曹魏执政期间,由于增强军事力量的需要,屯田济军、运兵运粮,使灌溉和航运工程有所发展,比如,公元 195 年在临颍、西华境内开掘"枣祗河",修建许多运粮河;为了运粮、运兵,公元 202 年曹操修建睢阳渠(今开封市),公元 204 年曹操建成白沟运渠。魏晋南北朝时期,带有战时水利的特征,运河工程发展较快,初步形成了沟通长江、淮河、黄河、海河四大水系的人工运河系统,极大地方便了水上运输。

隋唐和北宋时期,河南的经济和文化达到历史上的鼎盛阶段,也是水利大发展的时期。隋朝再次统一全国,社会逐步安定,为了加强漕运,建设洛阳和南北大运河。公元 605 年,隋炀帝开通济渠,由河南洛阳至江苏江都,全长 1000 多 km。公元 608 年,开挖永济渠,流经武陟、新乡、河北省大名西、山东省临清、东北流入天津,西北通至涿郡(今河北涿州市),全长 1000 多 km。以通济渠和永济渠为纽带,建成南北航运系统,成为隋唐的经济大动脉。在唐代,修建了南北利人渠、湛渠、观省陂、枋口堰(在洛阳)、雨施陂(在光山县)、李氏陂(在郑州管城)、葛陂(在平舆)、大剂陂(在永城)等灌溉工程,极大地促进当地农业发展。唐代律法中专门为水利部门制定一部法律《水部式》,对水利灌溉管理做出详细严格的规定。

北宋时期,建都于开封,统一全国政权,河南又一次成为全国的政治、经济和文化中心,为河南治水事业提供发展机遇。1069 年,宋神宗支持王安石变法,颁布了《农田利害条约》法令,设立农田水利官,主持全国水利和地方水利,鼓励官员和百姓提出兴修水利的建议并根据贡献给予奖励,极大地调动兴修水利的积极性。这一时期,大建农田水利工程,京都开封附近兴建了水网工程,水运交通四通八达,北宋名画《清明上河图》生动地描绘了当时的情景。

金元明清时期,河南不再是全国的政治、经济和文化中心,是河南社会历史发展的中衰时期。特别是经历了连续不断的战争破坏,运河淤废、水患日益频繁,仅在某些时候,开展过一些治理活动。1194 年,黄河改道夺淮河,河南水灾难深重。元朝建都大都(今北京),把大运河改建为南北向,直通京都,河南汴渠漕运逐渐废弃。元代黄河决溢频繁,几乎年年决溢,有时 1 年决口十几处或几十处。1351 年,贾鲁治理黄河洪泛区,他采取疏、浚、塞并举的方略,治河成功,拯救民众于洪水之中。

明代,黄河夺淮河持久,河道极不稳定,在河南地区呈多支分流状态,为河南带来了深重灾难。明代前期,河患集中于开封地区,决溢次数极为频繁。据不完全统计,1368—1505 年有决溢记载的年份就有 59 年。明代末期,河南发生了一次大面积连续几年的特大旱灾和一次人为造成的水灾。1638—1641 年，发生连续 4 年大面积的特大干旱，旱情、灾情遍及全省，壕沟扬尘，飞蝗蔽天，瘟疫流行，野无青草，田无人耕，人死过半。1642 年，李自成起义军围攻开封，明军决黄河堤，水灌起义军军营，起义军也另决一口，二水会流，造成开封全城覆没，死亡无数。由于这一次大旱、一次水灾造成动荡，加速了明王朝的灭亡。在明代也有一些农田灌溉工程建设，比如，修建的清河灌区，位于河南省固始县境内，从史河引水，灌区遍布陂塘；灌溉用水由渠入陂，由陂入田，是一种渠塘结合、长藤结瓜型的灌溉工程，布局非常科学。

清代，水利仍以保漕运为先决条件。在康熙、乾隆盛世时，重视水利，发展农业。由于明末清初连续 40 多年的战乱，黄河堤防失修，数次决堤，数次派大臣率众封堵，漕运也受到很大影响。在淮河治理方面，1757 年，淮河遭遇大洪水，乾隆帝拨银兴修水利，派钦差裘曰修、巡抚胡宝瑔前往灾地视察，提出疏浚方法，至次年雨季前成功治理完成，河流顺畅，当年获丰收。清嘉庆、道光年间，固始人吴其浚经过调查研究水灾成因，著《治淮上游论》，提出了利用河南入安徽的淮河干流两侧湖泊洼地作闸坝控制以滞蓄洪水的治淮方略，远见卓识。

8.2.1.2 近代治水（1840—1948 年）

1840 年鸦片战争后至 20 世纪初，清政府腐败无能，内忧外患，无力顾及水利。黄河洪水泛滥，加上旱灾、蝗灾、兵灾，河南一度贫穷落后。一直到 20 世纪中期，总体上是国乱民困，既没有能力修建水利设施，也无法抗拒洪涝灾害。水利设施总体比较脆弱，全省没有一座水库，绝大多数耕地全靠天收。人民受尽了苦难煎熬，田园荒芜，贫困潦倒，无以自救。因此，这一时期的人水关系总体表现为，人类被动地被水旱灾害困扰。

鸦片战争的失败唤醒了中华儿女积极寻求救国之策，不少进步知识分子在追求国家独立和强盛的同时，致力于学习和传播西方近代科学技术、先进理念，到外国留学，从事水文、气象、水利工程学科的学习和研究，开创了河南近代治水的先河。

我国近代水利科学的奠基人和水利事业的开拓者李仪祉先生（1882—1938 年），1933 年被任命为黄河水利委员会委员长。他走出国门，学习和研究国外先进的水利科学技术，并引进国外先进技术与古代传统的水利技术相结合，对黄河治理主张上、中、下游全面治理的思路，起到重要的作用和影响。

1904 年颁布的《奏定大学堂章程》中规定，大学堂内设农科、工科等分科大学，工科大学设 9 个工学门，各工学门设有主课水力学、水力机、水利工学、河海工、测量、施工法等。1928 年河南省政府建设厅在开封创建河南水利专科学校，1942 年在河南镇平县成立国立黄河流域水利工程专科学校，1947 年国立黄河流域水利工程专科学校部分资源改建为私立中原工学院。近代时期，学校的创办与发展，为河南培养出了大批水利专业人才。

1913 年河南省河防公所改为河南省河防局。1915 年成立河南省水利委员会，1920 年河南水利委员会改组为河南省水利分局，1927 年将河南省水利分局改为河南省水利局。1933 年，将河南省水利局改为 4 个水利局，第一水利局设于开封，第二水利局设于信阳，第三水利局设于洛阳，第四水利局设于新乡。1935 年，撤销 4 个水利局，成立建设厅水利处。1943 年建设厅水利处又改为河南省水利局。1949 年改制成立河南省农业厅水利局。

1888 年，架通了山东济宁至河南开封的电报线路，河南开始使用电报传递汛情。1913 年，魏联奎（1849—1925 年）倡议成立贾鲁河水利公司，筹资 7 万元，在郑州郊区南阳寨贾鲁河上筑拦河闸坝，蓄水灌溉农田。1928 年，河南省政府拨款 1 万元购买发动机、吸水机，安装在开封柳园口、斜庙黄河大堤上，抽黄河水灌溉老君堂、孙庄一带耕地 5400 亩，开启黄河抽水灌溉之先河。1938 年固始县大港口两孔 12m 水闸修复竣工，排灌效益达 40 万余亩。1915 年淇河干流上修建天赉渠拦河坝，灌溉农田，是民国时期淇河最大灌溉工程。1929 年在西峡县中部建设石龙堰，是鹳河上的有坝引水工程，灌溉面积达到 1.3 万亩，至今仍在发挥作用。

1934 年，在西峡县鹳河上开凿石龙堰灌渠，并在西峡县城附近（莲花寺岗）灌渠上利用 9m 落差，修建了河南省第一座水电站——莲花水电站，最初装机 15kW。1943 年豫剧表演艺术家常香玉，为方便防洪和通行，通过义演捐资修建了伊洛河南河渡（渡口）护岸石坝。

8.2.1.3　中华人民共和国 50 年治水（1949—1999 年）

1949 年中华人民共和国成立时，当时的中国贫穷落后，百废待兴，经济建设举步维艰，水利设施几近废弛。在 1949 年后的 50 年发展历程中，我国治水事业基本以水利工程建设为主，科技研究方向和成果也以服务水利工程建设为主要目标，属于“工程水利”阶段。这些特征与这一时期的中华人民共和国成立初期的大规模建设、改革开放后的以经济建设为中心的战略部署有直接关系。这一时期，河南人民大力发展治水事业，成就瞩目。2000 多座水库星罗棋布，20000 余 km 河道堤防被整修加固，河库相连，灌区如织，一大批农田水利工程滋润着千里沃野，为社会进步和国家发展提供了重要的物质保障。因此，这一时期的人水关系总体表现为，以工程建设为主要手段，来改造自然。

1949—1953 年，为了尽快恢复生产，集中力量整修加固江河堤防、农田水利灌排工程。1951 年 5 月毛泽东主席亲笔题词“一定要把淮河修好”，1952 年 10 月毛泽东主席视察黄河时指出“要把黄河的事情办好”，大大地推动了当时的水利建设。在这期间，对豫北的卫河、孟姜女河、豫东的颍河等关键河道进行疏浚，修建了石漫滩水库等 5 座大型水库，人民胜利渠竣工放水。

1953—1965 年，因发展工农业生产的迫切需要，特别是大跃进时期，开始了大规模的水利工程建设。比如，贾鲁河、惠济河综合治理工程，伏牛山综合治理工程，除涝治碱工程，以及除险加固大型水库 10 座、中型水库 51 座、小型水库 1400 多座。这一时期，兴起了修建水库的热潮，如三门峡水利枢纽、昭平台水库、鸭河口水库等。这些水库多数发挥着重要作用。当然，在当时的科技水平和认识水平有限的情况下，特别是论证不充分的情况下，难免出现一些工程问题。1960—1961 年有 3 座中型水库失事，造成严重损失。1961 年决定对存在质量问题的 7 座大型水库和 34 座中型水库停止运行或扒坝，众多的小水库停建或报废。

1966—1976 年，中国经历了十年浩劫的"文化大革命"，主要以阶级斗争为主，水利建设基本处于停滞状态，当然也有一些工程建设。比如，修建水库、引黄工程、沱河干支流治理、豫东王引河及巴清河的治理工程。

1977 年起对南湾水库、昭平台水库、白龟山水库等 5 座大型水库开展除险加固工程。

1978—1987 年，提出改革开放，以经济建设为中心，把抓经济建设作为提高人民生活质量的重要举措。水利投入减少，有些小型水利工程老化失修、管理不善，效益衰减。水利工作的重点转到了管理和基础工作上来，重点抓好水电站的配套和管理，向管理要效益。1987 年，水利建设进行重大改革，河南省提出《关于增加水利投入的意见》，激发起广大群众水利建设的积极性。

1988—1999 年，在经历了十多年的改革开放、经济建设之后，出现了大规模开发利用水资源的局面，出现了污水大量排放、水环境不断恶化的环境灾难，出现了工程建设带来的生态环境破坏、水土流失等问题，洪涝、干旱灾害时有发生，水利投资不断增加。复建了石漫滩、竹沟水库和杨庄滞洪区，完成孤石滩、白龟山、弓上水库除险加固，完成淮干芦集、王岗、淮滨城郊圩区加固和包浍河治理工程，完成红旗渠、鲇鱼山灌区技术改造，开工建设金堤河、新三义寨、大功引黄灌区及许昌引汝补源、窄口灌区二期、引丹灌区二期等工程。

8.2.1.4　21 世纪以来治水（2000 年以来）

经过 20 世纪后半个世纪的工程建设和水资源开发，出现了日益严峻的水资源短缺、生态环境恶化、洪涝灾害频发的形势，特别是 1998 年长江、嫩江-松花江大洪水之后，我国政府和学术界痛定思痛，认真分析面临的水利形势和应对措施，改变了一些传统的认识，治水思想发生了变化，从"重视水利工程建设"到"把水资源看成是一种自然资源、重视人水和谐发展"的转变，强调水资源的自然资源属性，属于"资源水利"阶段；随后从 2013 年起，步入以"生态文明建设"为目标的水利新时代，强调以建设生态文明为目标的水利建设，进入"生态水利"阶段。因此，这一时期的人水关系总体表现为，追求以人水和谐为目标。

2000 年起，大幅度增加了水利投入，工程规模日渐扩大，发展速度前所未有。河南省着力构建防洪减灾保障体系、农村水利保障体系、供水安全保障体系、生态安全保障体系，以实现水利可持续发展。在此期间，完成淮干陈族湾大港口治理、白露河口治理、关店防洪工程建设，汝河、小洪河、沙颍河、涡河、天然文岩渠、唐白河治理工程先后开工实施，南水北调中线河南段、燕山水库、河口村水库等大型水利工程开工建设，全面启动农村饮水安全工程建设。

2000—2008 年，从人水和谐治水思想的提出，到逐步被大多数人所接受，成为新时期治水思路的核心内容。

2009—2010 年出现的水灾害集中而且严峻，引起我国政府和全社会的高度关注，中央做出"水利欠账太多""水利设施薄弱仍然是国家基础设施的明显短板"的科学判断。2011 年中央一号文件做出了《关于加快水利改革发展的决定》。这是中华人民共和国成立 62 年中央一号文件第一次全面关注水利改革发展。

2011—2012 年，全面贯彻中央关于水利工作的战略部署，把水利作为国家基础设施建设的优先领域，加大水利投资，进一步完善优化水资源战略配置格局，提高水资源支撑能力和防洪保障能力，合理开发水资源，保护水生态，实现人与自然和谐相处。

2013—2022 年，党的十八大报告单独成篇全面阐述"大力推进生态文明建设"的号召。为了贯彻落实党的十八大精神，水利部于 2013 年 1 月印发了《关于加快推进水生态文明建设工作的意见》（水资源〔2013〕1 号文），提出加快推进水生态文明建设的部署。2013 年起，以推进生态文明建设为主要目标的水利建设工作全面展开，全面贯彻实行最严格水资源管理制度。2017 年起，河南省全面推行河长制湖长制。2018 年，河南省提出"四水同治"的治水新思路。2019 年起，河南省全面贯彻落实黄河流域生态保护和高质量发展重大国家战略。

8.2.2　河南人水关系现存问题分析

（1）人均水资源量少，水资源总体较短缺，是人水矛盾的内因。河南省现状人均水资源量不足 400m³，不到全国平均水平的 1/5，低于人均 500m³ 的严重缺水警戒线，总体表现为水资源短缺。其本底水资源量不足，这是河南省区域人水关系出现矛盾和不和谐状态的内因和主要制约因素。因此，必须采取一系列更加严厉的措施才能保障水资源的供给，从而协调好因水资源本底不足带来的人水矛盾。

（2）南北过渡带特性，形成洪涝和干旱并存，需协同防控水旱灾害。河南省地处我国南北气候过渡带，既有南方洪涝灾害的特征，又有北方干旱缺水的特征，表现为某些地区出现洪涝而另外地区可能又出现干旱，也可能在某时段出现洪涝很快又转化为干旱，呈现洪涝和干旱并存或交替存在的特点。因此，在防控洪涝和干旱灾害时，不能就洪涝谈洪涝、就干旱谈干旱。洪水本身也是水资源，洪水资源在洪水季节是多余的水但到干旱季节又是救命水。为了抗旱，总希望在水库多蓄水，如果调度不当，可能到洪水季节又造成洪水灾害。既要考虑到当时当地的洪涝灾害又要兼顾可能出现的干旱灾害，需要协同防控洪涝和干旱，才能协调好因水旱灾害导致的人水关系。

（3）水资源时空变异较大，与经济社会用水不匹配，需均衡调控。河南省处于东南季风区，降水量年际变化大，年内季节分配不均，区域分布差异大。而经济社会用水表现为：人口集中的城市生活用水集中且年内均衡，农业用水与作物生长季节有关，工业用水与工业布局关联且年内相对较稳定。因此，水资源分布与经济社会用水在时空上匹配度较差，需要进行均衡调控，才能形成相匹配的人水关系。

（4）人口密度大，人类活动集中，环境污染普遍存在且较严重。河南省是人口大省，人口密度大，自古以来都是人类活动比较集中的地区。现状大约每平方公里国土面积上有 591 人。高强度的现代人类活动中，伴随着大量污染物质的排放，如果得不到有效控制和深度处理，就会污染环境。自 20 世纪 80 年代以来，随着经济社会发展，水环境污染问题异常突出，尽管从 21 世纪以来，国家和地方政府加大了污染治理，但由于人类活动集中，污染治理能力有限，目前的水环境污染问题依然比较严重，形成人们对水环境美好追求与水环境污染之间的人水矛盾。

（5）工程建设投资有限，调控能力不足，智慧调控系统亟待研发。受经济条件的限制，水工程建设只能分步骤稳步推进，尽管国家和地方政府已经投入大量的资金，但与工程建设需求还有很大差距，河湖治理、供水体系、防洪标准、水污染治理等工程建设还有待加强，总体水安全保障调控能力还不足。特别是进入智慧化发展阶段，急需要研发智慧调控系统，构建基于通信技术和虚拟技术的智能水决策和水调度系统，随时为客户提供个性化订单式服务，实现水管理精准投递。目前还没有完全形成可以支撑人水和谐发展的工程建设体系和智慧调控系统。

（6）人水关系复杂，内在机理不明晰，需深入探索其演变规律。河南省地跨长江、淮河、黄河、海河 4 大流域，水系统与 4 大流域都有关联。河南人口基数大，人口密集，人类活动集中。河南是粮食大省，农业发展与 4 大流域供水系统关系密切。河南工业布局和城市布局，受历史和现代发展需求制约，生产效率差异大，二氧化碳排放量与水资源分布关系复杂。总体表现为：人类活动对水系统的作用错综复杂，人水系统内在机理不明晰，需要深入探索其演变规律和相关的科学问题。比如，人水关系科学调控路径选择、水-能源-粮食协同安全优化调控、水资源与二氧化碳排放量关系以及水安全政策制度支撑体系构建等问题，都有待深入研究。

8.3 河南人水关系和谐评估与调控

8.3.1 采用的研究方法和数据

（1）评估方法。采用广泛使用的"单指标量化-多指标综合-多准则集成"（SMI-P）评估方法，计算人水和谐度 HD，来评估人水关系的和谐水平。该方法的详细介绍可见本书 3.2 节。

（2）辨识方法。采用辨识方法，识别各指标对人水和谐度 HD 的影响程度。有许多方法可以用于识别主要影响因素，例如建模辨识方法和非建模辨识方法。本书采用非建模辨识法对影响人水和谐的关键影响因素进行识别。该方法的详细介绍可见本书 3.2 节。

（3）调控模型。采用和谐调控模型，来改善人水关系。基于和谐平衡理论，在该模型中引入需水满足度以表征各利益相关者的利益，并将其作为提高人水和谐平衡水平的限制条件进行优化。该方法的概况性介绍可见本书 3.2 节。和谐调控模型如下：

$$
\left.
\begin{array}{l}
Z = HD(X) \geqslant HD_0 \\
\eta_i \geqslant \eta_{i0} \\
W_s \leqslant \max G_s + \max W_G \\
W_e \geqslant \min W_{eco} \\
S_I + S_D \leqslant S_{RN} \\
X \geqslant 0
\end{array}
\right\}
\tag{8.1}
$$

式中：X 为决策向量；$HD(X)$ 为人水和谐度；HD_0 为和谐目标的阈值；$i = 1$、2、3、4，分别代表农业用水、工业用水、生活用水、生态用水；η_i 为各参与者需水满足度；η_{i0} 为需水量满足极限；W_s 为经济社会发展总用水量；G_s 为地表水可利用量；W_G 为地下水可利用量；W_e 为生态环境用水总量；W_{eco} 为最小生态环境需水量；S_I 和 S_D 分别为工业污水和生活污水中重要污染物排放量；S_{RN} 为河流所在水功能区的纳污能力。

（4）相关数据。采用 2006—2018 年河南省经济社会数据，来源于《河南省统计年鉴》和《城乡建设统计年鉴》；2006—2018 年水资源数据来源于《河南省水资源公报》和各地级市水资源公报。

8.3.2　人水和谐度时空变化分析

8.3.2.1　人水和谐度时间变化

计算了 2006—2018 年河南省 18 个地级市的人水和谐度，绘制了随时间变化曲线，得到的结论是：

（1）河南省 18 个地级市的人水和谐度整体呈上升趋势，地区间差异显著。采用单因素方差分析（ANOVA），显著性因子 $p < 0.05$，表明上升趋势变化显著。这得益于我国近代水利事业的快速发展。

（2）在河南省 18 个地级市中，安阳市人水和谐度提升幅度最大。一方面，由于起始年安阳市人水和谐度最差，改善潜力大；另一方面，安阳市后来几年加大水利建设投资，取得效果显著。

（3）地级市间人水和谐度差异逐年缩小，表明河南省地级市间人水和谐度正朝着空间均衡方向发展。

（4）虽然河南省人水关系在该研究时段得到很大改善，但总体水平仍然较低，人水和谐度大于 0.7 的地级市不到一半，且没有大于 0.8 的地级市。

8.3.2.2　人水和谐度空间变化

根据计算的人水和谐度结果，绘制了 2006—2018 年河南省人水和谐度空间分布图，得到的结论是：

（1）河南省人水关系和谐程度的空间分布不均匀，河南省内西南地区城市的人水和谐度优于东北地区城市。单因素方差分析（ANOVA）结果显示，河南省 18 个地级市和谐度差异显著，显著性因子 $p < 0.05$。

（2）河南省水资源呈现西南丘陵多、东北平原少的空间分布特征，与省内用水需求格局存在明显的空间不匹配。豫东和豫北平原地区人口密集，以粮食生产为主，是我国重要的粮食生产基地。然而，这些地区严重的水资源短缺问题直接制约着当地国民经济的可持续发展。

（3）研究时段末，河南省 18 个地级市的人水和谐水平全部得到显著提高，各地级市人水和谐度均达到 0.6 以上。这与这几年河南省加大建设投资、实施一系列治水举措有关，这些举措对促进人水和谐发挥了重要作用。

8.3.3　影响人水和谐度的关键因素识别

为了确定影响各地级市人水和谐水平的主要影响因素，从人水和谐的不同准则层和指标层进行了深入分析。

（1）从三个准则层（水系统健康度 HED、人文系统发展度 DED、人水系统协调度 COD）的人水和谐度进行分析。水系统健康度 HED 随时间的推移变化很小，而人文系统发展度 DED 和人水系统协调度 COD 呈逐渐增加的趋势。由此可见，人文系统发展度 DED 和人水系统协调度 COD 是河南省改善人水关系的主要驱动力。

（2）受自然因素和人为因素影响，大多数地级市水系统和谐度在 0.6 以下，这也是导致河南省人水关系不和谐的主要因素。此外，豫南水系统健康度 HED 明显优于豫北，主要原因有三方面：在水资源方面，豫南水资源条件相对于豫北有明显的优势；在水环境方面，豫南的长江流域水质优良，豫北水质较差，改善水环境是提高人水和谐水平的关键；在水生态方面，河南省生态环境总体质量等级为"一般"，豫南地区生态环境质量总体较好。

（3）河南省经济、科技快速发展，是人文系统发展度 DED 呈现持续增长趋势的原因。从发展趋势看，人文系统发展度 DED 仍有进一步提高的潜力。

（4）人水系统协调度 COD 由供水与水资源管理和保护两方面组成。人水系统协调度 COD 不断增加，主要得益于供水结构的不断调整和水管理保护工作的完善。在供水方面，产业结构得到完善和调整，供水条件显著提升；在水资源管理和保护方面，实施了一系列相关政策和有效措施，效果显著。

（5）对比分析各准则层的单指标和谐度，结果发现，影响人水和谐度的指标很多，有些指标对人水和谐度的抑制作用较大。同一指标对不同地级市人水和谐程度的影响也不同。有一些指标难以干预和调整，如水资源本底相关指标和水生态本底相关指标。排除这些不可控指标后，结合辨识方法，筛选出对人水关系更敏感且易于改进的指标，作为人水和谐度调控的主要因子。

8.3.4　人水和谐度调控

按照调控模型构建方法，确定全省各地级市调控目标阈值和约束条件。按照关键因素识别方法，确定需要调控的和谐度较低的指标。在确定上述内容后，采用分步优化方法，在合理的指标范围内设置不同的调控情景（以固定的步长改变指标值），以实现对人水和谐的动态评估。通过不断替换调控情景进行模拟，最终找到符合目标设置的调控情景。通过调控，各地级市的人水和谐程度都达到了预期的和谐水平，表明河南省人水和谐水平仍有较大的提升空间，也验证了人水和谐调控方法的有效性。

8.4　河南水-能源-粮食协同安全评价及优化

8.4.1　水-能源-粮食纽带关系

水-能源-粮食纽带关系，宏观上是水、能源、粮食三者间的关联，更广泛地涉及水与经济、社会、生态环境之间关系。其中的复杂关系难以梳理清晰，可以定性分解描述为：水的生产与供应耗能、能源生产耗水、粮食生产耗能、粮食生产耗水、粮食转化为生物质能、生产和消费产生温室气体及废物排放、人口和GDP 增长对水-能源-粮食需求增加等。如图 8.2 所示，从水-能源-粮食侧面反映了一种人水关系。

8.4.2　水-能源-粮食协同安全评价

8.4.2.1　水-能源-粮食协同安全界定及判别准则

水-能源-粮食协同安全，在传统的水资源、能源和粮食安全的基础上，更加强调三者的协同作用。水-能源-粮食协同安全，是一种可以实现水-能源-粮食供给基本保障、资源合理开发利用、水-能源-粮食互馈协调，且能够支撑经济社会可持续发展、维系生态环境健康的全局性、系统性的安全状态[55]。

判别水-能源-粮食协同安全状态和水平，应基于以下准则：

（1）资源供给得到基本保障。能够满足人类生存及经济社会发展对水-能源-粮食的基本需求，即：水资源禀赋较好、能源供给安全稳定、粮食供给安全稳定。

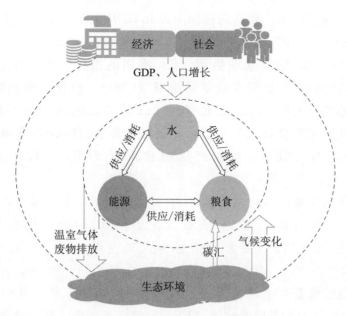

图 8.2 水-能源-粮食纽带关系示意图[55]

（2）资源的开发利用较为合理。即：水资源开发利用较为合理、能源消耗和利用较为合理、耕地资源开发利用较为合理。

（3）水-能源-粮食互馈协调。即：水-能源、水-粮食，能源-粮食两两之间的互馈协调以及整体达到相对平衡的安全状态。

（4）能够支撑经济社会良好发展。能够对经济有序增长、社会稳定发展、人民生活水平提升起到支撑作用。

（5）能够维系生态环境健康。通过有效控制水-能源-粮食系统产生的污水及碳排放，同时发挥粮食作物的碳汇功能，为生态环境减负。

8.4.2.2　水-能源-粮食协同安全评价指标与方法

基于判别准则，采用多种方法，总结相关文献并综合考虑区域实际情况，遵循科学性、代表性、完备性、可操作性等原则，构建以目标层、准则层、要素层及指标层为层次结构的评价指标体系。

针对河南省具体情况，确定了 31 个指标。

（1）反映资源供给基本保障（A）准则的指标 7 个，其中，表征水（W）要素的指标为人均水资源量（AW_1），表征能源（E）要素的指标为人均能源生产量（AE_1）、能源自给率（AE_2）、能源生产多样性指数（AE_3），表征粮食（F）要素的指标为粮食人均占有量（AF_1）、粮食自给率（AF_2）、粮食产量波动系数（AF_3）。

（2）反映资源开发利用合理（B）准则的指标 6 个，其中，表征水（W）要素的指标为水资源开发利用率（BW_1）、地下水开发利用率（BW_2）、万元 GDP 用水量（BW_3），表征能源（E）要素的指标为万元 GDP 能耗（BE_1）、能源加工转换效率（BE_2），表征粮食（F）要素的指标为人均耕地面积（BF_1）。

（3）反映水-能源-粮食互馈协调（C）准则的指标 8 个，其中，表征水-能源（W）要素的指标为工业用水重复利用率（CW_1）、单位供水能耗（CW_2）、单位能源生产用水量（CW_3），表征水-粮食（F）要素的指标为有效灌溉面积占比（CF_1）、单位产量粮食耗水量（CF_2），表征能源-粮食（E）要素的指标为单位耕地面积农机动力（CE_1）、单位产量粮食耗能（CE_2）、粮食生物质能源密度（CE_3）。

（4）反映能够支撑经济社会发展（D）准则的指标 4 个，其中，表征经济（E）要素的指标为人均 GDP（DE_1），表征人民生活（L）要素的指标为恩格尔系数（DL_1），表征人口（P）要素的指标为人口密度（DP_1）、人口自然增长率（DP_2）。

（5）反映能够维系生态环境健康（E）准则的指标 6 个，其中，表征生态用水（E）要素的指标为生态用水比例（EE_1），表征水环境（W）要素的指标为能源灰水足迹（EW_1）、粮食灰水足迹（EW_2），表征碳（C）要素的指标为能源生产碳排放强度（EC_1）、粮食生产碳排放强度（EC_2）、粮食作物碳固存强度（EC_3）。

评价方法采用"单指标量化-多指标综合-多准则集成"（SMI - P）方法，见3.2 节。

8.4.2.3　评价结果及分析

（1）在准则层 A 中，粮食要素的供给保障水平最高，在研究时段 20 年间大多保持在 0.7 以上的较安全或安全水平，这与河南省的粮食生产实际相符；作为我国的粮食主产区，充足和稳定的粮食供给是保障国家粮食安全的重要条件。能源供给保障水平次之，2010 年以前，由于能源持续增长，能源供给保障水平整体增加，大多处于 [0.6，0.8）的较安全状态；但 2010 年后开始下降，能源供给逐渐依赖进口，能源自给率下降明显。水资源供给保障水平较低，长期处于 0.4 以下的较不安全状态；人均水资源量少，是制约水资源安全的重要因素；水资源受到气候变化的影响，年际间波动较大，稳定性较弱。

（2）在准则层 B 中，研究期内，三种资源开发利用的合理性均有所提升。能源要素表现最佳，从 [0.2，0.4）的较不安全状态转变为 [0.8，1) 的安全状态，这得益于能源利用效率的大幅提高。其次为粮食要素，处于 [0.6，0.8）的较安全状态；粮食生产高度依赖土地资源，作为农业大省，基本农田保护工作成效较好，人均耕地面积稳定。水资源开发利用方面，水资源利用效率明显提升，但高速的经济发展和人口增长导致了水资源开发利用率的增大，未来应采取措施合理控制。

（3）在准则层 C 中，早期水-能源要素的评分较高，表明水和能源的相互消耗较为合理，但后来下降明显，这与单位供水能耗的明显增加有关。水-粮食要素的评分较为稳定，在0.6的合格线上下浮动，小幅提升，这主要是因为有效灌溉面积占比和单位产量粮食耗水量两个指标在研究期内的变化不大。能源-粮食要素的评分相对不佳，其评分在 [0.2，0.4) 的较低水平。

（4）在准则层 D 中，人均 GDP 指数型增长，恩格尔系数降低，居民日常生活的食品消费支出减少，生活水平提高。河南省是人口大省，人口密度较大，巨大的人口基数给粮食及能源供应带来不小的压力。

（5）在准则层 E 中，生态用水比例增长明显，河南省 2020 年的生态用水占比是 2001 年的 10.77 倍，水资源配置越来越多地向生态环境倾斜。水环境状况有所好转，但变化不大，未来仍需着重关注能源和粮食生产过程中引发的环境问题，加大排污控制力度，减轻能源和粮食生产对水环境的负担。对于碳系统，主要考虑了能源和粮食生产的碳排放，以及粮食作物的碳固存。虽然粮食作物的碳固存强度有所增加，但其碳吸收能力难以抵消能源行业的碳排放强度，整体上碳系统的发展趋势不佳。

（6）从各准则层来看，除水-能源-粮食互馈协调指数、资源供给保障指数略有降低外，其余准则层的评分均保持增长趋势。经济社会发展指数增加最为明显，其次为资源合理开发利用指数增长明显。三种资源的开发利用方式已逐步从原来的粗放式向集约化、精细化、高效化利用转变。生态环境健康指数，虽然早期评分较低，但到 2020 年已有明显改善，表明水-能源-粮食系统产生的污废水和碳排放等已得到一定程度的控制。水-能源-粮食互馈协调指数的降低，来源于水、能源、粮食相互消耗关系的差异。资源供给保障指数受到气候变化、自然灾害及资源禀赋的影响，稳定性较弱。

（7）从目标层来看，水-能源-粮食协同安全水平有所提升，从 2001 年的较不安全水平（0.38）逐渐过渡到 2020 年的较安全水平（0.63）。在研究时段初期，与资源合理开发利用指数和经济社会发展指数的变化趋势较为相似，水-能源-粮食协同安全与资源开发利用、经济社会发展的关系较为密切，资源的高效开发和利用及经济社会的迅猛发展对水-能源-粮食协同安全起到有效的助推作用。在研究时段后期，与资源供给保障指数、水-能源-粮食互馈协调指数的变化趋势相似，随着资源开发利用率逐渐到达极限、经济社会发展到一定水平，水-能源-粮食协同安全水平开始受到基础资源供给，特别是水资源禀赋的制约。

8.4.3 水-能源-粮食协同安全优化

8.4.3.1 水-能源-粮食协同安全优化模型简介

水-能源-粮食协同安全优化，采用优化模型方法。该优化模型是以水-能源-粮食协同安全指数最大为优化目标函数，模型的约束条件考虑水资源、能源、粮食系统的相关约束，包括能源生产耗水约束、粮食灌溉耗水约束、能源需求保障约束、粮食需求保障约束、粮食作物总播种面积约束等。

以河南省为研究区，将 2001—2020 年的历史数据输入优化模型，利用Lingo（交互式的线性和通用优化求解器）软件编写程序代码、对模型进行求解，产出模拟的历史优化方案，以验证模型可行性。以各种能源生产量和各种粮食作物的播种面积两组变量作为控制变量。针对河南省具体情况，考虑 10 种主要的能源（原煤、焦炭、原油、天然气、燃煤发电、燃气发电、水电、风电、太阳能发电、生物质能发电）和 5 种主要的粮食作物（小麦、玉米、稻谷、豆类、薯类）。

选择规划期为 2022—2025 年，对未来的水-能源-粮食系统进行优化。针对河南省具体情况，在考虑水-能源-粮食纽带关系的基础上，采用贝叶斯网络模型预测 GDP 和人口增长影响下的能源需求和粮食需求；同时结合历史数据、河南省相关规划及相关文献，确定模型中的其他各类参数。利用 Lingo 软件对模型进行求解，产出规划期内的优化方案，并将优化结果与规划目标进行比较，分析优化方案的合理性。从水-能源-粮食协同安全保障的角度，为河南省未来的能源和粮食生产提供一定的参考和借鉴。

8.4.3.2　优化结果及分析

通过优化模型求解，得到 2022—2035 年水-能源-粮食协同安全的优化结果。主要结论如下：

（1）水-能源-粮食协同安全指数从 2020 年的较安全水平（0.63），达到规划末期 0.66 的较安全水平，并在规划期内逐年增加，优化效果显著。

（2）在准则层中，经济社会发展（D）指数最大，与 2020 年评价结果相差不大，并在规划年内相对稳定。

（3）生态环境健康（E）指数达到 0.7 以上，与 2020 年的 0.64 相比有小幅增长，表明能源和粮食生产给生态环境带来的负担将减弱。

（4）水-能源-粮食互馈协调（C）指数将达到 0.6 以上，较 2020 年（0.49）有较大增长，表明通过优化能源和粮食生产，水、能源、粮食的相互消耗或转化情况亦趋于合理。

（5）资源开发利用（B）指数基本持平，只有小幅增加。说明，优化后资源开发利用状况没有太大改观，这与河南省资源开发利用程度较高状况有关。

（6）资源供给保障（A）指数虽较 2020 年有所增加，但在各准则层中仍排名靠后，这与河南省水资源禀赋不佳及本地能源生产的紧缩有关。说明，未来协同调控水平仍受到自然资源禀赋的制约，特别是水资源禀赋的制约。

（7）能源耗水总量在规划期内呈减小趋势，将从规划期初的 4.97 亿 m^3 减少到规划期末的 4.78 亿 m^3，这与能源产量的减少和能源行业用水效率的提升有关。其中，燃煤发电耗水量最多，远超出其他能源，占 70.13%，未来应提高煤电和原煤生产的用水效率，控制水耗。

（8）由于粮食播种面积略有增加，粮食灌溉耗水量基本持平仅缓慢增加，表明水资源刚性约束能够较好地促进粮食灌溉效率的提升，农业节水效果较好。

8.5 河南水资源行为与二氧化碳排放量分析

关于"双碳"目标的提出过程和主要内容，以及面向"双碳"目标的水资源行为调控难点问题及解决途径，已在5.2节介绍过。这里简单介绍水资源行为的二氧化碳排放量计算方法以及在河南省的应用结果，作为人水关系调控相关研究的一个例证。详细内容可参见文献［56］。

8.5.1 水资源行为对"双碳"目标的作用

一般可将水资源行为分为水资源开发行为、配置行为、利用行为、保护行为四类。水资源开发行为是指通过各种工程及非工程措施对天然水资源进行提取、处理、加工后以服务人类社会所使用的一系列活动，例如地表水提升、地下水抽取、水库蓄水、生水处理和海水淡化等。水资源配置行为是指在特定流域或区域内，考虑水资源与社会、经济、生态、环境等要素之间的关系，对各用水部门进行可利用水资源的输送、分配及调度的一系列活动，例如城乡自来水分配、跨流域调水等。水资源利用行为是指充分发挥水资源的经济、社会和生态功能，以满足人类活动使用需求的一系列活动，例如生活用水、工业用水、农业用水、生态用水以及水力发电等。水资源保护行为是指采取节约用水、水污染防治及污水资源化等保护和修复措施以实现水资源可持续利用的一系列活动，例如节约用水、污水收集、污水处理以及污水回用等。

水资源行为可能会产生二氧化碳排放或吸收效应，对"双碳"目标起到抑制或促进作用，其作用机理如图8.3所示。在水资源开发行为中，由于水泵机组、水轮机、水处理设备、净水设备、海水淡化设备等用电机械装置的使用，电能的消耗和转化是产生二氧化碳排放效应的主要原因。在输配水过程中需要通过水泵增压或提升水头，最后将水资源输送至用水户或水厂，该过程会消耗大量电能，因此水资源配置行为也会产生二氧化碳排放。在生活、工业和农业灌溉等终端用水过程中，由于所涉及的加热、冷却、灌溉等活动消耗化石能源及电能，会产生二氧化碳排放；同时，由于农田、湿地、水域等生态系统存在碳汇效应，农业和生态系统在用水的同时伴随着二氧化碳吸收效应；此外，相较于火力发电，水力发电行为能够显著降低二氧化碳排放效应。在水资源保护行为中，二氧化碳排放主要来源于污水收集和处理中电能的消耗。但水资源保护行为的排放效应远小于吸收效应，一方面，污水处理过程能够显著降低污染物浓度，产生的污泥也可用于发电；另一方面，节约用水和污水回用直接减少了开发、配置等的能耗，间接降低了二氧化碳排放。

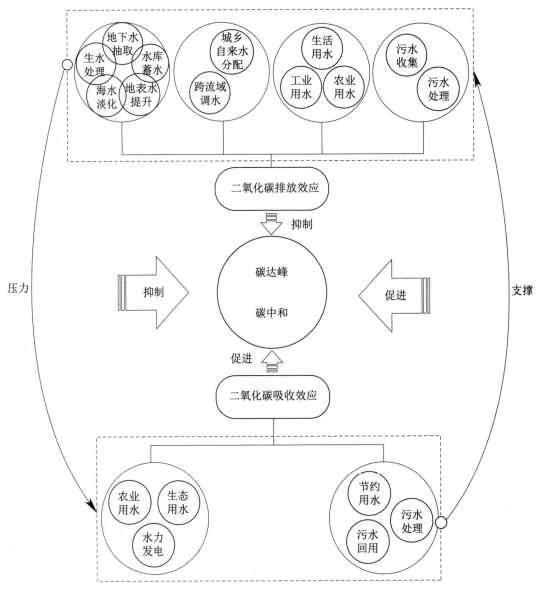

图 8.3　水资源行为对"双碳"目标的作用关系[56]

8.5.2　水资源行为的二氧化碳排放当量分析方法

水资源行为的二氧化碳排放当量（CEE）是指由水资源的开发、配置、利用、保护等相关的一系列活动所直接或间接导致的二氧化碳排放量。因为有些并不是直接的二氧化碳排放量，而是相当的量，所以称其为 CEE。二氧化碳排放当量分析方法如图 8.4 所示。

从水资源开发、配置、利用、保护 4 个维度的 16 种水资源行为（WRBs）出发，在系统梳理相关研究的基础上，通过直接引用、提炼改进、自主创新 3 种思

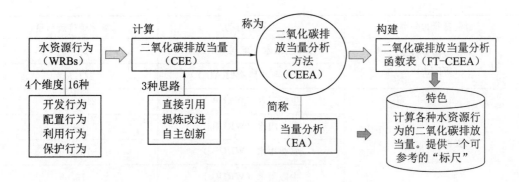

图 8.4 二氧化碳排放当量分析方法[56]

路，提出不同 WRBs 的 CEEA 方法和计算公式。根据上述 CEEA 计算内容，选择各自的计算公式，构建一个可比较的二氧化碳排放当量分析函数表（FT - CEEA），见文献 [56]。这种方法统称为二氧化碳排放当量分析方法（CEEA），简称为当量分析（EA）。这种方法和 FT - CEEA 函数表为水资源领域的二氧化碳排放当量计算提供一个可参考的"标尺"[56]。

8.5.3 河南省水资源行为二氧化碳排放当量计算结果

涉及的指标包括：地表水供水量、地下水供水量、水库蓄水总量、生水处理量、自来水配水量、跨流域调水量、居民家庭生活用水量、工业用水总量、农业实际灌溉面积、四种人工生态用水的土地面积、水力发电总量、节约用水量、污水处理量及非常规水源供水量。

数据来源包括：中国碳核算数据库（CEADs）、2020 年《中国水资源公报》《中国城市建设统计年鉴》《河南省水资源公报》《河南水利年鉴》《河南省环境统计年报》《河南省生态环境质量年报》、2021 年《中国统计年鉴》《中国能源统计年鉴》《中国环境统计年鉴》《中国水利统计年鉴》《河南省统计年鉴》等统计资料。

基于 FT - CEEA 和上述数据计算得到 2020 年河南省水资源行为的二氧化碳排放当量共计 2888.61 万 t，结果见表 8.2。

表 8.2　　　　　　　2020 年河南省水资源行为的二氧化碳排放当量　　　　　单位：万 t

水资源行为分类	水资源行为	二氧化碳排放当量
水资源开发行为（WRDB）	地表水提升（$WRDB_1$）	204.01
	地下水抽取（$WRDB_2$）	268.01
	水库蓄水（$WRDB_3$）	509.51
	生水处理（$WRDB_4$）	206.01
	海水淡化（$WRDB_5$）	0

续表

水资源行为分类	水资源行为	二氧化碳排放当量
水资源配置行为 （WRAB）	城乡自来水分配（WRAB$_1$）	123.45
	跨流域调水（WRAB$_2$）	441.54
水资源利用行为 （WRUB）	生活用水（WRUB$_1$）	2186.75
	工业用水（WRUB$_2$）	1512.95
	农业用水（WRUB$_3$）	−1830.65
	生态用水（WRUB$_4$）	−73.09
	水力发电（WRUB$_5$）	−347.58
水资源保护行为 （WRPB）	节约用水（WRPB$_1$）	−7.98
	污水收集（WRPB$_2$）	2.15
	污水处理（WRPB$_3$）	−284.39
	污水回用（WRPB$_4$）	−22.08
合　　计		2888.61

（1）水资源开发行为的二氧化碳排放当量分析。2020 年河南省水资源开发行为共产生 1187.54 万 t 的 CEE：水库蓄水行为产生的最多（509.51 万 t），占总值的 42.9%；其次是地下水抽取行为，占比 22.57%；相比之下，生水处理行为占比只有 17.35%；地表水提升行为占比 17.18%。河南省属于内陆地区，没有海水淡化工程，海水淡化行为的二氧化碳排放当量为 0。

（2）水资源配置行为的二氧化碳排放当量分析。2020 年河南省水资源配置行为共产生 564.99 万 t 的 CEE：跨流域调水行为占比高达 78.15%，主要原因是河南省涵盖了南水北调、小浪底北岸灌区、引黄灌区等多个大中型调水工程；城乡自来水分配行为产生 123.45 万 t 的 CEE，占 21.85%。

（3）水资源利用行为的二氧化碳排放当量分析。2020 年河南省水资源利用行为是 4 类 WRB 中产生 CEE 最多的水资源行为（1448.38 万 t）。由于生活用水和工业用水消耗大量化石燃料和电能，产生了较多的二氧化碳排放效应，生活用水产生的最多（2186.75 万 t），工业用水次之（1512.95 万 t）；农业用水、生态用水、水力发电行为产生二氧化碳吸收效应，且农业用水的吸收效应最强（−1830.65 万 t）。

（4）水资源保护行为的二氧化碳排放当量分析。水资源保护行为中，只有污水收集行为产生二氧化碳排放效应，其他水资源行为均产生二氧化碳吸收效应；2020 年污水处理行为产生的二氧化碳排放当量为 −284.39 万 t，其中吸收效应为 −314.66 万 t，排放效应为 30.27 万 t，前者远大于后者。

第9章　人水关系学发展展望

本章是在以上各章内容的基础上，从学科体系、研究方向、发展布局三方面对人水关系学的未来发展进行展望，作为本书最后的总结与展望，期待更多学者参与讨论和人水关系学学科建设。

9.1　人水关系学学科体系展望

9.1.1　人水关系学涉及的其他学科

人水关系学的研究对象是人水系统，研究人水系统的所有内容都可以纳入人水关系学中。而研究人水系统的现存学科已经非常多（图 9.1），比如，研究人水关系机理分析的学科有水文学及水资源、水文地理、水文气象、社会水文学、生态水文学、地理学等，研究生态环境的学科有生态学、生态工程学、环境科学、环境工程、生物学等，研究人水关系调控工程措施的学科有水利工程、土木工程、交通工程、农业工程、林业工程、草原工程等，研究人水关系调控非工程措施的学科有法学、经济学、教育学、管理学、文化、节水技术等，研究人水关系信息

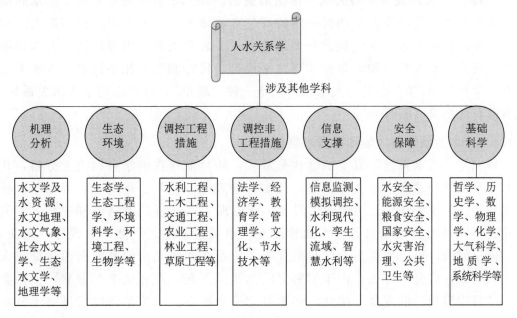

图 9.1　人水关系学与其他学科交叉关系

支撑的学科有信息监测、模拟调控、水利现代化、孪生流域、智慧水利等，研究人水关系安全保障的学科有水安全、能源安全、粮食安全、国家安全、水灾害治理、公共卫生等，研究人水关系的基础学科有哲学、历史学、数学、物理学、化学、大气科学、地质学、系统科学等。

　　［举例1］人水关系学与水利工程学科的关系。 在教育部学科分类中，水利工程一级学科下设5个二级学科（不包括自设学科），分别是：水文学及水资源、水力学及河流动力学、水工结构工程、水利水电工程、港口、海岸及近海工程。水文学及水资源主要研究地球上水的形成、分布和运动规律，以及运用这些规律开展水旱灾害防治、水资源开发利用、保护、水安全运行和管理等，这些内容均应是人水关系学的内容。水力学及河流动力学主要研究泥沙运动及河床演变、掺气水流及多相流、工程渗流及地下水流、环境水力学、水工水力学、计算水力学、平原河网水动力学等，这些内容也都是人水关系学的内容。水工结构工程主要研究高坝设计、筑坝技术、高陡边坡加固、水工结构监测、坝体强度、水工结构抗震、水工材料等，通过水工程建设来调整人水关系，也应是人水关系学的内容。水利水电工程主要研究水利水电工程勘测、设计、施工及运行管理等相关的内容，都是围绕水利水电工程建设相关内容开展研究，也都是应用于人类开发利用水资源、调整人水关系，因此，也应是人水关系学中工程措施相关内容。港口、海岸及近海工程主要研究港口工程、海岸及近海工程、航道整治工程、环保疏浚工程、海岸风暴灾害、海岸带综合开发、水运工程规划及管理等，主要针对港口、海岸及近海区域人水关系的研究，也是人水关系学的内容。

　　［举例2］人水关系学与人水和谐论的关系。 在2.2节中简单介绍了人水和谐论，人水和谐论是研究人水和谐问题的理论方法体系。在本书中，只是把人水和谐论看作是研究人水关系问题的众多理论之一。人水关系学内容广泛，人水和谐论只是研究人水关系中和谐目标实现水平评价、目标调控等相关内容。人水关系学是"学科""科学"范畴，人水和谐论是一种"理论"，可以应用于人水关系学，二者既有区别又有联系。

9.1.2　人水关系学按大学科群发展展望

　　研究与"人水系统"有关的学科非常多，从目前存在的学科门类上分析，几乎都涉及水的问题或人水关系问题，比如，物理学、化学、地理学、资源学、环境学、经济学、管理学、医学等。因此，就出现了多学科门类从不同视角、不同理论、不同思维去关注和研究水的特征或人水关系问题。当然，形成这一局面，一方面是好的，可以发挥多个学科的优势，去关注和研究水的方方面面特征或人水关系问题；但另一方面，由于学科之间的沟通不足，存在诸多的差异，往往会出现"管中窥豹"的现象。因此，多学科交叉来研究人水关系问题就显得十分重要和必要。

从学科类型来看，人水关系学应是一个非常典型和庞大的交叉学科，自身应是多个学科交叉形成的新兴学科。当然，如果把所有包括人和水参与的内容均纳入人水关系学的研究范畴，那么，人水关系学又包括了很多已经独立形成的学科或方向，比如，水文学及水资源、水文地理、水文气象、社会水文学、生态水文学、水利工程、水经济、水文化、水安全、水灾害治理、智慧水利、水信息监测、水系统模拟调控、孪生流域、水利现代化等。这些学科的研究内容都应该是人水关系学的一部分。因此，从这一思路来看，人水关系学是一个关于水的由多个学科组成的大学科群。

针对此类问题，国务院学位委员会、教育部于 2020 年专门设置了"交叉学科"门类（代码 14）。实际上，认识和研究水问题，需要摒弃学科之间的"壁垒"，实现多学科交叉融合，共同努力解决水问题。因此，从水问题解决实践需求、科学研究、人才培养、学科发展等不同角度看，都迫切需要把人水关系学按照"大学科群"来建设。更进一步讲，只建设一个人水关系学交叉学科或专业，就可以涵盖所有研究水特征或人水关系问题的学科或专业；或者，把相关学科或专业整合成一个学科或专业即人水关系学来设置和建设，具有重要的意义。

9.2 人水关系学研究方向展望

基于对现状研究总结和未来发展需求分析，考虑到人水关系学的研究难点，分别从作用机理、变化过程、模拟模型、科学调控、政策制度 5 方面，对未来研究展望如下。

9.2.1 人水关系作用机理研究展望

（1）对人水关系认知的进一步总结和提升。因为自然界的复杂性和人类认知的有限性，实际上对人水系统的了解还远不足，有人说不足自然界真实情况的 30%甚至有人说不足 10%。也正是因为认知上的不足，带来对自然界问题的看法、应对思想、处置方案、政策制度制定等的差异。比如，对城市洪涝灾害的防治问题，早期只看到城市水文变化的现象，后来逐步认识到城市水文变化规律，伴随着城市水文学的研究，慢慢地揭示了城市发展与洪涝灾害之间的定量关系，以至于可以定量模拟和预报洪水演进过程。人类发展的历程也是探索自然、认识自然的过程。因此，未来需要继续对人水关系基本规律进行探索。

（2）深入开展人水关系作用机理实验研究。针对大量需要实验检验和规律总结研究的问题，实验研究是其最直接的研究手段之一。比如，研究农田灌溉对地下水的影响以及地下水位高低对农田产量的影响，水利工程建设对河流水量水质的影响，不同植被条件对产汇流过程的影响，不同供水条件对河流、湖泊、水库、湿地生态的影响等。这些问题都比较复杂，以前有大量实验研究，目前也有大量实验研究，未来还需要大量实验研究。伴随着实验投入的增加，实验研究也会越来越深入。实验研究一直是人水关系学研究的重要手段之一。

（3）继续探索人水关系基础科学及理论推导。运用数学、物理、化学、生物学以及系统科学等基础科学，分析人水关系作用机理，推导人水关系作用数学表达和理论公式，通过模型模拟场景或计算结果，来分析其作用关系。比如，不同坡地植被人工恢复措施与地表-地下水形成之间的定量关系，其本身非常复杂，目前研究对其还不十分清晰，理论研究还需要探索和突破。一方面因为基础科学一直在发展中，另一方面再加上对人水关系认知的不断提升，未来需要继续加大对人水关系基础科学及理论推导的探索，不断形成和完善人水关系学的核心理论体系。

（4）深入分析和归纳总结人水关系作用规律。人水关系非常复杂，对其作用规律不可能"一眼看清楚""一下揭示明白"，需要不断与时俱进地分析和总结，包括采用定性的理论对比分析、定量的数值对比分析、统计回归分析以及多方案综合分析等。比如，对超大型水利工程建设的环境影响评价问题，有时候不是利用几年乃至几十年的观测分析就能得到可靠的结论，有些可能需要更长时间甚至纳入历史时期进行分析。这也是人水关系学时空观问题。必须在不断的深入分析和总结中提升对人水关系作用机理的研究程度。

9.2.2　人水关系变化过程研究展望

（1）进一步研究人水关系变化过程的形成原理。人水关系变化过程的作用因素，自觉或不自觉地驱动人水关系的变化，但如何驱动其变化，很多情况下其原理还不清晰。比如，人类向城市迁移带来水系统变化的特征及原理，跨流域大型调水工程建设带来受水区水系统变化的驱动力及趋势，退耕还林还草政策带来水系统变化的趋势及原理等，尽管科技界做了大量的研究工作，大致的特征是清楚的，但其潜在的、深层次的形成过程及原理还没有完全搞清楚，这可能会成为科学调控人水关系的认知上障碍。

（2）采用多种方法探索人水关系变化的本质。目前探索人水关系变化的方法有很多，比如序列分析、模拟模型、评估、对比分析等方法。无论什么方法，都是尽力揭示人水关系变化的本质，但多数还是从表面特征来分析其内在本质。比如，对城市化带来水文特征的变化分析，可以采用模拟模型方法，构建模拟模型的参数和变量都是观测的或系统可表征的，而其潜在的变化参数和变量就很难在模型中表现，有时候就可能漏掉其本质的变化表述。如果分析得当，可能会得到符合本质的结论。相反，如果分析不得当，可能会得到不符合本质的结论。因此，不能从表面看问题从而轻易得出结论，需要深入分析其内在本质。

（3）深入分析人水关系变化过程的关键因素。人水关系变化过程的作用因素包括自然因素和人为因素，这些因素单一或综合作用、自觉或不自觉地驱动人水关系的变化。但到底哪些因素起关键作用，对分析问题、寻找解决途径具有重要意义。比如，河流断流和生态系统萎缩，到底是人类引水增加带来的还是因为气候变化带来的？以及哪些因素影响作用更大？只有把这些因素分析清楚，才能对症下药，寻找可行的解决办法。但因其问题的复杂性，分析寻找其关键因素也不容易，往往成为解决其问题的第一关键步骤。

（4）综合分析人水关系变化过程的影响后果。人水关系变化是必然的，但其带来的后果如何，难以判断。因其复杂性，在对重大人类活动带来的影响分析论证时，不能轻易下结论。比如，分析重大水利枢纽工程建设的环境影响评价，可以肯定的是，因为人类活动必然会影响水系统变化，带动生态环境的变化。但到底如何变化？变化多少？引起生态环境变化是否可接受？实际上，回答这些问题很困难，一方面因为其本身非常复杂，另一方面对其未来变化过程准确判断很难，对未来预测时间越长，所得结论的风险越大。因此，对复杂问题、影响较大问题，需要综合分析其后果，不能轻易下结论。

9.2.3 人水关系模拟模型研究展望

（1）进一步发展人水关系模拟模型的构建方法。与人水关系相关的模拟模型研究成果非常多，但仍然一直是研究的热点方向。一方面，其本身比较复杂，相关研究很难完全解决其中的模拟问题；另一方面，各种研究方法都有优点也有缺点，不可能"包打天下"，模型本身存在缺陷，需要进一步发展。比如，分布式水文模型已经发展了几十年，但仍有尺度问题、不确定性问题、参数识别问题等需要解决。因此，未来的研究需要在原来模型方法的基础上再进一步改进或者发展新的模型构建方法。

（2）进一步拓展人水关系模拟模型的研究范围。模拟模型在人水关系研究中得到广泛应用，涌现出各个方向的研究成果。尽管如此，还有更多领域和问题需要进一步拓展。比如，历史文化传承、宣传教育、政策制度等因素引起治水效果的量化模拟研究，目前关于这方面的研究较少。可以推断，未来模拟模型在人水关系中的应用会更加广泛。

（3）更加注重人水关系模拟模型的应用和效果。随着人水关系学的发展，将更加注重人水关系模拟模型的具体应用，更加注重其模拟模型的精度，更加看重其应用效果，更加注重模型的系统化和软件开发，特别是通用软件开发和应用。比如，针对分布式模型，目前关于分布式水文模型较多，但缺乏针对各种人水关系模拟的分布式模型；分布式水文模型软件较多（如 MIKE、SWAT），但用于处理复杂的人水关系还存在较大不足。因此，关于人水关系模拟模型的应用推广和软件开发将是未来发展重点方向。

（4）将加大采用智慧化技术从而构建智慧模型。随着人类进入智慧化发展阶段，模拟技术受到信息通信技术和网络空间虚拟技术的影响，将大量采用智慧化技术，使传统模拟模型向智慧化转型。主要表现在：充分利用信息通信技术和网络空间虚拟技术，以智慧化模拟为主要表现形式。比如，以流域为对象，以流域水循环为纽带，将自然过程与人文过程相耦合而研发的流域模拟器（如长江模拟器[57]），就是一种智慧模型，将是今后人水关系模拟模型的一个热点研究方向。

9.2.4　人水关系科学调控研究展望

（1）进一步发展人水关系科学调控的研究方法。人水关系科学调控的研究方法非常广泛，大致可以分为三大类：分析对比方法、优化计算方法、模型模拟方法。这些研究方法目前都有大量的研究成果，但各种方法都有其不足之处，需要进一步发展。其未来发展的趋势：一是现有计算方法更加完善，特别是数学新方法和系统新方法的不断引入；二是不同研究方法的综合运用研究；三是现代新技术方法的融合发展，促进科学调控研究方法的发展。

（2）人水关系科学调控的思想和方案更加完善。人水关系科学调控效果除了与上面提到的研究方法有关外，还与调控遵循的指导思想、调控目标有关。这与主观思维和国家对水问题的指导思想有关。此外，科学调控方案制定、调控工作程序，也随着认识的变化而变化，也与调控指导思想和目标有关。因此，未来的研究会更加关注人水关系调控的思想和方案，使调控更加科学。

（3）进一步拓宽人水关系调控应用领域和作用。随着人水关系学的推广应用，将进一步拓宽人水关系科学调控的应用领域，关注其发挥更大的作用。特别是调控模型发展和调控软件开发，更加方便实际应用。比如，应用研发的流域模拟器，可以开展水系统宏观调控、工程规划设计与建设、水网优化布局、面源污染防治、产业结构调整、重大工程建设方案选择、水灾害防控及减灾、水资源管理等调控工作，具有广阔的应用前景。

（4）人水关系的调控手段将逐步向智慧化转型。随着智慧化技术的广泛应用，调控手段也将从传统调控模型向智慧化转型。基于智慧化调控模型的运用，可以实施溯源归因分析，实现智慧化决策的快速生成与执行，达到优化决策、精准调配、高效管理、自动控制、主动服务的目标，随时为客服提供个性化订单式服务，实现人水关系调控精准投递，包括水工程建设与维护、防洪抗旱减灾、供水分配与输送、水环境治理与生态保护、水安全保障体系构建、水资源管理政策制度制定等各方面需求。

9.2.5　人水关系涉及的政策制度研究展望

（1）进一步开展政策制度依据的理论基础研究。一系列政策制度的建设，除了满足实际需求外，还应该有一系列基本理论所遵循。比如，基于水资源价值理论的水价制定和水权交易市场建立，基于税收理论的水资源税改革和税收制度制定，基于法学理论的水法以及相关法律制定，基于水科学及其分支科学的水利工程建设技术标准和水资源管理规程。随着相关理论的研究及其推广应用，人水关系涉及的政策制度研究也会不断深入。

（2）进一步推动相关政策制度的建设和完善。政策制度的制定不是"一蹴而就"的，特别是国家颁布的法律和技术标准，一般都经历比较长的过程，比如，我国法律的制定过程包括法律案的提出、审议、表决和公布 4 个环节，每个环节又有详细的过程，包括需求分析、调研讨论，甚至向全社会公开征求意见。另外，随着社会的发展和外部环境的变化，有些政策制定也需要与时俱进地修改完善甚至废弃、重新制定。

（3）开展关键性政策制度联合攻关与推广应用。在众多政策制度中，有一些关键性政策制度，决定着治水、管水、用水的发展方向，影响水资源利用效率，影响人水关系和谐程度，往往这些关键性政策制度的制定需要更多地研究、执行起来也比较困难，需要加强联合攻关与应用实践检验和改进。比如，生态补偿制度的制定，不仅仅要考虑生态完整性和保护目标需求等技术问题，还要考虑不同利益方的权利和需求，涉及多个部门、多个利益方，涉及人类社会与自然界生态系统的平衡，既需要研究解决其关键科学问题，也需要解决现实中不同利益方的诉求。

（4）建设适应新时代发展需求的政策制度体系。新时代对人水关系有新的需求，比如，更加重视发展质量，面向以人为本的高质量发展；重视人水关系，面向人与自然和谐共生；重视科技创新，面向国家水网和智慧化。随着新时代发展，未来会重点关注以人为本的发展理念、生态文明建设的思想、智慧化时代的现实需求。因此，未来的政策制度体系建设就应该适应这些发展形势和发展需求，与时俱进地建设适应新时代发展需求的政策制度体系。

9.3 人水关系学发展布局展望

为了更好地助力人水关系学学科发展，需要超前谋划学科发展布局，制定可行的行动策略和建议，对于进一步推动学科发展，提高专业教育的整体水平和功能，响应新时代对人水关系学科学研究的新要求，均具有重要意义。

9.3.1 科学研究计划

组织和制定国家/国际层面的大型人水关系学科学研究计划，有助于促进多学科之间的交叉与融合，培养创新型人才和团队，为经济社会发展和国家安全提供持续性的科学支撑和引领。围绕科学研究计划，结合国家经济社会发展中亟待解决的重大科学问题，编制重点研究项目的研究方向和项目指南，并作为重点扶持对象列入国家优先发展的研究领域，设立专门的基金和项目支持。

根据上述论述的人水关系学学科体系和研究方向展望，建议的科学研究计划有：

（1）人水关系学全国试验观测网与大数据研究计划。在全国已布局的各类与水有关的实验监测站点的基础上，再布局一定的综合实验站、涉及面广的大工程影响观测站，建设人水关系研究大数据平台。

（2）气候变化和人类活动影响下水系统响应及适应性对策研究计划。研究全球气候变化和人类活动对水系统的影响及反馈，揭示水系统过去、现在和未来的变化规律以及人水关系变化过程和制约因素。

（3）流域/区域模拟器建设与研究计划。未来期待建设的流域/区域模拟器，以流域/区域系统为对象，以水循环为纽带，将自然过程与人文过程相耦合而研发的流域模拟系统及大科学装置，具有"监测-模拟-评估-预警-决策-调控"一体化功能。

（4）人水关系科学调控及关键技术研究计划。针对重大人类活动和影响深远的重大工程建设，开展科学调控研究并攻克关键技术，对人水关系变化过程及格局进行调控，促进人与自然和谐共生。

（5）水系统治理相关政策制度研究计划。针对水治理的难点问题和新时代发展需求，研究政策制度依据的理论基础、关键性政策制度联合攻关与推广应用，构建适应新时代发展需求的政策制度体系。

9.3.2　学科建设规划

学科建设旨在巩固人水关系学学科地位，解决其发展过程中面临的基本矛盾，提高学科发展速度及建设质量，主要包括：

（1）明确学科定位。进一步明确人水关系学学科在自然、社会科学体系中的位置和意义，按照大学科群进行建设，完善和确立学科知识体系、理论、实践领域、学科方向及研究方法等。

（2）构建学科队伍。建立人水关系学交叉学科创新团队，培养学科带头人，组建合理的"大学科群"研究群及研究链条。

（3）深入科学研究。形成浓厚的交叉学科建设氛围和良好的学术声誉，提高科研创新水平，促进国际科研交流，加强科学研究成果总结。

（4）加快人才培养。整合相关领域学科点，组建人水关系学"大学科群""交叉学科群"的学科点，加强高层次人才培养和师资队伍建设。

（5）建设学科基地。在相关人员密集、技术力量强的单位或地区建设"大学科群"学科发展基地，创建工程技术研究中心，搭建重点实验平台。以快速推动人水关系学的发展，响应新时代对人水关系学科学研究、学科发展和人才培养的新要求。

参 考 文 献

［1］ 左其亭. 人水关系学的学科体系及发展布局［J］. 水资源与水工程学报，2021，32（3）：1-5.

［2］ 左其亭. 人水和谐论及其应用［M］. 北京：中国水利水电出版社，2020.

［3］ 左其亭. 人水关系学的基本原理及理论体系架构［J］. 水资源保护，2022，38（1）：1-6，25.

［4］ 左其亭，李倩文，马军霞. 人水关系学的研究方法及应用前景［J］. 水电能源科学，2022，40（5）：38-41，117.

［5］ 左其亭. 水科学的核心与纽带——人水关系学［J］. 南水北调与水利科技（中英文），2022，20（1）：1-8.

［6］ 左其亭，李佳伟，于磊. 黄河流域人水关系作用机理及和谐调控［J］. 水力发电学报，2022，41（2）：1-8.

［7］ ZUO Qiting, ZHANG Zhizhuo, MA Junxia, et al. Solutions to Difficult Problems Caused by the Complexity of Human-Water Relationship in the Yellow River Basin: Based on the Perspective of Human-Water Relationship Discipline［J］. Water, 2022, 14（18），2868：1-21.

［8］ 左其亭. 人水系统演变模拟的嵌入式系统动力学模型［J］. 自然资源学报，2007，22（2）：268-274.

［9］ 左其亭. 人水和谐论：从理念到理论体系［J］. 水利水电技术，2009，40（8）：25-30.

［10］ 左其亭. 人水和谐论及其应用研究总结与展望［J］. 水利学报，2019，50（1）：135-144.

［11］ 左其亭. 和谐：理论·方法·应用［M］. 2版. 北京：科学出版社，2016.

［12］ 左其亭. 水科学的学科体系及研究框架探讨［J］. 南水北调与水利科技，2011，9（1）：113-117，129.

［13］ 左其亭. 人水关系学的时空观及研究方法［J］. 人民珠江，2022，43（11）：1-7.

［14］ 左其亭，张云，林平. 人水和谐评价指标及量化方法研究［J］. 水利学报，2008，39（4）：440-447.

［15］ 侯永浩，王楠，丁蓓蓓，等. 灌溉总量限制下灌水频率对冬小麦产量及地下水变化的影响——以河北省太行山山前平原为例［J］. 灌溉排水学报，2022，41（12）：1-9.

［16］ 刘志雨. 城市暴雨径流变化成因分析及有关问题探讨［J］. 水文，2009，29（3）：55-58.

［17］ 陈豪，左其亭，窦明，等. 闸坝调度对污染河流水环境影响综合实验研究［J］. 环境科学学报，2014，34（3）：763-771.

［18］ 高洋洋. 区域水环境对人体健康的影响调查及调控研究［D］. 郑州：郑州大学，2010.

［19］ 王婕，张建云，鲍振鑫，等. 粮食产量对气候变化驱动水资源变化的响应［J］. 水科学进展，2021，32（6）：855-866.

[20] 张迪祥，孙平. 长江流域人口与环境关系的历史变迁 [J]. 经济评论，1992 (6)：67 – 71.

[21] 班璇，姜刘志，曾小辉，等. 三峡水库蓄水后长江中游水沙时空变化的定量评估 [J]. 水科学进展，2014，25 (5)：650 – 657.

[22] 张光贵，王丑明，田琪. 三峡工程运行前后洞庭湖水质变化分析 [J]. 湖泊科学，2016，28 (4)：734 – 742.

[23] 马浩，孟德利，赵勇，等. 民勤绿洲植被变化与水资源结构响应关系 [J]. 南水北调与水利科技（中英文），2022，20 (5)：902 – 913.

[24] 李小雨，余钟波，杨传国，等. 淮河流域历史覆被变化及其对水文过程的影响 [J]. 水资源与水工程学报，2015，26 (1)：37 – 42.

[25] 包玉斌. 陕北黄土高原退耕还林还草工程产水效应 [J]. 水资源与水工程学报，2021，32 (6)：49 – 56，64.

[26] 洪伟，高徐军，杜颖恩，等. 西安市老城区海绵改造对雨水径流削减效益模拟研究 [J]. 水资源与水工程学报，2021，32 (5)：70 – 77.

[27] 李悦，李志威，胡旭跃，等. 大通湖区水系连通工程改善水环境的效果评估 [J]. 水资源与水工程学报，2021，32 (4)：116 – 123.

[28] 郭晖，钟凌，郭利霞，等. 淤地坝对流域水沙影响模拟研究 [J]. 水资源与水工程学报，2021，32 (2)：124 – 134.

[29] 孙亚联，李继成，杨东，等. 基于水动力模型的土地利用格局对流域雨洪过程的影响研究 [J]. 水资源与水工程学报，2020，31 (6)：36 – 40，46.

[30] 何长高，董增川，石景元，等. 水土保持的水文效应分布式模拟 [J]. 水科学进展，2009，20 (4)：584 – 589.

[31] 张珂，张企诺，陈新宇，等. 栅格新安江-地表地下双人工调蓄分布式水文模型 [J]. 水资源保护，2021，37 (5)：94 – 101，139.

[32] LUO Zengliang, ZUO Qiting. Evaluating the coordinated development of social economy, water, and ecology in a heavily disturbed basin based on the distributed hydrology model and the harmony theory [J]. Journal of Hydrology, 2019，574：226 – 241.

[33] 马军霞，左其亭. 基于嵌入式系统动力学的人水系统模拟及应用 [J]，水利水电科技进展，2007，27 (6)：6 – 9.

[34] 杨会峰，张发旺，王贵玲，等. 河套平原次生盐渍化地区地下水动态调控模拟研究 [J]. 南水北调与水利科技，2011，9 (3)：63 – 67.

[35] 陈铭瑞，靳燕国，刘爽，等. 明渠突发水污染事故段及下游应急调控 [J]. 南水北调与水利科技（中英文），2022，20 (6)：1188 – 1196.

[36] 王宗志，叶爱玲，刘克琳，等. 流域水资源供需双侧调控模型及应用 [J]. 水利学报，2021，52 (3)：265 – 276.

[37] 左其亭，李冬锋. 基于模拟-优化的重污染河流闸坝群防污调控研究 [J]. 水利学报，2013，44 (8)：979 – 986.

[38] 陈悦云，梅亚东，蔡昊，等. 面向发电、供水、生态要求的赣江流域水库群优化调度研究 [J]. 水利学报，2018，49 (5)：628 – 638.

[39] 谭倩，猴天宇，张田媛，等. 基于鲁棒规划方法的农业水资源多目标优化配置模型 [J]. 水利学报，2020，51 (1)：56 – 68.

[40] 赵勇，常奂宇，桑学锋，等. 京津冀水资源-粮食-能源-生态协同调控研究Ⅱ：应用 [J]. 水利学报，2022，53 (10)：1251-1261.

[41] HE Liuyue, BAO Jianxia, DACCACHE Andre, et al. Optimize the spatial distribution of crop water consumption based on a cellular automata model：A case study of the middle Heihe River basin, China [J]. Science of the Total Environment，2020，720：137569.

[42] 左其亭，李可任. 最严格水资源管理制度理论体系探讨 [J]. 南水北调与水利科技，2013，11 (1)：34-48，65.

[43] 钱峰，周逸琛. 数字孪生流域共建共享相关政策解读 [J]. 中国水利，2022 (20)：14-17，13.

[44] 左其亭，邱曦，钟涛. "双碳"目标下我国水利发展新征程 [J]. 中国水利，2021 (22)：29-33.

[45] ZUO Qiting, ZHANG Zhizhuo, MA Junxia, et al. Carbon dioxide emission equivalent a-nalysis of water resource behaviors：Determination and application of carbon dioxide emis-sion equivalent analysis function table [J]. Water，2023，15 (3)：431.

[46] 左其亭，郭佳航，李倩文，等. 借鉴南水北调工程经验 构建国家水网理论体系 [J]. 中国水利，2021，(11)：22-24，21.

[47] 左其亭，吴青松，姜龙，等. 黄河流域多尺度区域界定及其应用选择 [J]. 水利水运工程学报，2022 (5)：12-20.

[48] 左其亭，邱曦，马军霞，等. 黄河治水思想演变及现代治水方略 [J]. 水资源与水工程学报，2023，34 (3)：1-9.

[49] 左其亭，张志卓，马军霞. 黄河流域水资源利用水平与经济社会发展的关系 [J]. 中国人口·资源与环境，2021，31 (10)：29-38.

[50] 刁艺璇，左其亭，马军霞. 黄河流域城镇化与水资源利用水平及其耦合协调分析 [J]. 北京师范大学学报 (自然科学版)，2020，56 (3)：326-333.

[51] QIU Meng, YANG Zhenlong, ZUO Qiting, et al. Evaluation on the relevance of regional Urbanization and ecological security in the nine provinces along the Yellow River, China [J]. Ecological Indicators，2021，132：1-14.

[52] 赵晨光，马军霞，左其亭，等. 黄河河南段资源-生态-经济和谐发展水平及耦合协调分析 [J]. 南水北调与水利科技 (中英文)，2022，20 (4)：660-669，747.

[53] 左其亭，吴滨滨，张伟，等. 跨界河流分水理论方法及黄河分水新方案计算 [J]. 资源科学，2020，42 (1)：37-45.

[54] ZUO Qiting, LI Wen, ZHAO Heng, et al. A Harmony-Based Approach for Assessing and Regulating Human-Water Relationships：A Case Study of Henan Province in China [J]. Water，2021，13 (1)：3201-3222.

[55] 李倩文. 河南省水-能源-粮食协同安全评价及优化方法研究 [D]. 郑州：郑州大学，2022.

[56] 左其亭，赵晨光，马军霞，等. 水资源行为的二氧化碳排放当量分析方法及应用 [J]. 南水北调与水利科技 (中英文)，2023，21 (1)：1-12.

[57] 夏军，占车生，曾思栋，等. 长江模拟器的理论方法与实践探索 [J]. 水利学报，2022，53 (5)：505-514.

附录：本书主要概念的中英文对照

中 文	英 文	说明或引用参见本书章节
人水关系	human – water relationship	1.2 节
人水关系学	human – water relationship discipline	1.2 节
人水关系科学	human – water relationship science	1.2 节
人水系统	human – water system	1.2 节
人文系统	human system	1.2 节
水系统	water system	1.2 节
水科学	water science	1.4 节
人水关系交互作用原理	human – water relationship interaction principle	2.1 节
人水系统自适应原理	human – water system adaptive principle	2.1 节
人水系统平衡转移原理	human – water system balance transfer principle	2.1 节
人水关系和谐演变原理	human – water relationship harmonious evolution principle	2.1 节
人水系统论	human – water system theory	2.2 节
人水控制论	human – water cybernetics	2.2 节
人水和谐论	human – water harmony theory	2.2 节
人水博弈论	human – water game theory	2.2 节
人水协同论	human – water synergy theory	2.2 节
水危机冲突论	water crisis and conflict theory	2.2 节
人水关系辩证论	human – water relationship dialectic theory	2.2 节
人水系统可持续发展论	human – water system sustainable development theory	2.2 节
时空观	time and space view	2.3 节
系统观	system view	2.3 节
和谐观	harmony view	2.3 节
生态观	ecological view	2.3 节
判别准则	discriminant criterion	2.3 节
人水关系辨识	the identification of human – water relationship	3.2 节
人水关系评估	the evaluation of human – water relationship	3.2 节
人水关系模拟	the simulation of human – water relationship	3.2 节
人水关系调控	the regulation of human – water relationship	3.2 节

中　文	英　文	说明或引用参见本书章节
人水关系优化	the optimization of human‐water relationship	3.2 节
人水关系作用机理	the mechanism of human‐water relationship	4.2 节
人水关系变化过程	the change process of human‐water relationship	4.3 节
人水关系模拟模型	the simulation model of human‐water relationship	4.4 节
人水关系科学调控	the scientific regulation of human‐water relationship	4.5 节
人水关系涉及的政策制度	the policy system of human‐water relationship	4.6 节
和谐	harmony	2.2 节
和谐论	harmony theory	2.2 节
和谐度方程	harmony degree equation；function of harmony degree	3.2 节
和谐度	harmony degree	3.2 节
匹配	matching	2.3 节
协调	coordination	3.2 节
匹配度	matching degree	8.2 节
协调度	coordination degree	3.2 节
和谐平衡	harmony equilibrium	2.2 节
和谐辨识	harmony identification	2.2 节
和谐评估	harmony assessment	3.2 节
和谐调控	harmony regulation	2.2 节
和谐度评估方法	the method of harmony degree evaluation	3.2 节
多指标综合评估方法	the method of multi‐index comprehensive evaluation	3.2 节
单指标量化-多指标综合-多准则集成方法（SMI‐P 方法）	the evaluation method of single index quantification and multiple index synthesis and poly‐criteria integration	3.2 节
单指标量化-多指标综合评价方法（SI‐MI 方法）	the evaluation method of single index quantification and multiple index integration	3.2 节
治水思路	water control idea	第 5 章
人水和谐思想	the idea of human‐water harmony	5.1 节
人与自然和谐相处	harmonious coexistence between human and nature	5.1 节
人与自然和谐共生	harmonious symbiosis between human and nature	5.1 节
节水型社会建设	water saving society construction	5.1 节
最严格水资源管理	the strictest water resources management	5.1 节
水生态文明建设	water ecological civilization construction	5.1 节
河长制	river governor system	5.1 节

续表

中　文	英　文	说明或引用参见本书章节
国家水网建设	national water network construction	5.1节
跨界河流分水	water distribution in transboundary rivers	5.2节
水工程建设	water engineering construction	6.1节
跨流域调水工程	trans – basin water transfer project	6.2节
水-能源-粮食纽带关系	water – energy – food nexus	8.4节
协同安全	synergy security	8.4节
"双碳"目标 （碳达峰碳中和目标）	carbon peak and carbon neutrality goals	5.2节
二氧化碳排放当量分析方法	carbon dioxide emission equivalent analysis（CEEA）	8.5节
水灾害防治技术	water disaster prevention technology	3.3节
节水技术	water resources saving technology	3.3节
水污染治理技术	water pollution treatment technology	3.3节
水生态修复技术	water ecological restoration technology	3.3节
水利信息化技术	water information technology	3.3节

Human-Water Relationship Discipline

Qiting ZUO

中国水利水电出版社
China Water & Power Press
Beijing

Abstract

This book introduces the main contents of the human-water relationship discipline from basic concepts, theoretical basis, research methods to application practice. It is the first monograph on "Human-Water Relationship Discipline" at home and abroad. The book consists of 9 chapters. Chapter 1 introduces the relevant concepts and subject system of human-water relationship discipline; Chapters 2 and 3 respectively introduce the theoretical system and research methods of human-water relationship discipline; Chapter 4 introduces the main research contents of human-water relationship discipline; Chapters 5 and 6 respectively introduce the links between human-water relationship discipline and water control idea, as well as water engineering construction; Chapters 7 and 8 respectively introduce two application examples of human-water relationship analysis and regulation in the Yellow River Basin and Henan Province; Chapter 9 is the development prospect of human-water relationship discipline.

This book can be used as a reference for scientific researchers, managers, graduate students, and related staff in fields such as water conservancy engineering, environmental engineering, ecological engineering, civil engineering, resource science, water science, geographic science, sociology, economics, management, and systems science.

Preface

Human beings have been dealing with water since their emergence, and human survival and development have never been inseparable from water. The human-water relationship is the most basic relationship that is eternal and insurmountable. Early humans mainly used water for daily use and avoided floods. With social progress, humans have begun to use water for production and construct water conservancy engineering to obtain water, and their ability to control water disasters is also constantly improving. Later on, humans' ability to transform nature grew stronger, and the human-water relationship became increasingly close. It can be said that the history of human development is also a history of water control, as well as a history of exploring the human-water relationship.

The study of the human-water relationship can be traced back a long time, since the early human understanding of the flood process and the development and utilization of water resources, we have been exploring the human-water relationship, looking for ways to avoid the threat of flood and how to use water. Of course, this long period can only be regarded as the embryonic stage of the human-water relationship study. With the progress of society, the research on the human-water relationship has become more and more abundant and extensive, and all the affairs dealing with man and water can be roughly attributed to the study on the human-water relationship. Its research content is scattered and widely distributed in hydrology, water resources, ecology, environmental engineering, resource science, geography, sociology, economics, management, systems science, and other disciplines. Therefore, there are many discussions on the human-water relationship, but the construction as a discipline emerged relatively late. The author has been studying the human-water relationship and the harmony issue since 2005 and has been exploring the theory and practice of the human-water relationship. After 16 years of exploration and summary, the concept and subject system of the human-water relationship discipline were first proposed in 2021. In 2022, the basic principles, theoretical system, and research methods of the human-water relationship discipline were proposed, as well as the solutions and application examples of complex water problems based on the human-water relationship discipline, and for the first time, the author introduced the relevant contents of human-water relationship discipline to foreign journal. This book is a systematic summary of the author's latest discussions on human-water relationship discipline since 2021, and also a systematic summary of the author's research achievements on human-water relationship since 2005. It is the first monograph on *Human-Water Relationship Discipline* at home and abroad.

The book consists of 9 chapters. Chapter 1 introduces the background, development process, research significance, related concepts, subject system, and main characteristics of human-water relationship discipline, and expounds on the connection of human-water relationship discipline and water science; Chapter 2 introduces the basic principles, main theories, and application analysis, main arguments and viewpoints of the human-water relationship discipline; Chapter 3 summarizes the research methods of human-water relationship discipline, and introduces the calculation methods and technical methods used in the study of human-water relationship; Chapter 4 introduces the main research contents of human-water relationship discipline, including the mechanism of human-water relationship, the change process of human-water relationship, the simulation model of human-water relationship, the scientific regulation of human-water relationship, and the policy system of human-water relationship; Chapters 5 and 6 respectively introduce the links between human-water relationship discipline and water control idea, as well as water engineering construction; Chapters 7 and 8 respectively introduce human-water relationship analysis and regulation in the Yellow River Basin and Henan Province; Chapter 9 is the development prospects of human-water relationship discipline.

The preliminary research work of this book has received funding and support from multiple research projects, including the National Key Research and Development Program of China (2021YFC3200201), the National Natural Science Foundation of China (No. 52279027, U1803241, 51779230, 51279183, 51079132, 50679075), and the National Social Science Foundation Major Project of China (No. 12&ZD215), over the past 18 years. It is a collective achievement of my research team. Special thanks to the master's and doctoral students I have supervised since 2005 for their productive work on many of the case studies and related research in this book, especially the results of the application examples in Chapters 7 and 8.

Thanks to the publishing staff for their hard work in publishing this book! Thanks to my collaborators and colleagues who participated in the discussion for their support and assistance! As for the inability to list the names one by one, I would like to thank them all here.

Due to the limited knowledge of the author of this book, some viewpoints or statements may have limitations or even errors. We kindly request that readers be tolerant and generous with their advice!

Qiting Zuo
Zhengzhou, May 1, 2023

Contents